从历史社区到世界遗产

——厦门鼓浪屿的保护与发展

王唯山　著

中国建筑工业出版社

图书在版编目（CIP）数据

从历史社区到世界遗产：厦门鼓浪屿的保护与发展／王唯山著. —北京：中国建筑工业出版社，2019.6

ISBN 978-7-112-23670-1

Ⅰ. ① 从… Ⅱ. ① 王… Ⅲ. ① 鼓浪屿−建筑−文化遗产−保护−研究 Ⅳ. ① TU-87

中国版本图书馆CIP数据核字（2019）第081842号

本书围绕鼓浪屿从历史上的国际社区演变成为世界文化遗产地而展开论述的。全书内容包括鼓浪屿发展与保护历程；遗产价值与保护体系；鼓浪屿发展定位与管理策略；历史风貌建筑与文化遗产保护；社区生活保护与遗产活化利用；遗产地整体环境保护；遗产地旅游协调发展；遗产监测与风险管理；遗产地精细化管理；文化自信与永续传承。

本书可供广大城乡规划师、建筑师、风景园林师、城市管理人员、遗产保护工作者、遗产保护爱好者等学习参考。

责任编辑：吴宇江
书籍设计：锋尚设计
责任校对：焦　乐

从历史社区到世界遗产——厦门鼓浪屿的保护与发展
王唯山　著
*
中国建筑工业出版社出版、发行（北京海淀三里河路9号）
各地新华书店、建筑书店经销
北京锋尚制版有限公司制版
临西县阅读时光印刷有限公司印刷
*
开本：880×1230毫米　1/16　印张：17　字数：360千字
2019年8月第一版　2020年5月第二次印刷
定价：189.00元
ISBN 978-7-112-23670-1
（33938）

前言

如果将人类文明的发展比作一趟穿越历史荒野的旅途，那么文化遗产便是前人行走留下的足迹。历史给我们留下的文化遗产是有限的，不可再生也无法替代。如果每一个民族都只顾着前进而任由风沙湮没历史的脚步，那么世界文明的多样性将逐渐消失，地球往事也将失其血肉。人类祖先几千年累积的勤劳与智慧需要得到重视和保护，才能气节不失、兴替可知，让泱泱文明能走得更远。

世界文化遗产，是一项以保存对全世界人类具有杰出普遍性价值的文化处所为目的的国际公约建制。世界文化遗产是文化的保护与传承的最高等级，属于世界遗产范畴，集各国家、地区与民族人类创造的优秀文明之大成，并促进世界的共同进步与发展。2017年7月8日，厦门鼓浪屿在波兰克拉科夫举行的第41届世界遗产大会上，被联合国教科文组织列入世界文化遗产名录，正式成为中国第52处世界遗产。

作为世界上最杰出的文明古国，中国的历史进程绝非千里走单骑。从早期的多族多邦分分合合，到近代列强入关带来的激烈碰撞，五千年来中华文明的发展离不开多方面的影响。我们的历史更像是一部守护与开放、自强与合作、渔歌与提琴共和鸣的历史——共和国的发展能取得今日的辉煌成就，与曾经在和其他文明的碰撞中的包容共存、淬精取华是分不开的。

作为多元文化并存与融合发展的鼓浪屿，就是这样一部文化史的最好缩影。而今鼓浪屿成为获得世界认可的文化遗产，便向世界展开了这部多元化历史的书卷，进一步提升了中国全球领先的文化实力。联合国教科文组织总干事博科娃女士，在给厦门市政府授予鼓浪屿世界遗产证书时曾评价：鼓浪屿面积虽小，但价值重大、底蕴深厚，体现了不同文化、不同信仰之间的对话，这种对话可以帮助今天全世界的人们理解和实践尊重、包容的价值以及欣赏多样性，这是全球公民精神的重要课堂。

罗马不是一天建成的。鼓浪屿在近现代的发展岁月中，从当年的时尚国际社区演变成为今日的历史文化街区，期间经历了开发、保护、发展和改变等不同的交织，政府、社会和民间各种力量始终以文化保护为主导的发展理念，成就了今日鼓浪屿世界文化遗产，可以说它是从文化自觉到文化自信的生动体现。鼓浪屿成为世界文化遗产后，习近平总书记专门指示，“申遗是为了更好地保护利用，要总结成功经验，借鉴国际理念，健全长效机制，把老祖宗留下的文化遗产精心守护好，让历史文脉更好传承下去。”

本书以实证记录和专业研究为组成，围绕鼓浪屿从历史上的国际社区演变发展成为世界文化遗产地而展开论述的。书的内容主要包括，第一章概述鼓浪屿的发展和保护历程，对不同发展阶段及其特征进行分析与归纳，对保护与发展的重要节点和相关工作加以重点论述；第二章介绍鼓浪屿作为世界文化遗产的突出普遍价值和遗产保护的构成体系，以及系统分析鼓浪屿的建筑与环境等特色；第三章通过专题研究，形成对作为遗产地的鼓浪屿发展定位和管理策略的认识，包括鼓浪屿的3个定位与3个对应策略；第四章重点对遗产本体的主要部分即历史风貌建筑和文物建筑的保护与成效进行阐述，介绍历史风貌建筑保护的立法、规划和实施情况，对文物古迹保护理论在鼓浪屿的运用，以及结合6个典型遗产核心要素文物建筑保护案例加以介绍；第五章重点针对遗产地的社区真实生活，包括面临的挑战和发展的应对等，以及通过理论与实践的结合对遗产的活化利用进行深入论述；第六章结合申遗过程中对遗产地整体环境的综合整治与全面改善进行回顾和总结，记录鼓浪屿整体环境的修复与提升情况；第七章就旅游与文化的相互关系，提出基于空间与文化视角下的旅游协调发展思考与对策；第八章对有关遗产保护的重要管理工作，即遗产监测的系统构建与日常管理，以及鼓浪屿未来可能需要面对的各种风险与挑战展开论述；第九章对遗产地作为城市社区建设发展需要面对的危房处置、民宿开设和商业管控等精细化规划与管理工作进行论述；第十章从文化自信的角度解读鼓浪屿的文化意义，并结合未来“五大发展”新理念对鼓浪屿作为世界文化遗产的可持续发展加以展望。附录部分则收集了与鼓浪屿保护管理相关的地方性法规和条例等，因为法律规章是文化遗产保护的重要保障。本书辅以大量图片加以说明和展示鼓浪屿的历史文化遗产，图片除专门注明出处外，均由作者拍摄。

中国经济的飞速发展和社会的文明进步，要求我们在现代化建设中充分利用文化遗产所蕴含的无法估量之价值，并切实加强对文化遗产的保护。本书各章节的构成与重点内容的安排，试图从实证的角度展示鼓浪屿的保护与发展历程，从专业的角度总结鼓浪屿保护的经验与做法，以及从学术的角度对鼓浪屿的未来发展作出探讨。作为一个案例的研究，希望本书对完善和提升我国世界文化遗产保护与管理工作有所裨益。

目录

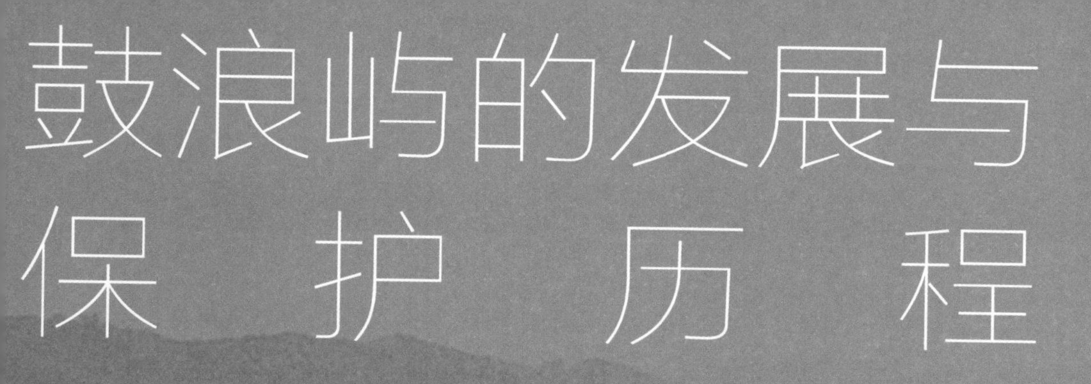
鼓浪屿的发展与
保护历程

1. 多元化的鼓浪屿历史国际社区

当今社会处于一个激烈变动的新时代。流动性与灵活性的加剧，全球化与本土化的并存，多元文化交流与碰撞的提速，构成了这个时代的特征。

鼓浪屿地处中国东南沿海福建省南部（简称“闽南”）九龙江出海口，是厦门湾里的一座海岛，与厦门岛隔着600米宽的鹭江海峡遥遥相望，行政上隶属于福建省厦门市。鼓浪屿是厦门湾万顷碧波上一座风光秀美、气候宜人、适合人居的海岛。在很长一段历史时期里，鼓浪屿是一座无人定居的海岛，尽管偶然有人造访并留下活动足迹。15世纪地理大发现、新航路开辟的东西方交通大发展，汹涌澎湃的第一波全球化浪潮将闽南地区卷入其中。海外贸易和海上经略活动带来了闽南移民进入鼓浪屿，移居和开发活动以及形成的传统本土聚落，表明鼓浪屿已经沉浸在闽南文化的海洋中，并深深打上闽南文化的烙印。

19世纪40年代初，随着厦门的开埠，西方商人、传教士、官员以及他们的家属接踵而至。不断涌入的西方侨民开始寻求合适的社会生活空间，以满足社会活动和居住的需求，最后他们选定风景宜人、卫生干净和交通便捷的鼓浪屿作为移居之地，鼓浪屿逐渐成为华洋共居相处的国际社区。外国侨民从租房到自建西式楼房，逐步形成与华人传统聚落相对分离的居住地。各国领事馆、洋行、教堂、教会学校和医院等也随之相继开办。至19世纪70年代，鼓浪屿的外国侨民已近200人。为了提升社会生活品质，1880年前后的“鼓浪屿道路墓地基金委员会”将社会公共空间治理文化带入了鼓浪屿。

1902年，鼓浪屿被清政府辟为公共地界，由外国侨民主导的工部局行使对鼓浪屿全岛的行政管理权。工部局引入西方的市政建设与管理理念及其制度设计，在鼓浪屿积极推行公共设施建设和行政、立法、司法三权分立的管理体制。其时工部局的董事会制度设有华人董事，使得华人有介入鼓浪屿社区管理的缝隙和运作空间。此后，随着鼓浪屿宜居度的不断提升，岛上华人人口急速增长，尤其是随着一批具备雄厚经济实力的闽南籍海外移民从台湾和东南亚返乡择居鼓浪屿，华人社会力量迅速增长，参与社区建设与管理的力度不断加大，在推进社区供水、供电、通讯、交通以及开辟公共活动空间等各种社区公共设施建设方面发挥了举足轻重的作用。鼓浪屿国际社区的城镇形态和聚落格局，也逐渐从华洋并置、相对独立，转变为相互交错、相互融合，从而奠定了鼓浪屿社区聚落的基本形态和模式。

综上所述，在19世纪中叶到20世纪中叶的近百年间，鼓浪屿这座远处中华帝国边陲海疆的小岛，从经由闽南移民世代辛劳开发，散发着浓郁的闽南乡土气息，在地理大发现时代体验过东西方大交通律动的一处乡村，逐渐转变成由西方传教士、商人和官员及其亲属所组成的多国侨民所青睐的一处居留地，并成了本地华人居民与外国侨民公共

图1.1 1920年代鼓浪屿黄家渡码头展现不同人文风采的三个妯娌（鼓浪屿富商林尔嘉三个不同国籍的儿媳妇）
（图片来源：鼓浪屿文化遗产档案中心）

居住的社区，成了多国侨民展现和传播异域文化的处所。进而在以国内闽南移民为主体的本地华人居民、以返乡海外闽南籍移民为主体的华人精英群体，以及以传教士为主体的外国侨民的共同作用下，演化成一处带有浓郁的多元文化气息、传统与现代并存、中式与西式融合，并初显现代市政风貌、管理井然有序、居家环境宜人的国际社区。

在早期全球化浪潮的冲击下，鼓浪屿开始其近现代化历程，并成为一扇中外文化交流与融合发展的重要窗口。随着时间的推移，当年的国际社区逐步转变成今日的历史社区，这当中的鼓浪屿经历了改变、保护与发展的不同交织。基于长期的保护理念和保护实践，鼓浪屿最终以其突出的普遍价值与保持较好的“真实性”与“完整性”，在2017年成为世界文化遗产。鼓浪屿从渔村小岛到国际社区，再到历史社区，乃至最后成为世界遗产，其发展与保护历程值得记录与回顾。

2. 发展历程

从宋元时期的荒岛渔村到今日的世界文化遗产地，随着中国社会与环境的历史变迁，鼓浪屿的经济发展、社会生活和文化传统等方面也发生了巨大的变化。笔者将鼓浪屿的发展历史分为3个段落，分别为国际社区前、国际社区、后国际社区。之所以以国际社区为划分的节点，概因鼓浪屿发展历程中最重要的阶段乃属国际社区这个时期。今日的鼓浪屿之所以成为世界文化遗产，也是因为还保留有历史上国际社区的完整性和真

图1.2-1 清乾隆版《鹭江志》"鼓浪洞天"
（图片来源：鼓浪屿地下历史遗迹考察）

图1.2-2 鼓浪屿观海园内西班牙船员墓碑遗存

实性。这节叙述的重点，除了国际社区的形成外，很重要就是鼓浪屿形成国际社区后的发展历程。

国际社区前：本土遗风与海岛聚落（第一次鸦片战争前）

鼓浪屿并没有很长的历史，在宋代以前是一个渺无人烟的小岛。早期鼓浪屿被称作"圆沙洲"或"圆仔洲"，因岛屿西南处礁石形成一天然洞穴，"白浪掀石，有如擂鼓"，到明代便更名为"鼓浪屿"。宋元后陆续有人迁居岛上，后来逐渐形成几处小聚落。明成化时，已发展至一定规模的岛民建起一座"种德宫"，祀奉"保生大帝"以保太平。万历年间，日光岩上的"鼓浪洞天"四字刻成，岩前建起日光岩寺。聚落里清嘉庆、道光年间建造的大夫第、四落大厝和黄氏小宗等传统闽南民居、宗祠等依然保留至今。16世纪前后，东西方先后进入大航海时代。17世纪中叶，两个起源于海上贸易的历史文明在小岛上留下烙印：西方源于西班牙殖民统治的马尼拉帆船贸易——近代世界贸易体系中的重要一环。这一体系南起菲律宾马尼拉，向北延伸到我国的台湾及闽粤沿海一带，开辟了从福建海澄县的月港至马尼拉航线，并纳入海上丝绸之路的网络。由于其位处进出福建漳州月港的咽喉要道，欧洲人出版的航海图上赫然可见厦门鼓浪屿。另外，鼓浪屿还发现遗存有西班牙船员的墓碑，记刻时间为1769年，说明海上贸易在17-18世纪比较长的时间内发生在中国东南沿海区域。"马尼拉帆船（Manila Galleons）"指的是16世纪末至19世纪初期，活跃在太平洋航线上的西班牙商船。西班牙经营的这条主航路是以马尼拉为远东基地、跨越太平洋与大西洋的亚美欧航路，西班牙渡大西洋占有墨西哥后，又横跨太平洋到达菲律宾，

图1.2-3 鼓浪屿延平文化遗迹

图1.2-4 19世纪末鼓浪屿
（图片来源：鼓浪屿文化遗产档案中心）

并于1571年占领马尼拉，继而从马尼拉北上，驶向我国的台湾及闽粤沿海一带，逐渐构筑从福建海澄县的月港至马尼拉航线。

在东方，随着明朝施行海洋退缩政策，中国东南沿海私商贸易逐渐兴起。以郑成功的父亲郑芝龙为首的武装集团，拥有庞大的资产、船队与武装力量，活跃在北到日本、南到东南亚的海上贸易。子承父业，1646年郑成功在闽南起师抗清，主张“大开海道、兴贩各港”。1647年，郑成功招兵数千人，建立左右先锋、左右护卫、亲丁、楼船六镇兵马，在厦门岛对面的鼓浪屿安营扎寨，操练水师，1661年郑氏平复台湾。鼓浪屿上留下山寨门、水操台和国姓井等多处遗迹。据文史专家考证，厦门地区流行的八月中秋博饼风俗，乃郑成功为安抚士兵中秋思念之情所发明，鼓浪屿至今遗存有郑成功延平文化，今日可见建于1980年代的郑成功雕像，屹立岛东南升旗山海边，即是最好证明。

17世纪的海上贸易对鼓浪屿的发展产生了影响：一是体现为延平文化在鼓浪屿的形成；二是国际贸易与鼓浪屿的接触。不过，那时外来的海上贸易本身对鼓浪屿并没有产生文化上的影响。所以第一次鸦片战争前的鼓浪屿，仍是半耕半渔小岛，为福建泉州府同安县绥德乡嘉禾里鼓浪屿保。在代代氏族迁徙和繁衍生息中，鼓浪屿成了一个保持中华传统文化、具有明显本土遗风的闽南海岛聚落。

国际社区：多国族群与多元文化（第一次鸦片战争—1940年代）

国际社区的第一阶段，外来文化传播期（1840年—1902年）。1757年乾隆重开海禁，但中国东南沿海与南洋之间的贸易在中国商人的操持下依然畅通，厦门成为中国沿海最繁荣的港口之一，频繁的商贸活动及人员往来，使得鼓浪屿与厦门一道，开始走在那个时代对外交流的最前沿。道光二十年（1840年），英国政府发动侵略中国的第一次鸦片战争，在中国东南沿海发动战事封锁厦门。1841年英军攻陷厦门，驻扎鼓浪屿。1842年，清政府被迫与英国签订中国近代史上第一个不平等条约《南京条约》，除割地赔款外，还开放广州、厦门、福州、宁波、上海五处通商口岸，允许英国人在通商口岸租赁土地及房屋。道光二十三年（1843年），厦门正式开埠，英国在厦门设立领事，英国人进入鼓浪屿，此处开启了鼓浪屿新的历史命运。外国人的进入自然是想经济掠夺，纷纷开设洋行做生意，甚至包括贩卖人口等。1853年，迫于小刀会义军的进攻，在厦门的外国人纷纷涌入鼓浪屿“避难”，很快他们发现居住在鼓浪屿上似乎更加安全、舒适，鼓浪屿逐渐成为闽南地区外国人的主要居住地。1856年，英法两国为攫取更大的利益，发动第二次鸦片战争，清政府再次战败，《北京条约》允许列强在各通商口岸设立海关、开辟租界，各国纷纷派领事到通商口岸设立领事机构，前后一共有英、美、法、荷、德、日等13个国家在鼓浪屿设立领事馆或办事处。侨居鼓浪屿的外国人一开始是租赁当地人房屋住宿和办事，如现存的黄氏小宗就是最早来厦门传教的传教士雅裨理

图1.2-5 1880年代外来文化影响下的鼓浪屿
（图片来源：鼓浪屿文化遗产档案中心）

牧师和医生甘明的落脚点，后来才逐渐开始购地自行建房。到19世纪末期，鼓浪屿岛上已经有10余个国家的领事馆、6所教会学校、5处教堂、2所洋办医院，以及电报局和数家洋行等，领事馆、教堂、学校、医院和洋行等各种建筑以及诸多的私人住宅遍布岛上。这些以外廊式建筑风格为主的西式建筑比较多选择建在山上、海边，与当地华人的居住地有一定的空间距离，而且与华人的靠山避风而居的风水理念有明显不同，其时在鹿耳礁、升旗山一带相对集中聚居。这个阶段，随着外国人的进入，也带来了西方外来思想、文化、宗教等方面在鼓浪屿的传播，并形成本地族群与外来洋人分而各居、和平共处的局面，初现国际社区雏形。

国际社区的第二阶段，多元文化融合期（1902年—1940年）。1902年，西方各国和日本在鼓浪屿的势力争夺，迫使清政府与西方多国签订《厦门鼓浪屿公共地界章程》，对鼓浪屿实行多国共管，一体兼护。鼓浪屿的公共地界与当时中国其他几个开放口岸城市所设立的公共租界，在法律的界定上是有所不同的。事实上鼓浪屿并没有以“国租”的形式将土地租赁给外国人，这在章程中有明确规定。然而，尽管鼓浪屿的管理主权在清政府，却仍不同程度遭到外国人的直接干预与影响。根据《厦门鼓浪屿公共地界章程》设立工部局为管理机构，出台《鼓浪屿工部局律例》，系鼓浪屿市政管理的具体细则，从工程建设到喝酒猜拳，以及各类牌照费、租税和罚款的规定，无所不包。如果说19世纪中后期是外国侨民在主导鼓浪屿民居聚落的变迁，那么进入20世纪，主导鼓浪屿聚落形态与空间格局演化的主导社会力量则转移到一个新的社会群体，即返乡的闽南籍海外移民。一方面，公共地界的开辟给外国侨民提供了更安全有效的

制度环境，鼓浪屿外国侨民的数量持续增长，1909年岛上外国侨民250多人，1930年外国侨民达到567人；另一方面，与外国侨民人数变化形成鲜明对比的是，进入20世纪后鼓浪屿华人人数的迅猛增长。特别是中日甲午战争之后，明清时期移居台湾和东南亚的闽南人，纷纷返乡移居鼓浪屿。19世纪末鼓浪屿的华人约为2000~3000人，1911年约为12000人，1920年约为15000人，1924年因躲避军阀，逃难到鼓浪屿的人数短期增至4万人，1930年底鼓浪屿人口为3万。这些返乡移民在海外谋生时已经接触了西方的文明，熟悉西方的各种文化习俗，同时他们又对“生于斯长于斯”的闽南故土保有满满情怀。二者交织，使他们易于成为中西文化交融与合璧的中介。这突出体现在他们对鼓浪屿社区发展的推进上，尤其是鼓浪屿聚落形态的进一步演化和空间格局的进一步变迁。20世纪以来，尤其是20世纪20年代，闽南返乡海外移民在鼓浪屿大兴土木，为自己和家人兴建别墅、私家花园和各式洋楼。部分返乡海外移民还利用鼓浪屿华人人口激增的商机，投资成立房地产公司建筑楼房，那时的房屋建设方式多采取DIY订制，实行一楼一样而不重复，所以今日看到岛上各式各样的建筑，至多只有对称式（即一个院落内的建筑，由两栋对称建筑组成，俗称“兄弟楼”，如后来曾被用作会审公堂的笔山路一号建筑），而没有两栋完全一样的建筑。据统计，仅1920到1930年代十几年间，返乡海外移民就在鼓浪屿岛上兴建了1014座楼房。1924年至1936年期间，鼓浪屿工部局颁发的970份建筑执照中属于返乡海外移民及其眷属的占75%。这一时期返乡海外移民在鼓浪屿的大规模建设大大改变了鼓浪屿聚落形态和空间格局。他们除了兴建大量住宅外，还建造了华人自己的教堂，如三一堂，

图1.2-6 1920年代鼓浪屿国际社区形成（图片来源：鼓浪屿文化遗产档案中心）

以及自来水厂、电话公司、菜市场、戏院等为社区服务的公共设施。兴建的各种洋楼，大多呈现中西合璧的建筑风格，形成别具一格的“厦门装饰风格”。更重要的是，大量楼房的建造，打破了原先华洋聚落相对对立的空间格局，使得华洋聚落交错融合，如原先外国侨民不曾进入的内厝澳一带，返乡华侨也兴建了一大批新式楼房，先前被疏离的内厝澳传统聚落也融入了国际社区。随着大量新式楼房的建造，19世纪末已经初步成行的道路网络也得到了进一步扩展、完善。由于海岛空间有限，而建设的需求量又大，其时通过填海造地不断扩大海岛土地，特别是在岛的东部，向鹭江沿岸码头区域一带集中拓展，现在看到的和记洋行仓库遗址等，原来都位于海边。20世纪以来，由于鼓浪屿华人人口的急剧增长，返乡海外移民大兴土木，大力发展房地产业，鼓浪屿社区聚落空间得以迅速扩展，中外居民聚落穿插交错，鼓浪屿近代国际社区的空间样貌就此形成。

进一步看，从第一次鸦片战争到1930年代，作为厦门通商口岸的开埠区到成为外国人和海外华侨聚居的国际社区，这被赋予了鼓浪屿的外在格局和内在特质，并成为鼓浪屿后来长期保持的城镇风貌和魅力特色，鼓浪屿也就此完成了从渔村海岛到人文社区的性质转变。住家在鼓浪屿、有着国际声誉的中国诗人舒婷是这样表述鼓浪屿国际社区的：“如果排除那种侵略性、掠夺性、奴役性的一元思维批判，其间呈现某些成果是否或多或少参与了小岛的现代文明过程——在强行而巧妙的‘殖民文化’推行中，既改造了边缘土地的传统成因，又培育出异质型的新质素，正是这些异质型的新质素，在后来的日子里，沉淀并生发为鼓浪屿不同以往的、也异于其他乡土的独特魅力。”

图1.2-7 1959年游客在鼓浪屿日光岩留影
（图片来源：吴永奇）

图1.2-8 1970年代从厦门岛到鼓浪屿上班的工人
（图片来源：吴永奇）

后国际社区：城市社区、旅游社区与文化社区的交织发展（1940年代至今）

后国际社区的第一阶段，景城相依与城市社区（1940年代—1980年代）。1937年7月7日，抗日战争爆发。1938年5月，日本军队占领厦门，居民大量逃离厦门岛，难民一度逃至鼓浪屿，多达7万人。1941年日本偷袭珍珠港，太平洋战争全面爆发，日军占领鼓浪屿，鼓浪屿上无论洋人华人还是富人穷人，大量外逃，人数锐减。1945年8月15日，日本无条件投降，鼓浪屿被国民党政府接管，1946年的鼓浪屿人口下降为24000人，鼓浪屿进入修身养息时期。1949年10月17日，中国人民解放军打败国民党反动派，解放鼓浪屿。随着中华人民共和国的成立，鼓浪屿彻底结束了百年被殖民历史，真正成为中国人自己的鼓浪屿。解放后的鼓浪屿是厦门城市的重要组成部分，虽然厦门城市规模不大，但鼓浪屿占据重要分量。一方面，岛上大量华侨洋楼被政府接管，成为工人阶级的公有住房加以利用；另一方面，中华人民共和国成立后为发展城市国民经济的需要，鼓浪屿上布局了市级工业，如造船厂、玻璃厂、灯泡厂等，一直到20世纪80年代，还可以看到不少工人每天乘船到鼓浪屿上班的情景。由于社会环境的变化，鼓浪屿岛上居住者的身份有了较大变化，原有的以别墅洋房宅园为主的建设活动，转换为以普通民众使用的住宅及生活设施建设。鼓浪屿岛上的建设量缓慢增加，但总体变化特别是空间结构上的变化不大，基本维持了20世纪30年代末、40年代初的整体面貌。同时，鼓浪屿同样以其优美的自然风景和浓郁的人文情怀吸引外来的游客，成为旅游休闲的场所。从20世纪五六十年代的老照片，可以看到鼓浪屿依然吸引着大量的民众前往游玩。在20世纪50年代厦门市的城市规划中，鼓浪屿被定位为工人疗养风景区，反映了鼓浪屿的特有价值并被加以保护，鼓浪屿也从少数社会私人精英的聚集地转变为服务于社会主义民众的公共游览区。这个阶段的鼓浪屿既是城区，有居民、工厂，也是风景游览区，表现为亦景亦城、城景相依的融合发展。

后国际社区的第二阶段，风景名胜与旅游社区（1980年代—2000年代）。1976年，“文化大革命”结束，接着中国大陆启动改革开放，鼓浪屿进入一个被有意识保护与发展的时期，也是文化自觉的开始。1980年代，我国开始建立风景名胜区保护制度，保护国家风景名胜资源。1988年，以鼓浪屿为主体的“鼓浪屿—万石山风景名胜区”被列入我国第二批国家重点风景名胜区，相关部门开始编制风景名胜区总体规划。规划提出鼓浪屿要成为“国家级风景名胜区，以开发自然风景和观光旅游为主，包含休闲、度假疗养、会议等功能的风景旅游岛”，任何建设行为均应围绕风景旅游为主题，使其成为风景名胜区景观的有机组成部分。作为风景名胜区，规划还提出相应的保护政策，主要包括产业退二进三、疏解人口、增加绿化、保护历史风貌建筑以及奉行“宜小不宜大、宜低不宜高、宜疏不宜密”原则等系列措施。从总体发展看，鼓浪屿这个时期的发展主要是围绕“风景旅游”主题来进行的，并由此带动鼓浪屿的旅游经济。风景名胜，顾名思义包含两种内涵，风景是自然的资源，名胜是人文的资源。该理念最初提出时的鼓浪屿风景名胜区保护主要集中在自然方面，包括对岛上沙滩、岩石、山体、绿化等的保护强调得比较多，而对人文资源的挖掘和保护相对薄弱，不过这在当时的发展阶段尚可以理解，当时的老建筑等都处于日常生活的使用中，不少老建筑还处于人满为患的状况，自然顾及不上保护。尽管如此，当时的风景名胜区总体规划还是把鼓浪屿岛上最具代表性的36栋历史建筑列入清单，明确提出规划和保护要求，这算得上是鼓浪屿岛上历史建筑保护的开端。20世纪80年代，中国的改革开放使得鼓浪屿逐渐成为闻名全国的风景名胜区，一系列新的保护、整治工作陆续开展。由于风景名胜区的确立，鼓浪屿岛内解放后发展的工业基本被外迁鼓浪屿岛外，工业搬迁后的土地被严格控制开发，并开展了卓有成效的环境整治和美化工作。旅游经济爆发式增长的背后，也出现了保护和建设上的问题，尤其是旅游开发出现了过度建设的状况，导致环境容量压力过大，产生了过度商业化和旅游低端化，以及城区老龄化和日益衰败等诸多问题。当时鼓浪屿的旅游发展参照新加坡的圣淘沙模式，认为为了方便游客的进出，可以在鹭江两岸架设缆车，甚至有人提出从厦门岛向西挖一条海底隧道连到鼓浪屿，再延伸至海沧，总之就是方便地把鼓浪屿与厦门本岛连起来，目的就是为了旅游。幸亏这些想法被风景保护专家们明确反对而没有实施。尽管这样，为了发展旅游还是对鼓浪屿风景区形成了干预，比如为了扩大收费景区的范围和方便客流管理，景区管理部门在日

图1.2-9 风景旅游时期的鼓浪屿
（摄影：朱庆福）

光岩和琴园之间架设了堪称世界距离最短、高度最低的一条缆车线路，两侧的站房建设和体量破坏了景区环境；又如为了增加景区的观赏性，在琴园核心景区内建设了电影院和百鸟园，色彩怪异的外立面和轮廓突兀的天际线，严重破坏了景区的自然环境，这些皆发生在日光岩等核心景点内。海边同样也存在问题，一些沿海酒店为了招徕游客，建设了专用码头，破坏了岸线的自然形态，在最有名的港仔后浴场沙滩上，建起了尺度和造型都不协调的连续廊架，割裂了从海边沙滩到日光岩的视线通廊等，这些可以算作保护风景名胜区而带来的旅游副作用。这个时期的鼓浪屿可称为风景旅游型社区。

后国际社区的第三阶段，人文回归与遗产社区（2000年至今）。2000年至2008年是鼓浪屿的人文回归期。2001年厦门市行政区划调整，鼓浪屿不再作为一个独立的下辖区建制，成为鼓浪屿街道社区并入思明区，市政府同时成立鼓浪屿-万石山风景名胜区管理委员会，作为专门机构派驻并管理鼓浪屿-万石山国家风景名胜区的鼓浪屿部分。鼓浪屿就此实行双重管理，即思明区政府和管委会分工管理，管委会管理风景名胜资源保护与利用，思明区政府管理社区日常事务。但另一大问题是从20世纪末开始，鼓浪屿围绕单一风景旅游功能作为发展依托，并由于常住人口的不断减少，导致岛上大部分公共服务配套设施的撤离，使得鼓浪屿不具宜居问题日益突显，丧失其原来作为人文社区的多层次、多面向和多元化的城市内涵，出现丧失鼓浪屿魅力之本的现象。这也招致了鼓浪屿居民的抱怨，并引起政府、社会与专家的关注。撤区使鼓浪屿社区的服务功能大大减弱，并由于人口的不断下降，依托市场规模维护的教育、医疗等社区服务质量快速下降；另一方面，虽然发展旅游的思路持续加强，包括申报成为5A级景区等，不过那时的旅游市场并未达到预期目标，政府想方设法改善旅游环境，包括增加夜航轮渡、拆出一个新鼓浪屿以及鼓励开办家庭民宿等。于是社会开始出现了对鼓浪屿“不宜居”的批评和对旅游发展乏力的声讨等，乃至对于鼓浪屿如何定位与发展，政府、社会与专家学者展开了大讨论。讨论的结果无疑是有益的，形成了很多新的认识和意见，包括反思鼓浪屿真正的特色与价值，并开始有专家提出鼓浪屿要成为世界文化遗产等。新世纪还给了鼓浪屿一个发展的新契机，即是基于规划部门1990年代开展的相关研究工作，2000年厦门市人大常委会通过了《鼓浪屿历史风貌建筑保护条例》，由此鼓浪屿的发展进入了不同于以往单一关注风景旅游的新阶段。此期间大量的规划与研究分别从不同的角度切入，大胆提出不同于以往的见解，其中包括对历史风貌建筑和历史街区的关注，鼓浪屿发展重点也从围绕旅游，转向全面解决风景资源保护、发展旅游事业及城市人文、社区历史保护等相互关系问题的综合协调上，可以说此时鼓浪屿的发展进入了“人文回归”时期。2005年，鼓浪屿在《中国国家地理》举办的全国评选活动中被评为“中国最美的城区”。2009年至2017年是鼓浪屿的文化遗产保护期。受到2008年“福建土楼”列入世界遗产名录的积极影响，以及在历经近十年历史建筑保护工作的基础上，2008年底厦门市委、市政府正式启动鼓浪屿申报世界文化遗产工作，这个决策既得益于新世纪以来对鼓浪屿发展定位大讨论结果，也就是“挖掘文化、重塑鼓浪屿人文社区”，也受到中国政府积极参与和投入世界文化遗产保护工作的有力鞭策。根据联合国教科文组织《保护世界文化和自然遗产公约》，世界文化遗产包括文物、建筑群、遗址等类型，申报列入世界文化遗产名录，遗产本体必须具备突出普遍价值的独特性、真实性与完整性等。提出申报世界文化遗产后，厦门市委市政府认真推动各项工作，鼓浪屿管理机构积极开展对鼓浪屿历史文化的广泛挖掘、研究和总结，不断发现鼓浪屿至今仍保留的丰富文化遗存和重要历史信息，通过概括、凝练历史文化价值，形成对鼓浪屿作为世界文化遗产突出普遍价值的判定，即历史国际社区。在历史建筑保护的基础上，推荐鼓浪屿近现代历史建筑群成为国家级文物保护单位。在国家文物局的全力指导和帮助下，2012年11月国家文物局公布鼓浪屿正式列入《中国世界文化遗产预备名单》。同时期，厦门市委市政府着手开展了对鼓浪屿全方位，包括旅游市场、社区环境和管理体制等多方面的综合改革治理，取得了显著成效，为鼓浪屿成为世界文化遗产奠定了坚实基础。这个时期鼓浪屿的发展，确立了以文化遗产保护为本底的文化社区加文化景区的发展定位，统一了鼓浪屿的发展目标和协调各发展目标的关系。同时，对人口外迁政策和改善社区服务也有了新的认识，并积极推动一系列改进工作。此外，政府持续加大对社区建设的反哺力度，包括投入大量资金进行公有和私有历史建筑的保护维修以及奖励救济等，社区活力得到极大振兴。申报世界文化遗产对鼓浪屿的发展是重大转机，它可以让世界重新认识鼓浪屿，但更重要的是让地方政府和社会重新审视鼓浪屿的保护与发展价值，并且更加全面地判断鼓浪屿作为文化遗产在未来的选择走向。2016年2月，中国联合国教科文组织全国委员会秘书处函告联合国教科文组织世界遗产中心，正式推荐“福建鼓浪屿”作为2017年文化遗产项目。2017年至今，鼓浪屿成为文化遗产社区。经过长期的不懈努力，2017年7月8日在波兰克拉科夫举行的第41届世界遗产大会上，“鼓浪屿：历史国际社区”被联合国教科文组织列入世界遗产名录，鼓浪屿也成了中国第52处世界文化遗产。成为世界文化遗产的同时，也意味着鼓浪屿步入文化遗产社区，保护文化遗产、保护社区生活、传承历史文化成为鼓浪屿未来可持续发展的路径。

图1.2-10 中国最美城区鼓浪屿
（图片来源：中国国家地理）

图1.2-11 鼓浪屿在第41届世界遗产大会上被列入世界文化遗产

3. 保护历程

一份1980年代的省政府文件。1956年厦门市城市建设局编制了《厦门市城市初步规划》，该规划是厦门市解放后城市发展的第一份规划。规划说明，鼓浪屿为城市第一疗养区，现在已是国际知名的美丽海岛，四周沙滩都是天然的海滨浴场，岛上多树林、花园以及庭院、别墅类建筑，花香鸟语。地势起伏，柏油小道迂回曲折，特别是这里没有车辆通行和城市的嘈杂声音，环境显得格外幽静。空气清新，冬暖夏凉，宛如世外桃源。未来进一步建设和美化，并减少发展民用建筑（现有民用建筑已较密），可建成全国性的为劳动人民服务的疗养和休养场所。从规划说明里对鼓浪屿的描述，可知当时岛上建筑还是比较密集，这与厦门市新中国成立前日据时期鼓浪屿聚集大量逃难人员有关。再就是岛上的柏油路，应是鼓浪屿道路的一大特色。后来鼓浪屿历经了“文化大革命”，发展的情形可以从1980年代的一份省政府文件加以解读，这份文件也可作为对鼓浪屿保护认识的起点。在“文化大革命”前，鼓浪屿已是我国著名的风景游览区，1959年根据周恩来总理的指示编制规划。“文化大革命”前福建省委对鼓浪屿的规划建设管理就明确规定，鼓浪屿要严格控制人口规模，户口只准出不准进，岛上不要办工厂，不准开采石头，也不要搬进与鼓浪屿风景游览无关的单位。厦门市地方政府对鼓浪屿的建设管理都严格按福建省委规定执行，基本上保护了鼓浪屿优美的自然风景和文明卫生环境。规定中的控制人口规模和不要办工厂，一定程度说明当时岛上过多的人口和工业，已影响鼓浪屿的环境。可以理解的是，解放后鼓浪屿自然是作为厦门城市人口和经济载体的重要组成——因为那时的厦门城市规模较小，本岛的发展区域也仅限于中山路和思明南北路一带，鼓浪屿一定程度上还是当时厦门城市的中心区。不过，政府很快就意识到了存在的问题。文件中报告了相关问题，即自“文化大革命”以来，由于林彪、“四人帮”“极左路线”和无政府主义思潮的干扰，鼓浪屿风景区遭受严重破坏，岛上原有的工厂（如玻璃厂、灯泡厂、造船厂）不断扩张，又建设了一批新的工厂，其中有些工厂和单位（如分析仪器厂、绝缘材料厂、725研究所）是有污染的。除工厂外，有些单位（包括地方和部队的单位）任意自行围占马路或围海填地，扩建房屋。许多单位规模越来越大，占地越来越多，房屋越盖越高，建筑密度越来越大，绿化树木越来越少。有的专家到鼓浪屿参观考察后感叹地说：“海上明珠已暗淡无光”。现在，鼓浪屿已失去原来秀丽的面目，“海上花园”已经名不符实了。厦门市的干部、群众和国内外人士、海外侨胞对鼓浪屿自然风景遭受的破坏和环境污染的问题十分关切，强烈呼吁“拯救鼓浪屿”。显然，早在20世纪70年代，地方政府就发现存在的相关问题，并意识到需要及时疏解人口和限制工厂等，否则将破坏鼓浪屿的特色与价值。在这个文件里，福建省委把厦门市政府的建议意见转发各单位，这包括：一、重申鼓浪屿风景游览区定位，凡与景区旅游建设无关的机关、团体、工厂企事业及部队等单位均不得在鼓浪屿进行扩建、新建（包括以扩建、新建为目的的改建）。今后，任何单位非经福建省、厦门市人民政府正式公文批准不得在鼓浪屿安排新建、扩建项目。厦门市各单位安排与旅游和鼓浪屿居民生活有关的扩建、新建项目，必须经厦门市人民政府批准，经批准新建扩建的项目，其设计一律经厦门市城建局和规划设计部门批准，方能施工。二、现在鼓浪屿的绝缘材料厂、分析仪器厂、第三塑料厂、灯泡厂、玻璃厂、电容器厂、造船厂鼓浪屿车间等，

图1.3-1 1970年代鼓浪屿内厝澳工业区
（图片提供：吴永奇）

根据条件有计划地逐步迁出。属福建省管企事业单位，请福建省有关部门支持，给予搬迁费用和材料，在未搬迁前，不再予以投资扩建。725研究所有三废污染，应择地搬迁，在未搬迁前不再生产。福建省水产研究所也应迁出鼓浪屿，现在也不能再扩大，人员也不宜再增加。对现有区街办的工厂，我们将根据发展风景旅游事业的需要进行产品转向到主要生产工艺旅游纪念品，使有污工业变为无污工业。现在有些单位围路、圈地，把游览区变成单位的地盘，应一律拆除，允许游客通过（除军事海防禁区）。三、鼓浪屿的人口要严格控制，重申鼓浪屿的户口只准出不准进的原则。这个文件于1980年3月发出，现在看来，文件的相关通知和要求，一直影响了后来鼓浪屿的有效保护，乃至今日的保护管理政策，如户口的只出不进。从这个文件还可以读出，过去的近半个世纪里，鼓浪屿在成为历史国际社区后，历经了长期和不易的保护历程。

保护的远见：厦门经济社会发展战略（1985年—2000年）。做发展战略，对现在的城市或产业发展来说很平常，但时间倒转到20世纪的80年代，可谓高瞻远瞩。习近平总书记曾经亲力亲为领导和实施过鼓浪屿的保护，体现了中国国家领导人的务实工作作风和英明领袖风范。20世纪80年代中期，时任厦门市市委常委、常务副市长的习近平亲自主持编制了《1985年—2000年厦门经济社会发展战略》，制定长期的发展战略在改革开放之初是很少见的，也是很难得的，甚至是很少想到或听到的做法。抓住发展经济特区的契机，及时编制城市发展战略，引领城市发展，这充分体现了习近平同志高屋建瓴的发展眼光和高瞻远瞩的指导思想。在这个发展战略中，还有一份附件报告，即《鼓浪屿的社会文化价值及其旅游开发规划》专题研究。研究报告指出，在我国所有城市和风景区中，鼓浪屿的确称得上是佼佼者，其社会文化价值也由于具有特殊意义而位居前列。考虑到在我国城市和风景区的建设中，能够把自然景观和人文景观十分和谐地结合在一起者为数并不多，因此很有必要视鼓浪屿为国家瑰宝，并在这个高度上统一规划其建设和保护。与此同时，报告也提到当时鼓浪屿发展面临的迫切问题是，自然景观遭到挤占、蚕食、侵吞和分割，被“大材小用”或者“挪作他用”，其风景价值有丧失的危险；人文景观衰退速度也在加快。一方面是历史上的大多数建筑物正处在逐渐自然衰败过程中；另一方面是建筑密度不断提高，使环境空间变得越来越窄小；再就是与环境不相协调的新建筑不断出现，使主体建筑文化景观特色遭到破坏。此外，还有海滨浴场自然衰退并遭到人为的侵占破坏，生活污水、工厂排污污染环境和海域，许多地方旅游垃圾和生活垃圾泛滥成灾等。报告明确提出，为了建设和保护鼓浪屿这方宝地，亟须一个统管整体和全局的统一规划。专题研究为鼓浪屿的保护价值奠定了基础，并指明了发展的方向，为后来成为国家风景名胜区，乃至成为世界文化遗产发挥了重要作用。除了战略指引外，习近平同志还亲自大力支持和帮助鼓浪屿的保护实施工作。厦门市博物馆原馆长龚洁先生在建设厦门博物馆的回忆录中写道，“1983年3月，厦门市委、市政府决定建设厦门博物馆，将鼓浪屿上的八卦楼拨给博物馆为馆址。抗战胜利后，国民政府以‘敌伪财产’接收八卦楼。中华人民共和国成立后，人民政府拨款进行了翻修，创办‘鹭潮美术学校’（福建工艺美术学校的前身）。20世纪60年代后，曾是厦门电容器厂的厂房。八卦楼90余年的沧桑史，本身就是厦门近代史的见证，作为博物馆是最合适不过了。”现在看来，把八卦楼作为厦门市的博物馆用就是历史建筑的活化利用，但当时的建设资金很紧张。“缺口这么大，工程又停不下来，怎么办？碰巧管钱的厦门市副市长习近平同志到鼓浪屿三丘田码头荷花厅开会，我即刻赶去要求习副市长路过八卦楼时进去看看。习副市长来到正在翻修的八卦楼圆厅，我择要作了汇报，出来时，习副市长说，我明白你的意思，你还缺多少？30万，写个报告来，明天派人来。这就解决了工程的进度款。”

另外，习近平同志对鼓浪屿的情况还是很熟悉的。这一点，在当年接待过的香港学者张五常教授的专访中得到印证。1986年12月，习近平同志在接待中的简朴随和、知识面广、独到见解等给香港学者张五常留下了深刻印象。张五常回忆当时与习近平同志见面时的情景，“1986年12月，我在厦门，一位副市长请我吃饭，只有我们俩夫妇。这位副市长请我到鼓浪屿，在古老的大房子里面，说是一百年前的豪宅，也蛮破落的，请我在后花园的露台吃午餐，谈了两个小时。这位副市长一点官气都没有，看不出来他是官，很随和，衣服也穿得很普通，但却说得很好，他对外界知道得非常多，而且他还有自己的见解。我是很喜欢干部们不同意我的，那时我是大教授啊，只要他说他不同意，我就刮目相看。”这个场景应该是发生在鼓浪屿黄家花园的中德记，那时这个建筑作为鼓浪屿宾馆使用，曾接待过邓小平、尼克松等名人。

正因为对历史文化保护的高度重视，并深入研究和发掘鼓浪屿的历史文化价值，习近平同志对鼓浪屿的保护工作非常了解、关注并饱含深情，在鼓浪屿成功列入世界文化遗产的几天后，还专门祝贺鼓浪屿，并对我国的世界文化遗产的保护和传承工作作出了重要指示，“申遗是为了更好地保护利用，要总结成功经验，借鉴国际理念，健全长效机制，把老祖宗留下的文化遗产精心守护好，让历史文脉更好传承下去。”习总书记的祝贺和期望，深深地鼓舞了大家进一步把文化遗产守护好的信心和决心。

经济特区与鼓浪屿：众多专家的悉心指导。厦门经济特区于1980年10月批准设立，面积2.5km^2。1984年2月，邓小平同志视察厦门后，指示要把经济特区建得更快些更好些，厦门特区范围扩大到全岛，面积131km^2，并逐步实行了部分自由港政策，厦门成为20世纪80年代全国4个经济特区之一。1994年3月，全国人大授予厦门特区地方立法权。成为经济特区并具有立法权不仅改变了厦门的发展命运，对保护鼓浪屿也具有深远意义。1984年邓小平同志视察厦门时，乘坐鹭江号登上鼓浪屿，那时的鼓浪屿还没有配备旅游用的电瓶车，邓小平同志步行考察鼓浪屿成为传播一时的佳话，鼓浪屿一直是步行街区，邓小平同志来了也不例外。作为经济特区，并得益于邓小平同志1984年初的考察，厦门市的城市规划发展成为20世纪80年代中期的一项重要工作，中央派来了大量的国家级城市规划建设专家为厦门把脉问诊，谋划发展蓝图。鼓浪屿本来就名气不小，又是厦门城市具有特色的重要组成部分，鼓浪屿未来如何保护与发展，自然也就有机会得到了众多专家的悉心指导，如果没有成为经济特区，鼓浪屿也就不会及时得到众多专家的指导。不少专家也是由此契机第一次到的鼓浪屿。从当时的记录资料，可以读到许多专家的指导意见，这些意见不仅在过去近40年里发挥了重要作用，而且对鼓浪屿成为世界文化遗产，仍然具有现实的指导意义。

邓小平同志视察厦门之后，厦门便迎来了不少专家的考察与指导，而鼓浪屿也成了研讨的重点。应福建省委和厦门市政府的邀请，清华大学城市规划调研组吴良镛、左川、毛其智等三人于1984年4月在厦门工作一周后，吴良镛教授在厦门宾馆礼堂作了“对厦门经济特区规划的调查与探索”的演讲，当时吴良镛教授是第二次来到厦门，通过深入调查，认为鼓浪屿是厦门独具特色的精华所在，鼓浪屿具有良好的人造环境，建筑环境与自然环境相结合，虽由人造、宛若天成；鼓浪屿建筑环境有宜人的尺度，全岛是一个步行区，人们漫步其间，可以领略“结庐在人境，而无车马喧”的情趣。岛上街道不宽、建筑体量不大、尺度宜人，也指出了有些新添建的房子，对尺度问题不够注意，甚至破坏了岛上秀美的尺度。鼓浪屿有建筑的和谐，岛上建筑博采欧洲19世纪的各类建筑式样，其红瓦顶、米黄的粉墙或红砖墙，基调统一，再配以绿树、蓝天、碧海，色彩浓郁，十分丰富。 鼓浪屿全岛有美丽的天际线，日光岩、英雄山、八卦楼的穹窿，高低错落、变化有致，十分丰富。这些年来，鼓浪屿又增添了一些建筑，直至此次调查，还见到继续添建的趋势。为了适应全岛的新发展，今后一律不许添建也未必可行，但不要急于动手。首先需要确立一个整理的原则，鼓浪屿宜“先用减法，再用加法”为妥，即先治乱拔去“眼中钉、肉中刺”，将破旧房的拆建、翻建、改建的工作搞好，整理好环境，多种一些树木以改善面貌，而后再添建少许建筑较为妥当。

1984年5月初，同济大学陈从周教授应厦门市政府邀请，到厦门指导风景区建设规划。陈从周教授讲到，鼓浪屿建设的中心思想是“还我自然”，当前鼓浪屿若有建设投资，应首先用来“拔钉子”和搞些市政设施，把那些不宜在鼓浪屿内的单位搬走。有同志反映，搬迁鼓浪屿内的工厂要几千万资金，可是鼓浪屿的价值又何止这区区的几千万元？厦门总体规划提出要搬迁鼓浪屿内的工厂，这个原则要坚持，要创造条件早日实施。鼓浪屿搞建筑要三思而行，要讲点艺术，是宜小不宜大，宜低不宜高，宜少不宜多，还是少建为好，海军疗养所的建筑体量大了些，最好能改建，不然从海上观赏与自然环境不协调。陈从周先生提出的“三宜三不宜”后来成为鼓浪屿重要的建筑控制原则。同样在1984年9月，时任建设部城市规划局高级顾问、我国著名的历史文化保护专家郑孝燮先生谈到厦门城市环境艺术问题时指出：譬如鼓浪屿，主要反映什么？一个是反映民族英雄郑成功的光辉业绩及环境文物形象；第二个是反映半封建、半殖民地旧中国的厦门租界地的“国中之国”、“万国公地”的痕迹；第三个是反映岛上绮丽的自然风光。我漫步在鼓浪屿上，看到了这些景物，自然的、历史的、人文的各个方面的景物，往往会触景生情，启发一些联想。比如联想在鼓浪屿这个小岛上，过去曾经发生过一些什么样的重要历史事件，有哪些重要历史人物等。所说触景生情启发联想，就是环境基调产生了精神作用，或文化作用，从中诱发、启迪我们热爱祖国的思想感情。其实，郑先生谈到了鼓浪屿的社会价值、文化价值和历史价值。党和国家领导人万里副总理也对鼓浪屿提出了看法，他说鼓浪屿就是特区的旅游点，性质要定下来，就是吃喝玩乐的地方、人民文化娱乐的地方、海上体育活动的地方，工厂一定要搬出来、要绿化、要把基础设施搞起来。疗养院要搬出来，不能再扩大了。工厂非搬不可，越快越好。要大力发展第三产业，鼓浪屿两万多人太多了，要减少人口、减少住房，腾出空地来，开发旅游。鼓浪屿上要电气化或烧液化气，不要烧煤了。这些绿色低碳的理念，放到现在也都还是先进理念，何况是在20世纪80年代。专家们对当时鼓浪屿规划建设提出了许多具有针对性的意见，比较集中在搬迁工厂、减少人口、建设方面强调减法，严格控制建筑的高度、尺度、密度等。很多意见很快就变成后来规划编制的指导思想和控制原则，并在长期的岁月中不断被坚持和践行。

1980年代的两版规划。1982年12月，厦门市城市规划管理局编制的鼓浪屿规划说明书，除了对岛屿风景旅游发展方面提出构想外，重点对岛上住宅区布局及旧住宅的改造提出了一系列设想。可见，居住在当时社区功能中占有较大的比重。规划根据鼓浪屿为风景旅游区的性质，提出人口规模必须压缩，住宅区用地不能再扩大。但主要是在现有的范围内进行房屋的改造、维修和提升工作。将住宅区分为4种类型，包括（一）拆除重建的建筑：指房屋破旧、居住环境差的住宅建筑，如龙头和内厝澳地段，这一类地段多数提倡由政府组织改造；如私人建筑，宜按原建筑面积翻建，这一区中如周围建筑较稀的，可以适当增加建筑面积10%~20%。（二）维修改造的建筑：有些建筑结构完好，建筑形式别具一格，表面装修较为精美，但是历经几十年，长期不加以维修，其表面屋檐等处灰土脱落、杂草丛生。依据具体情况，局部加层改造，建筑面积增加不得超过20%，维修时尽量保持原有建筑风格。（三）维持原状的建筑：在鼓浪屿有建筑质量完好的、近几年维修的，以及新建的房屋都予以保留，在某些私人华侨的庭院式住宅中，可根据具体情况，结合旅游私家经营茶站等方式。（四）新添的建筑：为改善岛上居民生活居住条件，规划在考虑用地的可能情况下，将现有的空地合理使用，适当添建居住建筑。近期建设（1990年以前）的设想，原则是控制和压缩鼓浪屿人口和降低建筑密度，提高绿化水平、建筑面貌、环境质量和完善生活福利设施。拆建改造龙头住宅区，新辟内厝澳住宅群，为改造鼓浪屿住宅区打下基础，并对局部较差的住宅区地段，允许私人对其住宅进行改造，提高居住条件和改善城市面貌。

经过1984年和1985年诸多专家的帮助与指导，1986年的鼓浪屿风景区保护改造规划，表现出新的、具有保护意识的指导思想。保护规划的指导思想认为，鼓浪屿风景旅游区，其自然风景与人文景观资源丰富，为保护这些风景资源，今后的建设应采取

“先减后加”的方法，搬迁占地大且有污染的工厂，减少岛上人口，结合改造旧房，改善居住环境。改善市政设施，建筑体量宜小不宜大，层数宜低不宜高，布局宜散不宜密，杜绝与鼓浪屿风景旅游业没关系的企业行政部门等迁入岛内，在普及绿化的基础上提高绿化质量，在香化、彩化上下功夫，使之成为名副其实的“海上花园”。

从20世纪80年代两个规划看出，20世纪80年代初的规划比较关注鼓浪屿居住环境的改善，并提出建筑的分类改造和新建的对策，但强调保护历史建筑价值不多。中期的规划则采纳专家的指导意见，体现了“减法”和“三宜三不宜”的建筑和景观控制原则，并开始兼顾重视自然与人文的资源价值，对鼓浪屿的价值认识有新的深入和提高。

早期重要的国家级保护：鼓浪屿-万石山国家级风景名胜区总体规划。1988年鼓浪屿与厦门岛的万石山，以及两者之间的海域共同组成的“鼓浪屿-万石山风景名胜区”被列入国家级风景名胜区，正式实行国家级的保护。风景主要是自然生态资源，名胜主要是历史人文资源，鼓浪屿则两者兼而有之。鼓浪屿在申报世界文化遗产中，联合国教科文遗产组织强调，要成为世界遗产，应有更多的文物古迹列入国家级保护，实际上在1990年代整个鼓浪屿海岛和周边海域就被划入国家级风景名胜区范围，实施的就是国家级的保护，这也是鼓浪屿后来能成为世界遗产的重要基础。作为国家级风景名胜区，相当于国际上的国家公园，是人类自然和历史文化遗产，要很好地保存下去，让子孙后代永续使用。其规划根本任务在于保护，其开发建设、发展旅游、提高经济效益等，都必须服从保护其自然景观和历史文化遗产为前提。鼓浪屿-万石山风景名胜区正是以这样的高起点、高标准进行规划。按照我国风景名胜区管理要求，1993年厦门市正式编制出台了《鼓浪屿-万石山风景名胜区总体规划》。规划要求，鼓浪屿-万石山风景名胜区是以花岗岩丘陵球状风化，山、海、岛、沙滩交汇和热带、亚热带植物等自然景观为主体，并结合近代历史文化遗产，以及音乐之岛、步行乐园等人文景观特色的国家级风景名胜区，其规划与建设要保持和充分体现这一特点。鼓浪屿作为“鼓浪洞天”景区，一定要保持其社区景观风貌特色，即步行岛、音乐岛、蓝天碧海、绿树、红瓦、粉墙。岛上居住人口要通过创造条件、采取措施，远期逐步减至1.5万人，并相应降低建筑密度。同时，政府要下决心按规划调整搬迁现有的工厂。在土地利用规划中要增加绿化用地，建议绿化用地不得低于总用地的50%。鼓浪屿的建筑控制应坚持“宜小不宜大、宜低不宜高、宜疏不宜密”的基本原则。要保持步行乐园的特色，不能建设缆车和环岛列车，可考虑采取环岛海上交通等方式改善交通状况，并解决将来游客逐年增多的问题。同时，规划还提出，将海上某几个岛屿划给鼓浪屿，并将这些岛屿建设成为现代化的游乐区，使其成为鼓浪屿发展经济的补充。研究制定经济上的优惠政策，扩大鼓浪屿的财政收入，保证有足够的资金用于风景名胜区的保护和改善。改革目前的管理体制，及早建立风景名胜区管理机制，并制定相应的管理法规，切实加强对风景名胜区的管理。抓紧进行风景名胜区的详细规划，以指导当前的建设。后来实践证明，这些要求完全正确并被逐步加以实施。比如，当时有的人提出要学习新加坡圣淘沙岛，为了发展旅游可做缆车或架设桥梁等交通设施连接鼓浪屿和厦门岛，后来在总体规划中被予以否定，否则今日鼓浪屿就无法成为世界遗产，因为保持渡船的传统交通方式才是鼓浪屿历史遗产真实性的有力体现。

详细的规划与可操作的保护。在风景名胜区总体规划的指引下，1994年正式开展鼓浪屿控制性详细规划编制工作。尽管鼓浪屿具有不同于一般城市的特点，但当时的控制性详细规划对于鼓浪屿的发展管控依然发挥了十分重要的作用，规划除了提出鼓浪屿全岛整体发展目标、规划原则等，还回答了历史社区如何进行整体风貌保护，以及具有涉及建筑单体层面深度的保护、保留或拆除重建等一系列实际问题。规划以点、线、面多层次和多元素相结合的方式对鼓浪屿的建筑风貌实行全方位的整体系统保护，以保证整体建筑风貌的传承。点的建筑风貌保护主要是对一级、二级风貌建筑的重点维护和修缮，使其突出建筑的艺术性和个性；线的建筑风貌保护主要是对重要游线或传统商业街道空间两侧建筑的连续整体保护，规划确定龙头路传统步行商业街为线型建筑风貌保护实体，要求保护其街道的高宽比和街道两侧建筑的尺度和形式；面的建筑风貌保护表现为成片保存的风貌建筑集中区。规划还通过对鼓浪屿建筑风格、形式、布局、细部等的分析与研究，提取相关要素，作为对鼓浪屿整体建筑风貌控制并具体指导地块开发建设的依据。在社区风貌建筑的修缮和保护方面，规划强调了风貌建筑是形成鼓浪屿特色的重要因素之一，形成风貌特色的建筑不仅在质的方面表现出建筑文化艺术性，而且是由一定规模的量作为保证的。鼓浪屿的风貌建筑分布于景区和居住区，它们具有较高的艺术、文化和观赏价值，反映了鼓浪屿历史传统并突出体现鼓浪屿的风貌特色和景观形象。根据现状调查和评价，鼓浪屿有一级风貌建筑17幢、二级风貌建筑91幢和三级风貌建筑154幢。

规划提出三个方面的实施要求：一是分类保护历史风貌建筑。对一级风貌建筑建议全部保留，保留外部面貌样式，其中破旧的部分以原样修复；二级风貌建筑，至今质量大多基本完好，建议对其进行结构鉴定，以决定对其拆除或保留，保留者加以原样修复；三级风貌建筑的更新与改造需要因地制宜，个体风格服从整体风貌，保留或拆除需服从修建性详细规划。二是整治风貌建筑环境和改善居住条件。风貌建筑多为侨房，由于历史原因，租侨房的住户居住密度高，几户共住一幢房，违章搭盖现象严重，严重破坏风景区内的景观面貌。风貌建筑改造需拆除违章搭盖，还其建筑原来本色，改善居住条件、降低人口密度，人口迁出安置于岛外。三是引导风貌建筑使用性质转换，为适应风景旅游区的建设，允许把风貌建筑开辟为小型庭院式度假别墅或小旅馆等作为旅游商业服务设施，为游客提供别有情调的服务方式，同时有利于第三产业的发展，即实行风貌建筑的动态保护和发展。由此使鼓浪屿风貌建筑得到动态式的积极保护，使建筑文脉得以延续和发展。可见，在20世纪90年代初，鼓浪屿岛上的建筑风貌保护在控制性详细规划中就得到了保护与管理。

文化遗产的基础：历史风貌建筑保护。20世纪90年代中期，开展了鼓浪屿历史风貌建筑保护立法并于21世纪开始实施保护工作，对历史建筑的保护是鼓浪屿成为世界文化遗产的重要基础。1997年，厦门市规划局组织了厦门大学建筑系和美国CA－PA公司共同开展厦门市历史风貌建筑及区域保护法规的研究工作，这项工作的主要技术负责人有原厦门市规划局马武定副局长、旅居美国的张庭伟教授和厦门大学的黄仁教授。那时的保护研究对象为厦门全市各种类型的历史建筑和街区，而不仅限于鼓浪屿，体现了研究工作的超前性，这在当时我国城市的同类工作中也是领先的。历时一年的研究工作在借鉴美国芝加哥市历史建筑保护法、美国橡树园市历史建筑保护法和林奇伯格商业区设计指导原则的基础上，创造性地提出了厦门市历史风貌建筑及区域保护法规的建议稿，建议稿包括了历史建筑保护工作程序；历史建筑保护委员会；厦门市历史建筑区的类型；历史风貌建筑的确定标准；对历史风貌建筑批准的修改、撤销和复议；历史风貌建筑的保护；历史风貌建筑业主的权利与义务；历史风貌建筑业主不同意历史风貌建筑认定的处理与违反法规的惩罚和补救等比较系统完整的管理规定。研究工作中还包含了对鼓浪屿一些重要历史风貌建筑的测绘成果。

这项工作的成果，原本是拟作为厦门市人民代表大会关于厦门市历史风貌建筑及区域保护条例立法的基础性蓝本。遗憾的是，最终针对全市性的立法工作目标在当时并没有实现。尽管如此，它却有幸成了后来《厦门市鼓浪屿历史风貌建筑保护条例》的重要先导性工作，也说明了鼓浪屿历史建筑在人们心目中的地位。因为有了系统的技术研究和条文准备，最终促成了《厦门市鼓浪屿历史风貌建筑保护条例》经厦门市人民代表大会常务委员会第二十二次会议于2000年1月13日通过，并自2000年4月1日起施行。《厦门市鼓浪屿历史风貌建筑保护条例》，是当时中国城市对于历史建筑保护的首部地方性立法，比上海、哈尔滨等城市都早。当然，对鼓浪屿历史建筑保护的立法，也得益于作为副省级经济特区，厦门市具有地方立法权的优势。

条例的出台无疑是及时的，因为在厦门市历史风貌建筑保护法规研究成果册子的后记里这样写道，“就在本书完稿付梓之际，传来了下面这条令人遗憾的消息：鼓浪屿中华路5号，即原安达银行和荷兰领事馆因年久失修成为危房，已被全部拆除，拟在原址按原有外观重建。这座哥特式建筑与岛上其他万国建筑一起，历经百年风雨，人们不禁要问：这是必定的结局吗？同时，也传来了另一条令人鼓舞的消息：《厦门市鼓浪屿历史风貌建筑保护条例》已经厦门市人民代表大会常务委员会第二十二次会议于2000年1月13日通过，并自2000年4月1日起施行。我们呼吁：鼓浪屿-厦门近代建筑及其环境，不仅是中国的，更是世界的文化遗产，应当得到广泛关注和保护。这是我们今天迅速向现代化发展进程中必须努力平衡的要素之一。”上述记载的时间是2000年的1月17日，这充分说明了当时立法工作的必要性和重要性。遗憾的是，今日在鼓浪屿上见到的荷兰领事馆已不是真实的老建筑，而是外观原样的新建筑。庆幸的是，尽管困难重重，鼓浪屿的历史建筑保护至此迎来了新生。

20世纪90年代，规划部门对建筑保护研究的概念还比较宽泛，出现了历史风貌建筑的提法，如重要历史风貌建筑包括符合如下标准的区域、地段、场所、建筑物、构筑物、艺术作品和其他客体。其确定标准包括：该客体在中华民族、福建省，或厦门市的历史、文化、经济、社会及建筑上有典范的价值；该客体是一个重要历史事件的发生地，或与重大历史事件有关；该客体与某个或某些对中华民族、福建省，或厦门市的历史、文化、经济社会及建筑发展作出重大贡献的人物有密切关系；该客体具有在建筑设计、装修、材料或施工方面独特的、创新的，或稀有的特色，从而成为一种建类型或建筑风格的范例；该客体是中国著名建筑师、设计师、工程师或匠师的个人代表作品；该客体通过有特色的区域、地段、场所、建筑物、构筑物、艺术作品和其他客体组成的建筑群体，代表一种有特色的文化、经济、社会，或建筑的风格；该客体组成的街坊或社区，形成了具有厦门乡土历史意义的独特视觉特征。凡符合以上标准中两条或两条以上者，可列为重要历史风貌建筑加以保护。相关的研究影响了后来出台的条例对保护建筑的称呼，称“历史风貌建筑”。2008年国务院颁布的《历史文化名城名镇名村保护条例》明确了城市保护建筑为历史建筑。历史建筑的定义是指经城市、县人民政府确定公布的具有一定保护价值，能够反映历史风貌和地方特色，未公布为文物保护单位，也未登记为不可移动文物的建筑物、构筑物。客观看，历史建筑本身就具有体现历史风貌的特点，不过由于厦门市出台的建筑保护条例比较早，与同期的天津市一样，保护的建筑称历史风貌建筑，一直沿用至今。

遗产保护的升级。在正式申报世界文化遗产前，鼓浪屿于2012年被列入中国世界遗产预备名录，这是鼓浪屿要成为世界遗产的国际惯例要求，也就是首先要成为本国的世界遗产预备名录。列入世界遗产预备名录后，按照中国文化遗产保护要求，遗产地政府应建立相应的保护管理系统和体制机制，其中编制遗产地保护管理规划是一项重要工作，它将以法定文件形式具体、有效指导遗产地的保护与管理。事实上，早于被正式列入中国世界遗产预备名录时，厦门市政府在2011年就启动规划编制工作，经过不断修改、完善和结合列入预备名录时的实际情况，2014年厦门市政府正式公布了遗产地保护管理规划。鼓浪屿国际社区，起始于19世纪中后期，是多国参与共管模式下多元文化共存的社会单元，其形成和发展的特殊历史背景、地理区位、推动群体，以及具有极高完整性的城市历史景观，使之成为全球现代化进程中独特且杰出的实例。鼓浪屿自然有机的城市空间结构、风格多样的历史建筑、宅园设计，以及众多相关的历史遗存，反映出世界全球化进程中不同文明间相互接触、碰撞和交融等各个阶段文化交流关系的典型特征，突出地见证了中国乃至世界海洋文明进程中，华人华侨在推动故土向现代化转变、融合中西文化、追求民族文化表达等方面的杰出贡献。鼓浪屿丰富的历史遗存，使其具有作为世界文化遗产的价值品质。而这种价值的延续和展现，必须通过对全岛的完整保护来实现。正是从这一认识出发，在对鼓浪屿的价值内涵和遗产要素进行系统疏理的基础上，针对保护面临的挑战而编制的遗产地保护与管理规划，以指导未来对鼓浪屿的文化遗产保护工作。保护管理规划的重点，一是帮助遗产地各利益相关者对遗产的价值认知达成共识，并明确整体的保护原则和对各类遗产要素的保护要求；二是通过管理体系和立法系统的完善为各参与方明确在遗产地保护发展中的角色和责任，以及各项保护管理工作的执行依据，为下一步具体的保护计划实施奠定基础；三是根据研究得出的世界遗产突出普遍价值框架，制定一系列调查和研究工作计划，继续深化对遗产地价值的挖掘，弥补现状对遗产价值和遗产要素认知的不足；四是对遗产地当前及将来可能遇到的各种威胁和压力，提出针对性的保护预防措施和管理机制，保障遗产要素的安全性。保护管理规划在鼓浪屿正式成为世界文化遗产之前发挥了重要作用，鼓浪屿成为世界文化遗产后，通过完善对世界遗产中心提出问题的针对性回应，规划将进一步发挥更重要作用。

文化价值挖掘与文物古迹保护。厦门市政府正式启动鼓浪屿申报世界文化遗产后，核心工作之一就是开展对遗产文化价值的挖掘和实施文物古迹保护。2009年，管理部门正式启动鼓浪屿申遗文本及保护规划编制工作。为了广泛挖掘历史文化价值，2009年鼓浪屿管委会编辑出版《鼓浪屿申报世界文化遗产系列丛书》，该丛书主要为深入挖掘整理鼓浪屿历史文化，为申报文本的编写提供材料，并做好鼓浪屿申遗宣传。第一批出版书籍包括《近代西人眼中的鼓浪屿》和《厦门纵横》等。从申遗一开始，厦门市政府就聘请和成立由15名国家、省、地方、兄弟遗产地专家、领导组成的鼓浪屿申遗顾问专家组，开展遗产保护专业培训和指导工作。2011年，国家文物局、福建省文物局、厦门市文广新局联合在北京召开《鼓浪屿文化遗产地保护管理规划》评审会，专家组一致通过规划评审，鼓浪屿作为文化遗产保护有了法定规划依据。2012年中，国家文物局专家组对鼓浪屿开展中国世界文化遗产预备名单现场评估，同年底国家文物局公布鼓浪屿正式列入《中国世界文化遗产预备名单》，鼓浪屿取得了申报世界文化遗产的入场券。2012年，厦门市人大常委会表决通过《厦门经济特区鼓浪屿文化遗产保护条例》，通过地方立法为遗产保护保驾护航。

为了进一步提炼鼓浪屿遗产价值的独特性，2012年底厦门市政府特邀国际古迹遗址理事会共享遗产委员会专家前来考察鼓浪屿，并举办鼓浪屿文化遗产价值专题研讨会。2015年底，中央文史研究院专家组到鼓浪屿考察指导申遗工作，并就如何传承鼓浪屿特色文化、提炼突出普遍价值提出建议。此外，厦门市的文化研究机构，如厦门大学、厦门市社科联等也对鼓浪屿的历史文化价值展开了全面和系统的研究。对鼓浪屿突出普遍价值广泛和深入的讨论，为申遗文本最后获得国际ICOMOS组织的专业认可发挥关键作用。

为了充实文化遗产历史资料，2015年鼓浪屿申遗办、市档案局、清华大学文保所组成工作小组赴中国第一历史档案馆和中国第二历史档案馆搜集富有鼓浪屿遗产重要价值的档案，为总结鼓浪屿突出普遍价值奠定重要基础。此外，2016年鼓浪屿管委会、厦门市外侨办和部分申遗专家组成工作小组赴菲律宾和马来西利亚搜集海外资料，华人华侨联合会积极支持鼓浪屿申遗，并向联合国教科文组织发了推荐函，充分体现了遗产保护的公众参与力量与社会广泛支持。

根据联合国教科文组织世界遗产中心的要求，列入世界文化遗产的前提条件，一是先要进入缔约国的世界遗产预备名录；二是有更多的遗产本体及文物古迹列入国家级的保护。20世纪80年代，鼓浪屿只有少量历史建筑列入福建省、厦门市级文物保护单位。21世纪以来，开展历史风貌建筑保护后，特别是鼓浪屿申遗前后，2006年、2013年分两批共20处计28幢历史建筑列入国家级文物保护单位，此外，还有福建省、厦门市级文物保护单位48处计41幢历史建筑，以及思明区级不可移动文物保护单位86处计78幢历史建筑。在多层级文物保护的基础上，根据申遗文本提炼出代表历史国际社区突出普遍价值的50余处建筑和遗址，有些已被列入国家级文物保护单位，其他未列入的也被视同国家级文物保护单位，加以保护与管理。为了实现遗产地真实性和完整性的要求，申遗期间厦门市政府文物管理部门对包括53处遗产核心要素在内的文物古迹等，采取最小干预原则，实施了各种方式的保护和利用，总体实现了对遗产地历史国际社区的整体保护和价值展示。值得一提的是，为了重点推动文化遗产核心要素保护工作，2015年底鼓浪屿所在的思明区成立了鼓浪屿房屋搬迁安置指挥部，截至2016年迎接联合国教科文组织委派专家现场考察前，厦门市思明区鼓浪屿房屋搬迁安置指挥部共完成了101户的房屋搬迁工作任务，有效破解黄氏小宗、三和宫摩崖题记、延平戏院旧址周边、廖家别墅、亚细亚火油公司旧址等重点、难点文化遗产核心要素保护工作，为体现遗产地的真实性和完整性发挥了重要作用。

2016年2月1日，中国联合国教科文组织全国委员会秘书处函告联合国教科文组织世界遗产中心，正式推荐“福建鼓浪屿”作为2017年文化遗产项目，至此，鼓浪屿基本完成申报世界文化遗产的准备工作。

遗产地的全面整治提升。在鼓浪屿2012年列入中国世界文化遗产预备名录前，厦门市地方政府就已先期启动环境整治工程，包括拆除索道缆车和鼓浪别墅码头等，因为对鼓浪屿发展的目标逐步明确，也就是申报世界文化遗产并不是最终目的，重要的是在过程中通过挖掘文化，保护和提升整体发展水平才是根本。

2014年6月，厦门市委主要领导亲自挂帅，厦门市委、市政府颁布了《鼓浪屿整治提升总体方案》，为鼓浪屿的全面提升发展确立了系统、完整的框架和具体举措。方案指出鼓浪屿的发展定位，是着眼于厦门发展战略及鼓浪屿未来发展空间，按照“文化社区+文化景区”的定位，体现鼓浪屿典雅高尚品位特质，突出文化与艺术的内涵、特性和人文社区的特色，使社会保障及旅游发展与文化传承有机结合、互相促进，将鼓浪屿建设成高尚、优雅、精致的世界级文创名岛，成为“美丽厦门”的精华。目标之一是发展高尚的文化之岛。作为东西方文化融合发展的见证，鼓浪屿丰富的建筑景观、生活形态、遗迹文物等，是最为珍贵的唯一性和独特性文化遗产。在未来的发展中，通过申遗等系统工程，加以严格保护和丰富展示，把鼓浪屿建成高尚的文化之岛、世界级文化遗产地；目标之二是发展优雅的宜居之岛。科学划定永久居民居住区，严格控制人口规模，合理配置社区生活的教育、医疗卫生等设施，构建开放、中和、唯美、仁爱的独特社区品格，推进生活艺术化、艺术生活化，把鼓浪屿建成兼具传统积淀与现代特征的中西交流融合的国际社区；目标之三是发展精致的旅游之岛。以精品化、高端化为目标，严格保护自然风貌区，将鼓浪屿的人文历史遗迹作为体验型旅游产品的重要依托，实现旅游产业发展与文化遗产保护相结合。加强旅游监护与引导，推动旅游产品高端化，保护好鼓浪屿精致的旅游生态和环境，打造国际知名旅游目的地。

发展策略则是以发展的眼光看鼓浪屿，统一思想，明确目标，围绕“科学定位、理顺体制、综合整治，整合资源、完善功能、提升品位”，按照“整治、整合、提升”的战略步骤，实施美好环境与和谐社区共同缔造行动，达到共建、共管、共享的良性社会治理效果，走出一条鼓浪屿文化创意与旅游产业共荣、社区生活与景区管理共治的可持续发展之路。一是理顺体制，积极推进鼓浪屿管理体制改革和职能转变。成立专项工作组，制定整治提升总体方案，在机制上建立一个职责清晰、责权一致、相互合作、互为补充、运转高效的行政管理体制。二是综合整治，组织开展市容环境、市场秩序、旅游秩序、交通秩序等专项整治，还市民和游客一个整洁、有序、文明的鼓浪屿。建立长效机制，完善网格化管理内容，加大行政管理和执法力度，彻底改善鼓浪屿的环境秩序。三是整合资源，整合各类可用于展示、经营的资源，调整旅游及商业的业态与布局，形成岛上、海上大循环的文化商业旅游大格局。四是实行政企分开，成立统一的市场运营主体，按市场规则承担鼓浪屿国有资产的运营管理、景点的开发建设与维护、景区文化旅游产业的开发经营和商业业态提升等工作。五是完善功能，以建设生态居住功能与文化旅游高度融合的人文社区为目标，进一步调整充实现有的文化教育、卫生、市政等社区生活保障设施和文化艺术设施，以及旅游服务等配套设施，并通过综合交通改善，为居民提供生活优质、交通便利的生活环境，为游客提供高水平的服务。六是提升品位，积极推进鼓浪屿申遗，争取早日成为世界遗产保护地。大力引导、改造和提升商业业态，使其符合鼓浪屿的定位要求。突出发展文创产业，使鼓浪屿成为音乐家天堂、画家乐园、作家创作基地的特殊社区。七是在六大整治策略中，共形成30余项鼓浪屿整治提升行动大纲。前后历时5年时间，通过政府部门和社会各界的共同艰苦努力，整治工作取得显著成效，极大地推动了鼓浪屿各方面的改善和提升，为鼓浪屿最终列入世界文化遗产发挥积极作用。

鼓浪屿从历史社区到世界遗产保护记录（1959年-2017年）

表1-1

时间	部门	法律、名录、规划或文件	保护目标	保护政策	规模、等级	备注
1959 年	国务院	指示	著名风景游览区			周恩来总理
“文化大革命”前	福建省委	规划建设管理规定	著名风景游览区	严格控制人口规模，户口只准出不准进，岛上不要办工厂，不准开采石头，不得搬进与鼓浪屿风景游览无关的单位		
1980 年	福建省人民政府	关于保护鼓浪屿风景区有关问题报告的通知	著名风景游览区	与风景旅游无关的不得新建扩建，搬迁工厂，严格控制人口规模，户口只准出不准进		转发厦门市革委会
1982 年	厦门市城市规划管理局	鼓浪屿规划说明	著名风景游览区 海上花园	压减人口规模；不扩大居住用地；建筑以改造、整修和提高为主	拆除重建、维修改造、维持原状、新建添建	
1985 年	厦门市人民政府	《1985 年 -2000 年厦门经济社会发展战略》	鼓浪屿为国家的一个瑰宝，应该在这个高度上统一其建设与保护（专题：鼓浪屿的社会文化价值及其旅游开发规划）	审查建设活动、确保环境协调		时任副市长习近平
1986 年	厦门市城市规划管理局	鼓浪屿风景区保护改造规划说明	风景旅游区 海上花园	先减后加、宜小不宜大、宜低不宜高、宜散不宜密	维修为主 改造建设	
1988 年	国务院	列入“鼓浪屿 - 万石山国家级风景名胜区”	保护国家级风景名胜资源	按风景名胜区条例要求		
1993 年	建设部	《鼓浪屿 - 万石山风景名胜区总体规划》	国家级风景名胜区	宜小不宜大、宜低不宜高、宜散不宜密、宜细不宜粗	人口 1-1.5 万，绿地率大于 50%，保护 36 幢	
1995 年	厦门市政府	鼓浪屿控制性详细规划	国家级风景名胜区 突出自然风景和观光旅游 加强旧区风貌建筑的修缮和保护	有选择地加以保护；整治风貌建筑的环境和居住条件；引导风貌建筑使用性质转换；一级原样保护；二级原则保留；三级保留改造	调查评估 262 幢，其中一级 17 幢、二级 91 幢、三级 154 幢	
2000 年 4 月	厦门市人大常委会	《鼓浪屿历史风貌建筑保护条例》	保护与继承历史建筑文化遗产	明确历史风貌建筑定义、保护和利用原则、要求以及法律责任等	重点、一般历史风貌建筑	
2001 年	厦门市政府	《鼓浪屿历史风貌建筑保护规划》	落实条例相关要求，推荐历史风貌建筑	具体推荐重点历史风貌建筑和一般历史风貌建筑，以及保护范围要求	调查 308 处 206 幢，其中重点 82 幢、一般 124 幢	
2002 年 4 月	厦门市政府正式公告	鼓浪屿历史风貌建筑认定	正式确认、挂牌	挂牌；划定保护范围和相关要求	第一批 40 幢	

续表

时间	部门	法律、名录、规划或文件	保护目标	保护政策	规模、等级	备注
2006年	国务院	申报第六批国保	按国家级文物保护要求	《文物法》相关要求	10处13幢重点历史风貌建筑	
2008年11月	厦门市委	通过《关于鼓浪屿申报列入世界文化遗产名录可行性报告》	阐述鼓浪屿作为世界文化遗产的突出普遍价值	挖掘文化、归纳价值		启动申遗
2009年3月	厦门市人大常委会	厦门经济特区鼓浪屿历史风貌建筑保护条例（修订）	细分所有人、管理人、占用人、承租人保护责任；产权复杂需由政府介入实施保护的合法性；政府投入保护资金的相关规定以及奖励与救济，明确相关法律责任	重点历史风貌建筑和一般历史风貌建筑		
2009年6月	清华大学	启动鼓浪屿申遗文本及保护规划编制工作	世界文化遗产保护相关要求			
2009年6月	鼓浪屿管委会	编辑出版《鼓浪屿申报世界文化遗产系列丛书》	深入挖掘整理鼓浪屿历史文化			
2010年	厦门市政府	鼓浪屿历史风貌建筑保护规划（修编）	按新条例实施保护要求	重点历史风貌建筑和一般历史风貌建筑	推荐391幢，重点保护117幢，一般保护274幢	
2011年3月	厦门市政府	启动鼓浪屿申遗环境整治工作	拆除鼓浪屿金带长廊			
2012年6月	厦门市政府正式公告	鼓浪屿历史风貌建筑认定	正式确认、挂牌		第二批351幢	
2012年6月	厦门市政府	实施鼓浪屿申遗环境整治工作	拆除日光岩索道拆除工程			
2012年6月	厦门市人大常委会	《厦门经济特区鼓浪屿文化遗产保护条例》	加强鼓浪屿文化遗产保护与展示	遗产保护的真实性和完整性要求		
2012年11月	国家文物局	鼓浪屿列入《中国世界文化遗产预备名单》	具备申报世界文化遗产资格			
2013年	国务院、福建省政府	列入第七批国保单位、列入第八批福建省保单位、列入未定级文物	按各级文物保护要求		10处15幢，10处9幢，78幢	
2014年2月	厦门市政府	《鼓浪屿文化遗产地保护管理规划》	展现文化遗产地的多元文化特质和社区文化品质	保护措施、历史环境、文化展示、游客管理、社区发展与遗产监测	核心区 316hm^2，缓冲区 953hm^2	
2014年6月	厦门市委	《鼓浪屿整治提升总体方案》	“文化社区＋文化景区”世界级文化艺术名岛	提出优化环境、理顺体制、完善功能、凸显文化和提升品位等5类40项具体整治提升行动		

续表

时间	部门	法律、名录、规划或文件	保护目标	保护政策	规模、等级	备注
2015年	厦门市政府	列入第六批市保	按市级文物保护要求		30处30幢历史风貌建筑	
2015年11月	厦门市政府	《厦门经济特区鼓浪屿历史风貌建筑保护条例》实施细则	细化历史风貌建筑保护要求、资金投入、工作责任和奖惩措施			
2016年2月	中国联合国教科文组织全委会	推荐鼓浪屿作为中国申报2017年世界文化遗产项目	全面按照世界文化遗产保护要求和标准	进一步全面实施遗产核心要素保护，实施全岛环境整治与提升	保护历史风貌建筑931幢	
2016年10月	国际古迹遗址理事会专家苅谷勇雅	考察评估鼓浪屿进行现场	遗产地的真实性和完整性			
2017年7月	联合国教科文组织	鼓浪屿：历史国际社区正式列入世界遗产	世界文化遗产保护标准			申遗成功

遗产价值与保护体系

1. 鼓浪屿作为世界文化遗产的突出普遍价值

关于世界文化遗产的评价标准。《世界遗产公约》定义文化遗产包括文物、建筑群和遗址。文物包含从历史、艺术或科学角度看具有突出的普遍价值的建筑物、碑雕和碑画、具有考古性质成分或结构、铭文、窟洞以及联合体；建筑群是从历史、艺术或科学角度看在建筑式样、分布均匀或与环境景色结合方面具有突出的普遍价值的单位或连接的建筑群；遗址是从历史、审美、人种学或人类学角度看具有突出的普遍价值的人类工程或自然与人联合工程以及考古遗址等地方。显然，具备突出的普遍价值是成为世界遗产的重要条件。

为此，《世界遗产公约》也给出了突出的普遍价值的评估标准，其中针对世界文化遗产确立了6项标准。如果遗产符合一项或多项标准，将会认为该遗产具有突出的普遍价值。这6项标准分别为：一是作为人类天才的创造力的杰作；二是在一段时期内或世界某一文化区域内人类价值观的重要交流，对建筑、技术、古迹艺术、城镇规划或景观设计的发展产生重大影响；三是能为延续至今或业已消逝的文明或文化传统提供独特的或至少是特殊的见证；四是建筑、技术整体或景观的杰出范例，展现人类历史上一个（或几个）重要阶段；五是传统人类居住地、土地使用或海洋开发的杰出范例，代表一种（或几种）文化或人类与环境的相互作用，特别是当它面临不可逆变化的影响而变得脆弱；六是与具有突出的普遍意义的事件、活传统、观点、信仰、艺术或文学作品有直接或有形的联系。

此外，公约对依据标准申报的遗产还提出了须符合真实性和完整性的基本要求。《奈良文件》为评估相关遗产的真实性提供了操作基础。基本要求是，理解遗产价值的能力取决于该价值信息来源的真实度或可信度。对涉及文化遗产原始及发展变化特征信息来源的认识和理解，是评价真实性各方面的必要基础。 对于文化遗产价值和相关信息来源可信性的评价标准可因文化而异，甚至同一种文化内也存在差异。出于对所有文化的尊重，文化遗产的分析和判断必须首先在其所在的文化背景中进行。依据文化遗产类别及其文化背景，如果遗产文化价值的下列特征真实可信，则被认为具有真实性：即外形和设计；材料和材质；用途和功能；传统、技术和管理体系；位置和环境；语言和其他形式的非物质遗产；精神和感觉；其他内外因素。精神和感觉这样的属性在真实性评估中虽不易操作，却是评价一个遗产地特质和场所精神的重要指标。例如，在社区中保持传统和文化连续性，所有这些信息使我们对相关文化遗产在艺术、历史、社会和科学等特定领域的研究更加深入。“信息来源”指所有物质的、书面的、口头和图形的信息来源，从而使理解文化遗产的性质、特性、意义和历史成为可能。此外，在真实性问题上，考古遗址或历史建筑及街区的重建只有在极个别情况才予以考虑。只有依据完整且详细的记载，不存在任何想象而进行的重建，才可以被接受。换言之，无据重建的遗址或建筑就丧失了突出的普遍价值的真实性。

最后，所有申报《世界遗产名录》的遗产还必须满足完整性条件。完整性用来衡量文化遗产及其特征的整体性和无缺憾性。遗产完整性评估主要强调遗产符合以下特征的程度，包括所有表现其突出的普遍价值的必要因素；面积足够大，确保能完整地代表体现遗产价值的特色和过程；是否受到发展的负面影响和缺乏维护等方面。文化遗产的物理构造和重要特征都必须保存完好，且侵劣化过程的影响得到控制。能表现遗产全部价值的绝大部分必要因素也要包括在内。文化景观、历史村镇或其他活遗产中体现其显著特征的种种关系和动态功能也应予保存。

鼓浪屿的突出的普遍价值。联合国教科文组织世界遗产委员会基于标准二和标准四，将中国鼓浪屿历史国际社区列入世界遗产名录，采纳如下突出普遍价值的陈述：鼓浪屿是一座位于九龙江入海口的岛屿，与厦门市隔着宽600m宽的鹭江海峡相望。1843年，厦门开放为通商口岸。1903年，鼓浪屿成立了国际社区。这座坐落于中华帝国南部滨海地区的岛屿一下成为中外交流的重要窗口。该遗产体现了现代居住地的综合性特点，其遗存包括931座展现不同当地的和国际风格的历史建筑、自然景观、历史道路网络和园林。在当地中国人、归国华侨和多国外来居民的共同努力下，鼓浪屿发展成一个具有突出文化多样性和现代生活品质的国际社区。同时，鼓浪屿也成为活跃在东亚、东南亚的华侨和精英的理想居住场所。此外，鼓浪屿还集中体现了19世纪中叶至20世纪中叶的现代人居理念。鼓浪屿是文化融合的独特范例，这种文化融合来自文化交流，而这种文化交流在通过数十年持续融入更多多元文化参照形成的有机城市肌理中仍然清晰可见。受多种不同风格影响的最佳证明就是在鼓浪屿产生了新的建筑运动，即厦门装饰风格。

关于标准二。国际古迹遗址理事会认为，鼓浪屿岛的建筑特色和风格体现了中国、东南亚和欧洲建筑和文化价值观和传统的交融，这种交融的产生得益于岛上居住的外国人和归国华侨的多元性。鼓浪屿岛上建立的居住地不仅反映了定居者从原籍地或先前居住地带来的影响，还混合形成了一种全新的风格——厦门装饰风格。这种风格在鼓浪屿发展并影响波及了广大的东南亚沿海地区以及更远的地带。因此，鼓浪屿展现了在亚洲全球化早期多种价值观的碰撞、互动和融合。

关于标准四。鼓浪屿是厦门装饰风格的发源地，也是该风格的最佳代表。这种风格以厦门在本土闽南方言中的称呼Amoy命名。厦门装饰风格指的是一种建筑风格和类型，它最先出现在鼓浪屿，体现了当地建筑传统，早期西方特别是现代主义，以及闽南移民文化的融合。基于此，厦门装饰风格体现了传统建筑类型向新形式的转型，这种风格后来被借鉴到东南亚各地，并在更广泛的地区流行开来。

关于完整性。当地历史景观的完整性得到维护，主要得益于对历史建筑结构的持续保护，对新建筑在高度、数量和形式方面的有效开发控制。建筑物与绿化空间的历史关系也有助于维护整体景观的完整性。整体景观包括受保护的悬崖和岩石自然景观、宅园和独立私家花园这两种历史园林。该遗产地的完整性体现在对整个岛屿（包括到珊瑚礁边缘的沿海水域）的划界上，从而促使岛上的建筑结构和自然环境构成和谐统一的整体。较早地意识到这种和谐也防止了环岛海域的大面积开发。附近其他岛屿及邻近的大陆也印证了这一点。对岛屿价值认可的很重要的一点是它从未通过交通设施与厦门相连，两地只能通过渡轮接驳。今天，这一限制是游客管理程序的要素，确保了岛屿的完整性。来自旅游业的压力是一个可能影响岛屿完整性的问题，因此需要实行严格的管制。每天允许上岛人数的上限是35000人，仍需对该数据进行密切的监测，以防止大量游客涌入而造成的负面影响。

关于真实性。鼓浪屿保持了其真实性，在形式和设计、位置和环境、岛屿材料和物质的许多要素，以及从更小程度上来说的使用和功能上都体现了这一点。城市居住地模式以及建筑结构都保留了其特色布局和风格特征，这种风格特征仍然能够可靠地反映出鼓浪屿所融合的各种建筑风格及其所创造的鼓浪屿装饰风格。鼓浪屿进一步保留了原有的地理位置和自然景观，保留了理想居住区的空气质量，其公共服务种类多样，能够继续发挥其原有的功能。城市结构受原有法律的保护，这些法律是为建立国际社区于1903年制定的，直到现在仍然有效。岛屿的自然和人造空间环境保持着原有的联系和关系，包括道路连接和视觉关系。根据国家级风景名胜区管理框架，鼓浪屿于1988年被国务院认定为国家级风景名胜区。鼓浪屿有51组具有代表性的历史建筑、园林、建筑结构和文化景点被列为各级文物保护单位，其中19个国家级文物保护单位、8个福建省级文物保护单位，以及24个厦门市级文物保护单位。此外，所有福建省、厦门市级文物保护单位将被列入全国重点文物保护单位名单。

关于保护制度。《鼓浪屿文化遗产地保护管理规划》于2011年正式通过，自2014年起由政府正式实施。该计划在全面分析提名遗产的状况和所面临的威胁的基础上，确立了管理战略和措施。战略性文件还将所有其他规划和保护条例的规定纳入综合管理制度，使参与管理工作的各方之间的合作制度化。根据该《规划》的要求，于2014年开始推行《鼓浪屿商业业态控制导则》，为该《规划》提供支持。此等规划及导则为岛上商业服务（尤其是旅游业）的规模和质量保证措施提供了指导。根据2017年的《鼓浪屿游客容量估算报告》，鼓浪屿岛上理想日容量为25,000人，极限日容量为50,000人。由于此数值包括岛上的居民和上班族，因此目前实际上控制高峰期游客上限为35000人次。

此外，世界遗产委员会还建议缔约国考虑到以下问题，在2017年6月开始试行游客控制措施两年后向世界遗产中心及其咨询机构提供评估报告。委员会建议，对游客控制进行监控，定期修订有关到岛游客量可接受变化的限值研究，以确认目前的游客人数上限确实能够保护“突出普遍价值”；制定和实施对砖石结构历史建筑的加固计划；扩展保存措施的重点范围，把建筑物内部纳入其中。显然，遗产委员会提出的建议将成为鼓浪屿在文化遗产保护中必须认真对待和加以解决的重要问题。

2. 鼓浪屿的建筑与环境特色

万国建筑博览。鼓浪屿给人最深刻的印象，莫过于岛上各色各样的建筑，鼓浪屿也因此素有“万国建筑博览”的美誉。这与鼓浪屿在历史国际社区的发展中受到来自英国、美国和日本等多个国家文化的影响不无关系。当然，中国本土文化特色的建筑也仍保留在国际社区中，因此不同文化的对比，更凸显鼓浪屿建筑风格和类型的多样性和独特性。鼓浪屿建筑特色系统性研究始于1980年代。1990年代中后期，随着对鼓浪屿人文历史和历史建筑保护的不断重视，在立法保护过程中，加深了对鼓浪屿历史建筑的专业性研究。

四种建筑风格。在挖掘鼓浪屿历史文化价值过程中，进一步深化了对鼓浪屿建筑文化特色研究，逐步梳理出鼓浪屿建筑类型和风格特征。总体来说，鼓浪屿的历史建筑可分为4种类型，分别是传统闽南风格建筑；殖民外廊风格建筑；厦门装饰风格建筑；多元各式风格建筑。

传统闽南风格建筑。在西方人进入前，鼓浪屿作为海岛渔村聚落，风貌无异于一般闽南传统聚落特色。目前岛上仍保存有成片的闽南传统建筑群，包括四落大厝、黄氏小宗、大夫第、雷厝等民居，同时还有像日光岩寺、种德宫等闽南风格宗教建筑。岛上传统闽南风格建筑虽然占总量比例小，但因代表了本土传统建筑文化特色，所以在建筑多

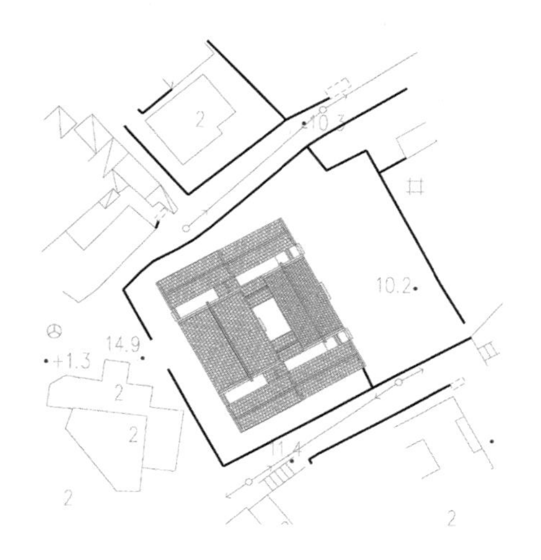

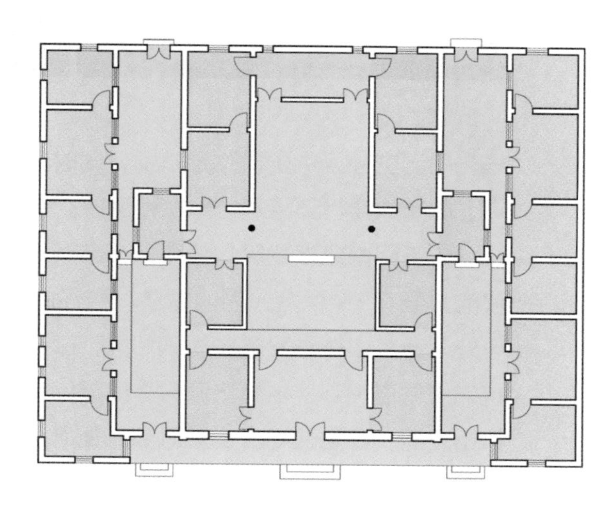

图2.2-1 典型传统闽南本土风格建筑平面格局（海坛路58）

图2.2-2 鼓浪屿现存传统闽南本土风格建筑代表（左为四落大厝）

样化的历史社区中更显弥足珍贵，同时这种建筑类型也是鼓浪屿建筑文化脉络发展的起点，因而需要得到特别的重视和保护。

传统闽南风格建筑的分布，在鼓浪屿社区空间的位置有其特点。在海岛渔村时，鼓浪屿主要有3个聚落，为内厝澳、岩仔山脚和升旗山脚，分布的共同特征都是在山脚避风处，背靠山体，躲避冬季东北风，印证了闽南一带的择居风水理念，也体现了中国传统的居住堪舆观。内厝澳原称李厝澳，李姓渔民最早登岛聚居点，位处笔架山西麓和兆和山之间，是居住的上佳避风港，现岛上还零散分布不少传统闽南风格大厝。岩仔山即龙头山，也就是日光岩，是岛上最高山丘，龙头山自然是岛上风水最佳处，至今仍保存的官户人家大夫第、大户人家四落大厝、大姓宗祠黄氏小宗等都在该聚落。升旗山脚即现今复兴路一带，古时有鹿礁沿海千顷良田，所以也形成聚落存在，不过现时留存的闽南大厝较少，仅有个别留存于后期混杂的社区中。

殖民外廊风格（Colonial Veranda Style）建筑。殖民地外廊式是一种具有与热带、亚热带地方气候相适应的外廊空间的建筑形式，最初在南亚殖民地地区形成后，于18世纪末、19世纪初期传回欧洲，并转化为富裕阶层的郊野别墅（Bungalow）形式，接着又被作为西方各国驻殖民地领事馆或外交官公馆建筑的常用形式，形成一种象征西方高贵、休闲生活方式的标志，成为早期殖民地建筑样式。这种风格建筑适应气候炎热、多雨湿润的地区，建筑四周由环形外廊围绕，外廊立面多为连续拱券柱廊形式的特点，由英国人最早进入鼓浪屿而形成的，这类建筑主要为外国人自己居住使用，如传教士、洋行经理等，因此这种类型建筑在形成国际社区中的总量并不大，岛上这种风格建筑现存并不多，主要代表有伦敦差会姑娘楼、三落姑娘楼、山雅阁住宅和日本领事馆等。

殖民外廊风格建筑非常契合鼓浪屿的自然气候与地理特征。鼓浪屿属于亚热带海洋气候，天气炎热、多雨湿润，建筑外廊既可遮阳避雨，又可纳凉采光，成为居住空间中最重要和最适用的场所。外廊的空间尺度一般比较大，外廊空间甚至比室内空间还要大，本地人通常称外廊为“走马楼”，就是宽敞、连续的意思。有的建筑在外廊拐角处还做了特别处理，形成斜角，使外廊空间富于变化，更加突出外廊空间的重要性，如三落姑娘楼、海关理船厅公署等，极富特色。

这类建筑从外观上看主要是连续拱券外廊，比较简洁大方而没有过多装饰，并由于建造年代较早，建筑多为老旧，在鼓浪屿的历史建筑群中并不特别引人瞩目。在早期的鼓浪屿建筑保护研究中对此类建筑关注不多，未加深入研究，以至于一些此类建筑在早期并未列入历史风貌建筑加以保护，直至后来在鼓浪屿建筑历史文化的不断挖掘中，逐步得到认识并被列为鼓浪屿的一种建筑类型。虽然鼓浪屿该类型的建筑数量不大，但是这种风格却是影响鼓浪屿后来建筑风格中西合璧最重要的起因。

厦门装饰风格（Amoy Deco）建筑。由藤森照信和汪坦主编的《亚洲近代城市与建筑全调查》中，对于在厦门鼓浪屿及周边地区产生并形成一定数量规模的独特建筑形式，使用“Amoy Deco”加以归类表述，有研究者把它翻译成“厦门装饰风格”，指的就是鼓浪屿岛上历史建筑中大量的华侨洋楼。华侨洋楼是厦门本地人一般的说法，概指华侨为业主，具有西洋建筑风格特色，简称华侨洋楼。这类建筑在鼓浪屿最具规模和特色。鼓浪屿成为公共地界后，大量泉州、漳州籍东南亚华侨回到鼓浪屿定居并投资建设，1920—1930年代大量建成这类建筑。这类建筑具有中西风格混合特色，藤森照信在对东亚受到外来文化影响城市的建筑调查中发现，在1920—1930年代乃至后来一段时期，在厦门、泉州、漳州一带出现了大量受到外来建筑文化影响的一种特定建筑形态，尤以厦门鼓浪屿最为大量和集中，于是以“厦门装饰风格”为名定义这类建筑。厦

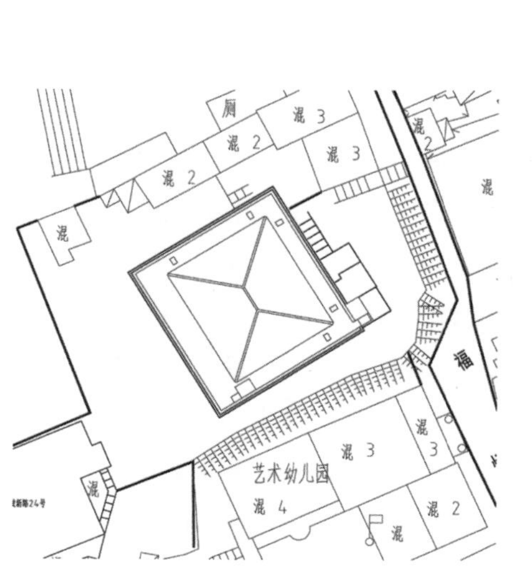

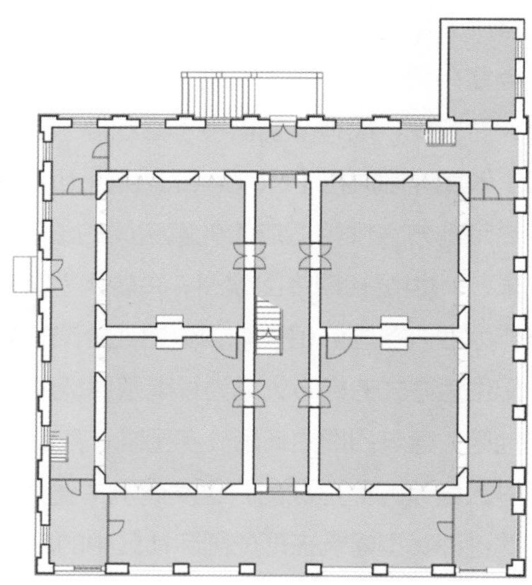

图2.2-3 典型殖民外廊式风格建筑平面格局（福州路199号）

图2.2-4 鼓浪屿现存殖民外廊式风格建筑代表（左为日本领事馆旧址）

门装饰风格之所以体现出建筑风格的混搭，缘于房屋主人为华人，具有中国传统思想观念，但又受到西方文化和时代潮流的影响，二者共同作用所形成。

从外观看，厦门装饰风格建筑与殖民外廊风格建筑有很多相似性，如外廊、柱式、大台阶等，但建筑内部空间的平面布局则有很大的差异。外国人居住的外廊建筑，空间布局中的最内部位置多为走廊和楼梯，甚至有的形成内部十字形走廊，如三落姑娘楼最

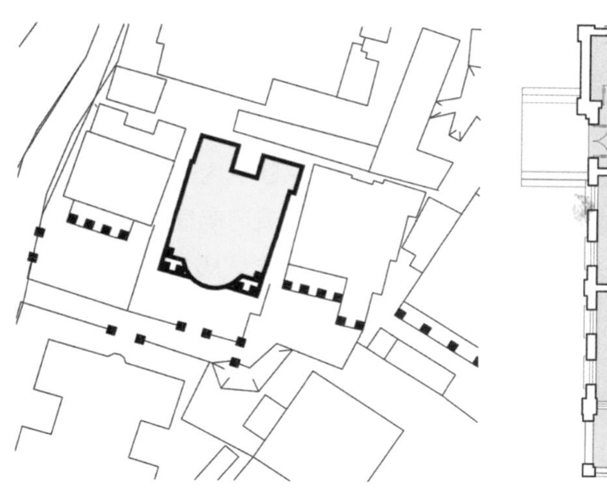

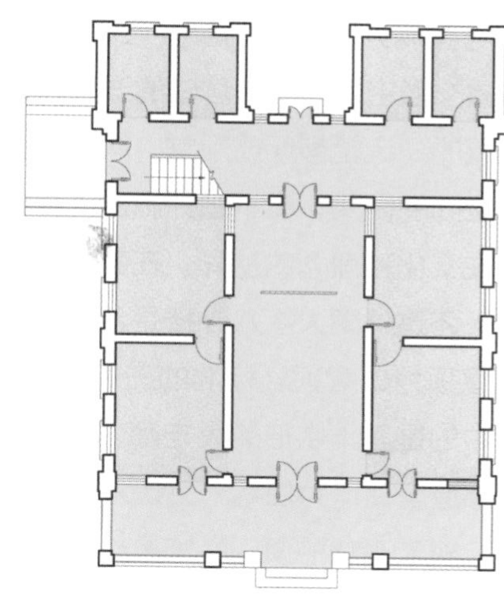

图2.2-5 典型厦门装饰风格建筑平面格局（福建路28号）

图2.2-6 鼓浪屿现存厦门装饰风格建筑代表

为典型，这与强调外廊空间的重要性有关，居于建筑内部中央位置的反而是次要的空间，用于布置交通空间。华人居住的洋楼建筑情形则大为不同，厦门装饰风格的建筑内部，居中布置的一定是客厅或厅堂，两侧才是卧室等空间，具有中国传统居住空间的秩序感，强调空间的内聚，而不是外廊建筑强调的外放。因此，从建筑内部空间很明显看出中西方居住文化和理念的差异。在鼓浪屿只要走进建筑内部，就可明显辨别出房屋的主人是中国人还是外国人。八卦楼是台湾籍华人林鹤寿的私人住宅，从八卦楼外观看并不像住宅，屋顶为大穹顶，标准的三段式立面构图，倒像西方的公共建筑有如市政厅，建筑内部居中的是呈十字形的大走廊，并不是中国人居住理念中的中堂或厅堂，如此空间格局和外部造型，作为住宅未免让人有些费解。

钱毅等人对鼓浪屿的厦门装饰风格建筑开展了一系列研究，进一步加深了对鼓浪屿建筑发展历史及其特征的认识。20世纪二三十年代，由于鼓浪屿相对稳定的社会环境和良好的自然环境，大批来自闽、台的富绅、文化精英和东南亚闽籍华侨来到鼓浪屿定居，促使鼓浪屿的华人建设达到高峰。其时的中国建筑界正值西方古典复兴、装饰艺术风格（Art Deco）大行其道，在这样背景下，一种新风格的华侨洋楼由此前作为鼓浪屿近代建筑主流的殖民地外廊式风格中脱胎而出，发展成为一种注重现代装饰表现与民族性、地方性装饰题材结合的独特建筑风格。

其他多样风格建筑。除了上述3种类型外，鼓浪屿还有各式各样、不一而足的多样化建筑，包括哥特式的天主堂、美国草原式的殷宅、洋葱顶式的金瓜楼、罗马柱式的美国领事馆和现代风格的博爱医院等，游客看鼓浪屿往往更容易被这些琳琅满目的各色建筑所吸引，鼓浪屿素有的“万国建筑博览”美誉正源于此。鼓浪屿的建筑受到多国文化影响，表现出与其他世界文化遗产的差异性，同时也体现了作为世界文化遗产突出普遍价值的唯一性。例如，同类型的澳门历史文化城区，主要受到葡萄牙文化的长期影响，而鼓浪屿主要是在一百多年间受到多国多种文化影响的产物。虽然从专业角度看，鼓浪屿建筑的西式风格并不显得完全的地道和正宗，但在遥远的东方小岛，历经岁月洗礼能保存有如此异国情调特色的历史社区和多样建筑，仍难能可贵。

两种建筑布局空间肌理。鼓浪屿在2015年被列入中国第一批正式公布的国家级历史文化街区。鼓浪屿历史文化街区由于海岛的独特地理环境，造就了鼓浪屿与一般历史文化街区不同的形态特征。20世纪二三十年代鼓浪屿成为功能比较齐全、配套相对完整的国际社区，商业发展的需要形成了较完整的街道（商业街）、街坊和街区格局，这与中国传统的历史街区特点相似，如龙头路、福州路、福建路一带，街区内还带有一部分骑楼这种源自潮汕一带的沿街灰空间形式，街区小尺度与岛屿尺度相得益彰，表现为小巧别致、亲切宜人。同时，由于鼓浪屿多山丘陵地貌，建筑的布局还呈现出与一般历史街区不同的特征，大量带有花园庭院的洋楼住宅，多在海边、山上自由分布和建造。这种布局形式的出现，一方面受到外来居住文化理念的影响，以观海看景为选择，而不同

图2.2-7 鼓浪屿现存万国多元风格建筑代表

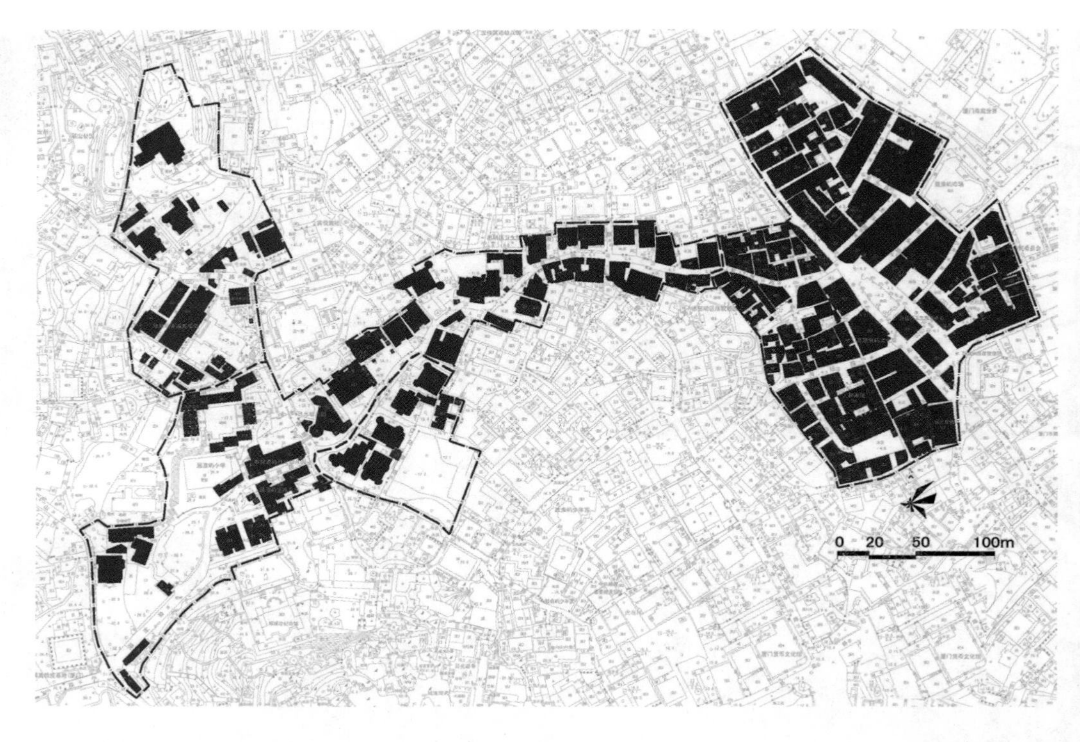

图2.2-8 鼓浪屿从街区格局渐变到自由分布的两种建筑空间肌理

于中国传统的背山而居；另一方面则是由于进入鼓浪屿的人口不断增多，房屋的建造空间自然只能向山上和海边不断拓展而形成。国际社区形成的早期，先以外国人的住宅向岛屿四周，随着道路的建设而分布，如英国海关关长住宅、海关副税务司司长住宅、英国领事公馆，后期则为华人主导建设，如笔架山上以春草堂为首的建筑群，包括观彩楼、林文庆别墅、亦足山庄等，鸡母山上则有基督教会住宅、殷宅等代表。所以，街坊制和独立式构成了鼓浪屿建筑群分布的两大形态特征。鼓浪屿的社区空间肌理在保护中值得认真对待。20世纪90年代，政府有关部门针对当时鼓浪屿岛上人口饱和、建筑稠密的状况，曾一度提出要“拆出一个新鼓浪屿”的想法。去除社区环境中后期的加建或搭盖之类应是对的，但如对社区的历史空间肌理产生大的改变则是一种破坏。幸好当时的工作主要还是对加建部分的减除，而现在鼓浪屿所形成的一些开放空间、小广场等，大多实际也是在不同历史时期由拆除一些老建筑所形成，如街心公园、钢琴码头绿地等。

建筑与山、海环境的有机融合。由于鼓浪屿海岛的小巧玲珑，建筑与海岛非常亲密，建筑表现出与山、海环境融为一体的灵巧布局。林尔嘉的菽庄花园和黄仲训的瞰青别墅就是典型代表。菽庄花园表现为藏海园林，瞰青别墅则是筑院围山。

菽庄花园位于鼓浪屿东南靠海的港仔后，由台湾迁居鼓浪屿的富绅林尔嘉始建于1913年。菽庄花园借鉴江南园林手法，又吸收欧洲巴洛克园林手法，结合滨海环境，形成独具鼓浪屿特色的私家园林，其最大特点在于利用中国园林的廊、桥、亭、榭等元

图2.2-9 建筑藏海（菽庄花园）

图2.2-10 建筑围山（瞰青别墅）

素组合，把大海围拢进自家庭院，造就“藏海”意趣，特别是退潮时庭院内留住海水，廊桥内外水面景观的对比，并可以借景日光岩为对景，形成了既可沿海游历，又能远眺观景的滨海环境体验。

瞰青别墅是为西林别墅配套的副楼，系房屋主人黄仲训于1918年在日光岩北麓建造的中法合璧式洋楼别墅。瞰青别墅作为副楼，建筑规模并不大，主要供房屋主人休闲娱乐用。建筑立面虽端正，但布局因山岩形势而极为自由活泼。建筑贴山而建，将背后山岩尽收于后院，形成建筑与岩石围合抱拢态势。楼房前后、坡地上下，到处都是天然的岩石景观，并因房屋主人秀才出身，又雅好文字，在岩石留下不少记刻，平添不少诗意。

建筑、庭院与海岛自然环境要素的高度融合，是鼓浪屿不同于一般历史街区的空间环境特色。

主副楼布局特点。鼓浪屿老建筑中的私人住宅，规模略大，布局较完整，带有花园、庭院的住宅建筑，一般有主、副楼布局特点。主楼为主人使用的厅堂、卧房等，副楼也有称作“陪楼”，一般为厨房、厕所以及佣人房间等。主楼平面布局一般较为规整，如轴线对称式，符合中国传统居住风水理念，副楼则随场地条件呈自由布局，二者一般相邻紧靠，或分离，或通过走廊连接，以方便使用。副楼较主楼，建筑立面一般略为简

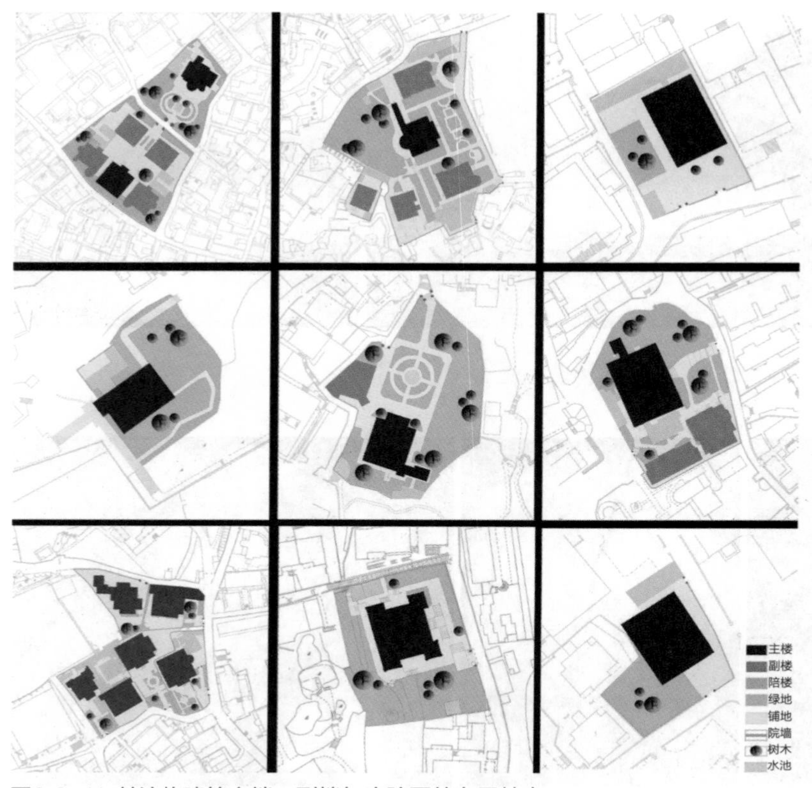

图2.2-11 鼓浪屿建筑主楼、副楼与庭院园林布局特点

朴，恰当体现主、副关系。之所以出现这种布局特点，与当时的卫生条件和人的生活观念有关，主楼作为主人的主要居住空间，一般不设置厕所等，同一时期在集美，由爱国华侨陈嘉庚先生亲手创办的集美学村，在建造学生宿舍时厕所也是分离设置的，可见当时社会流行的生活习惯。

鼓浪屿这种建筑布局特点在早期的保护研究中并未被认识清楚，导致在建筑保护中有时忽略了保护副楼的现象，影响了遗产保护的完整性。不过，从实地考察看，有一些疑惑也困扰了专业人员，就是副楼与主楼的布局关系，以及副楼的建造时间等。部分建筑副楼的位置似乎严重影响了主楼的立面，或与主楼的衔接显得生硬，如檐口衔接、标高衔接错位等，不免令专业人士对副楼的建造时间和背景有疑问，似乎副楼与主楼不是同时期建筑，而是后期加建的，而这和前面分析的住宅功能配套似乎又解释不通，这些问题有待进一步深入探究。

封闭式围墙。由于鼓浪屿的建筑及其庭院多是基于社区私人物业的建设，规模较大的私宅一般设有围墙，围墙基本沿着私人所有土地范围设置，并在围墙的明显处安放标有土地主人姓氏的石碑加以警示，如“黄界”“洪界”或主人姓氏等。林语堂故居系其夫人廖翠凤家族物业，现故居在漳州路的入口处仍留有“廖”字石刻标示。鼓浪屿老建筑历经沧桑，虽几易其主，但围墙根的原主人姓氏石碑却成了建筑的永恒记忆，这也是鼓浪屿文化遗产真实性和完整性的最好体现。

由于私宅庭院围墙的存在，给鼓浪屿社区带来了不少空间和景观的趣味。鼓浪屿地方很小，空间视觉效果原本一目了然，但由于大量建筑庭院和围墙的存在，加上地形高低起伏，使得社区空间变得极其复杂，路政部门对鼓浪屿的路名时常无法标明，因此也就有了一个路名有好几条路的情况，比如龙头路、福州路就都有好几条，让找路的客人总是一头雾水，而这恰是鼓浪屿的道路特色所在，所谓“迷失在鼓浪屿”，这与其围墙形成的空间特色不无关系。

围墙的样式多与庭院内主体建筑风格一致，包括所用材料和施工工艺。围墙以封闭式为主，穿插在墙头有些花格的装饰或配以灌木绿化，形成多样别致的街巷景观。特别要说明的是，封闭式的围墙是与住宅的功能有关系的，因为鼓浪屿建筑分布稠密，为了隐私和阻挡视线的需要，围墙需要封闭而不是透空。有的专业人士提出要把鼓浪屿的围墙改成透空的，“拆墙透绿”以展示庭院的景观，这其实是错的，他们忽视了生活性的庭院是需要隐秘和安静的。再者，鼓浪屿街巷空间的曲径通幽和峰回路转也是由封闭的围墙形成的，这个特色需要被清楚认识并加以保持。

个性化门楼。走在鼓浪屿街巷上，楼宇错综可见，门楼目不暇接。多数私家宅院的大门都做成了颇有体量感的门楼，镶嵌在入口两侧的围墙上，浑然一体。鼓浪屿的各式门楼极具个性，有繁复有简捷，有中式有西式，多数与主楼搭配相得益彰。不过也有极具夸张的情形，主楼、院子并不大，但门楼却颇为气派，像亦足山庄，早期鼓浪屿上来自泉州、晋江一带的东南亚华侨不少，晋江人多把门楼作为门面，装饰得气派些。总之，门楼在鼓浪屿的建筑群中相当突出，并成为建筑的重要组成部分。

混搭风庭院。庭院也是建筑主人身份、地位与财富的象征。鼓浪屿比较大型和完整的庭院，有黄家花园、黄荣远堂、海天堂构、亦足山庄、菽庄花园、番婆楼和容谷别墅等。这些庭院里的建筑风格多为中西混合，配合这些建筑的庭院总体上多以西式为主，主要表现为欧式图案的水池、喷泉和修剪整齐的灌木绿化。但仔细观察会发现穿插庭院其间的，却有辅以中式的假山以及有吉祥含义象征的漏窗、亭子等，尽显中式园林手法。假山几乎在有园林景观的庭院里都有，有些庭院还有中式的亭子，以及富有中国特色的十二生肖雕刻，如菽庄花园补山造景带有十二生肖的假山设计，却是出自德国设计师之手，更是中西结合的生动体现。由于19世纪鼓浪屿还没有修建自来水供水设施，岛上生活饮水多来自凿井取水，鼓浪屿一些闽南大厝庭院内现在仍然可见。鼓浪屿成为公共地界后，1903年出台的《鼓浪屿工部局律例》明文规定，修建建筑“须开凿水井，宜具充足之泉水”，开凿水井在当时是一种规定。至今许多庭院内还留存有水井，当地人称水井为“古井”，意味留存久远之意，古井文

图2.2-12 海天堂构门楼堪称鼓浪屿建筑宅园个性化门楼典型

图2.2-13 混搭风格的鼓浪屿建筑庭院特色

化成为鼓浪屿文化遗产要素的组成。有意思的是，律例还规定“新筑之屋，须具一水池，以收集屋上雨水，等等”，现在看来也属海绵城市的先进理念，不过现在庭院内仍旧留存的水池似乎并不多见。

生活式植栽。从老照片上可以看到，19世纪中期的鼓浪屿仍是石头山和不多的农田，只是在聚落的区域里仅有少量的榕树，这符合闽南传统聚落人居环境的特点。今日鼓浪屿呈现的“海上花园”则是伴随着鼓浪屿作为社区的发展而形成的，包括大量的名木古树和多样化的植物种类。鼓浪屿上有160多棵名木古树，其中90%以上为榕树，其他为樟树、芒果等，多样化的植物种类则主要体现在以社区为载体的庭院绿化。

图2.2-14 鼓浪屿历史上的自然环境
（图片来源：鼓浪屿文化遗产档案中心）

从绿化的特点看，作为历史社区的鼓浪屿绿化包括3种类型，一是社区生活型的庭院绿化。鼓浪屿大量宅院内的绿化是其最突出的绿化特色，庭院的植栽多以本土性的绿化乔、灌木品种为主，如茶花、桂花和海棠等富有中国传统吉祥寓意的种类；二是山体绿化。鼓浪屿属于低山丘陵地貌，诸多不高的山体随着社区的持续性发展，绿化环境也相应得到发展，包括山体林相的改造和提升；三是旅游观光性绿化。这是由于社区后期旅游发展的产物，包括园林绿化造景和滨海绿化带等。总体上看，鼓浪屿的绿化特色是以庭院绿化和海岛绿化为主，绿化植物以本土品种为主，而非类似建筑的多样化融合。

图2.2-15 大量古树是鼓浪屿最突出的绿化特色（鹿礁路古榕树，在莫兰蒂台风中倒伏，现保留树根仍存活）

3. 遗产构成与保护体系

鼓浪屿遗产地与缓冲区。遗产地是具有突出的普遍价值的陆地或海域。鼓浪屿历史国际社区作为世界文化遗产的遗产地范围，为鼓浪屿全岛陆地（1.88km^2）范围及岛屿周边礁石所界定的海域范围，面积为316.2hm^2。对应鼓浪屿作为公共地界时的地理单元范围，包含承载鼓浪屿文化遗产突出普遍价值的所有载体，且划定边界界线清晰。缓冲区是在世界遗产范围之外划定的，与遗产区域衔接的、界限清晰的区域，有利于遗产地突出的普遍价值的保护、保存与管理，并体现其完整性、真实性和可持续性。缓冲区的功能应当反映出保护世界遗产突出的普遍价值所需要的不同形式、不同水平的防护保护和管理。鼓浪屿的缓冲区包括鼓浪屿岛之外，东北方向至厦门鹭江路东侧红线，南向、西南向、西北向和北向分别以厦门轮渡第一码头、鼓浪屿岛北侧猴屿、大屿等岛屿外轮廓线为边界，西向至嵩屿码头边界，南向围绕鼓浪屿海岸线外1000m折线。缓冲区面积约为886hm^2。缓冲区范围主要为鼓浪屿岛周边海域，边界延伸至厦门市区和海沧港区的边缘。城市和港口是鼓浪屿在历史上得以发展并成为公共地界的主要因素，而相对于保持了历史形态的鼓浪屿岛，周边城市和港口则与时俱进地延续着当代的建设发展。缓冲区的目的，是保持鼓浪屿和周边城市、港口区域历史上的空间距离和视觉上的对话关系。在厦门市区面向鼓浪屿的城市界面控制上，则依托厦门市的城市规划，特别是中山路历史街区保护规划、万石山风景名胜区保护规划等，保持其老城区、山形地貌自然景观等要素与鼓浪屿的视觉联系。缓冲区以外的城区、港区建设，由经审批的相关规划进行保护控制。

鼓浪屿遗产本体构成。鼓浪屿全岛的自然景观环境、历史道路格局和各类文物古迹，及接近总量半数的保护性历史建筑都是鼓浪屿遗产价值的重要载体和突出体现。

从2000年正式启动历史风貌建筑普查、挂牌和实施保护利用工作以来，共有391幢历史风貌建筑被正式公布挂牌列入保护，此外还有500多幢历史建筑被列入历史风貌建筑预备名录，逐步分批加上法定保护。历史风貌建筑是遗产地的重要遗产基础。

以历史风貌建筑为基础，对其进一步挖掘建筑的文化价值和社会价值，形成各级文物保护单位，提升遗产保护的级别和价值。鼓浪屿的文物保护单位情况，截止统计到2018年底，被列入国家级文物保护单位有2个批次，其中2006年第六批10处、2013年第七批10处，总计20处涉及30幢历史风貌建筑；列入省级文物保护单位有4个批次，其中1985年第二批3处、2005年第六批1处、2009年第七批1处、2013年第八批10处，总计15处涉及9幢历史风貌建筑；列入市级文物保护单位有3个批次，其中1982年第一

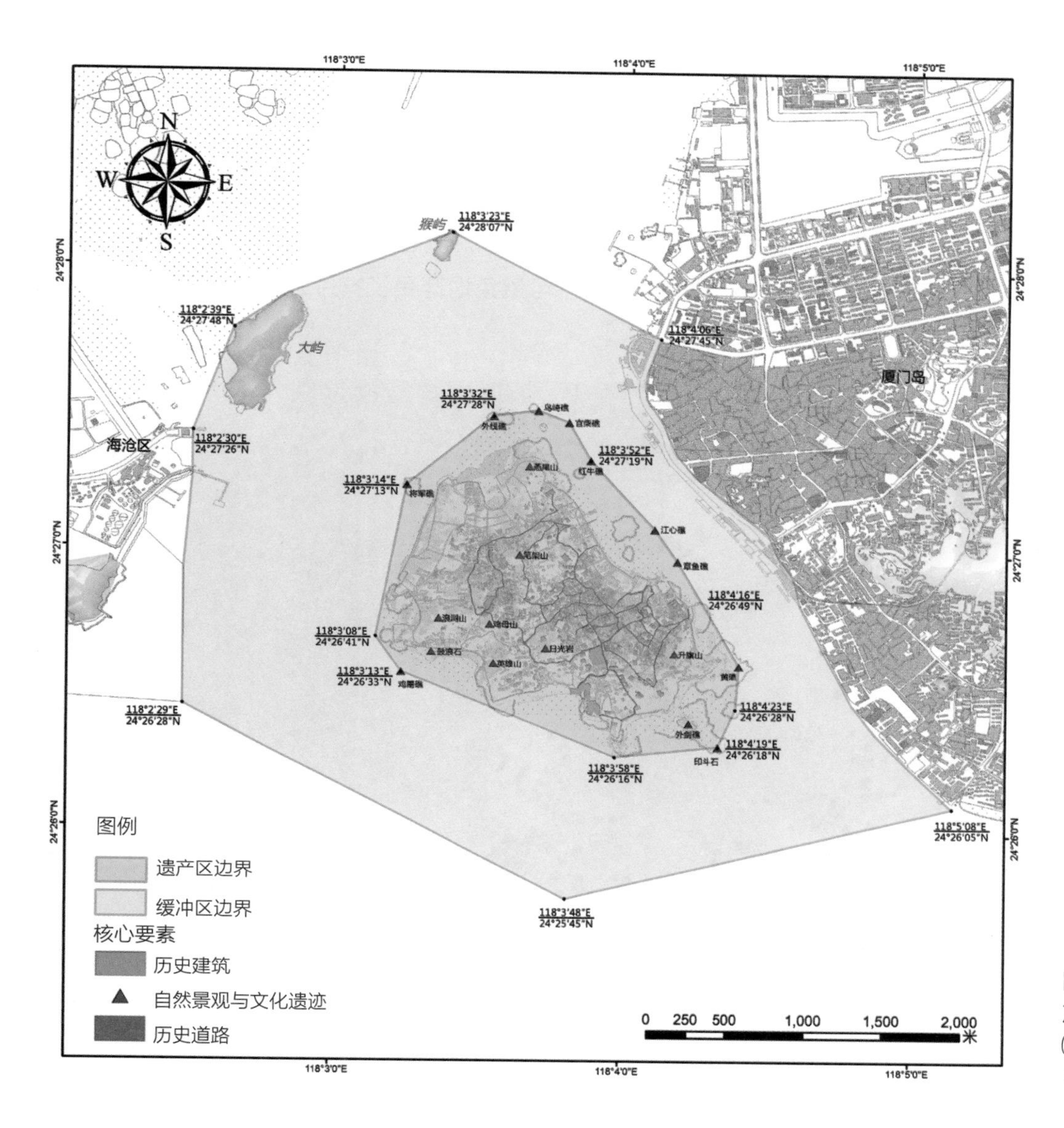

图2.3-1 鼓浪屿遗产区和缓冲区边界图（图片来源：鼓浪屿申遗文本）

批2处、1998年第四批1处、2015年第六批30处，总记33处涉及34幢历史风貌建筑；列入区级不可移动文物保护单位有1个批次，为2013年第三次全国文物普查，总记86处涉及78幢历史风貌建筑。综上所述，鼓浪屿现有各级文物保护单位共154处，涉及151幢历史风貌建筑，也就是有各级文物保护建筑151幢。

在各级文物建筑和大量历史风貌建筑保护的基础上，根据对鼓浪屿历史与文化的广泛、深入挖掘，总体形成鼓浪屿成为世界文化遗产所具有的突出普遍价值（ouv）及其框架，而这种价值在鼓浪屿现有遗存的物质环境中得以真实和完整的体现，主要体现在文化遗产核心要素上。鼓浪屿文化遗产核心要素是鼓浪屿遗产价值最突出的物质见证，核心要素集中体现19世纪中叶到20世纪中叶鼓浪屿物质形态及社会、经济、文化面貌的遗产要素，包括3个类型，分别是作为典型代表的51组代表性历史建筑、主要历史道路、代表性的自然景观和文化遗存。它们是鼓浪屿社区公共生活的重要载体，既是鼓浪屿独特的多元文化交融形态的重要组成，也是解读鼓浪屿历史发展脉络的重要线索。其中的51组历史建筑与2处文化遗迹，根据它们的历史、艺术、文化价值，均已被确定为文物保护单位、鼓浪屿历史风貌建筑。核心要素大多建造于20世纪初，在近百年的时间里，大部分的核心要素都不可避免地遭受了岁月的侵蚀。同时，它们是

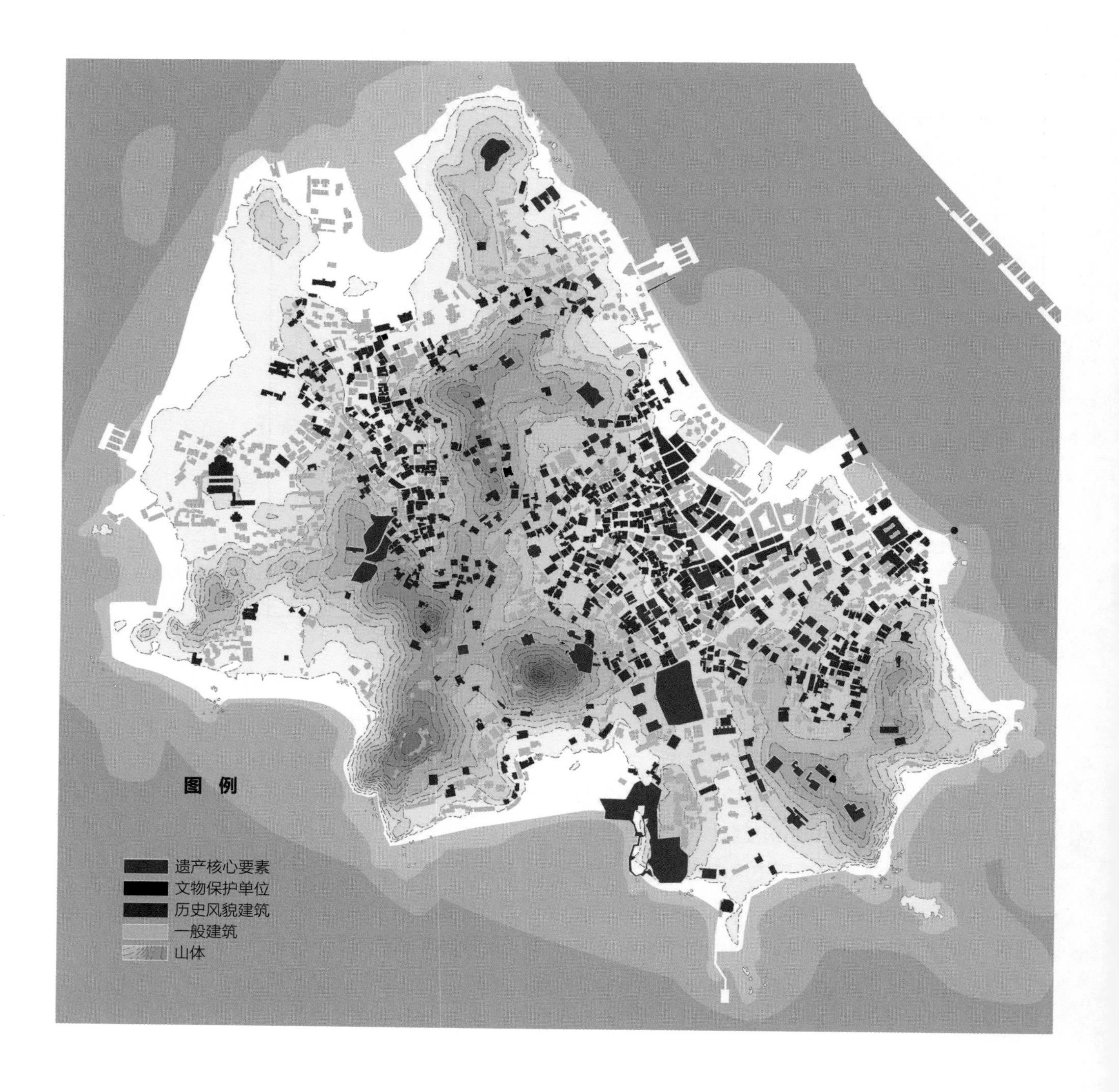

图2.3-2 鼓浪屿文化遗产构成与分布图
（图纸绘制：郭竞艳、罗先明）

承载着鼓浪屿历史的重要符号，是不可再生的文化资源，是进行传统文化教育的重要载体。

总之，作为“万国建筑博览”的鼓浪屿，其遗产保护的重点是岛上的大量历史建筑，其中包括3个层次，分别是历史风貌建筑、各级文物保护单位建筑和代表文化遗产突出普遍价值的遗产核心要素建筑。

根据世界遗产中心的要求，世界遗产应有更多的文物古迹被列入国家级别的保护。事实上，鼓浪屿从20世纪80年代起成为国家级重点风景名胜区，在很大程度上就对国家级资源实施保护，这当中也包括以历史建筑为主体的文物古迹保护。1990年代虽然还没有进入实质性的历史建筑保护，但开展了大量的保护立法和历史建筑普查工作，并经历2000年起依法实施保护历史风貌建筑的几年后，2006年完成了第一批数量比较集中的建筑群列入国保单位，申遗期间2013年又有多批次建筑群集中列入国保、省保单位，以及后来跟进的市、区级建筑文保单位的公布，连同大量地方性立法保护的历史风貌建筑，共同成为鼓浪屿遗产地遗产保护的主体。2017年鼓浪屿正式列入世界遗产后，根据世界遗产中心的要求，鼓浪屿遗产保护有关部门及时启动，将全部代表鼓浪屿文化遗产核心要素的非国保单位历史建筑，全部提交申报中国第八批国家级文物保护单位。

鼓浪屿的遗产构成和保护体系，可以从“个、十、百、千和万”加以描述，整个岛屿1.88km^{2}都是遗产地，其中有53个（处）代表性遗产核心要素、150余处各级文物保护单位建筑、近1000座的保护性历史建筑，以及10000多的岛上居民，共同组成了现有遗产地的全部。

4. 遗产核心要素概述

时至今日，鼓浪屿内涵丰富的城市历史景观，是由保存完整的鼓浪屿整体海岛自然景观与相关文化遗迹共同构建的，这其中包括：20 世纪上半叶确立下来的历史道路体系；工部局遗址、会审公堂旧址等工部局时期的社区公共管理机构遗存；体现中外政治、商贸、文化交流的各国领馆、中外商贸金融机构等驻岛机构遗存；综合反映当时鼓浪屿社区服务近代化水平及多元文化交流的各类宗教、文教、医疗、文化娱乐等公共建筑遗存；码头、自来水、通讯、报时、墓地等设施遗存，以及反映不同时代不同文化影响的大量住宅建筑及其庭园遗存。它们使鼓浪屿成为历史城镇类遗产中独特而突出的珍贵范例。

图2.4-1 鼓浪屿文化遗产核心要素（文化遗址）分布图
（图纸绘制：郭竞艳、罗先明）

鼓浪屿文化遗产核心要素构成　　表2-1

<table>
<tr><th>要素类型</th><th>遗存类型</th><th>遗存子类</th><th>具体内容</th></tr>
<tr><td rowspan="30">代表性历史建筑（设施）</td><td rowspan="2">公共管理机构</td><td>行政管理机构</td><td>工部局</td></tr>
<tr><td>司法机构</td><td>会审公堂</td></tr>
<tr><td rowspan="3">驻岛机构</td><td>外交领事机构</td><td>领事馆</td></tr>
<tr><td rowspan="2">商贸金融机构</td><td>洋行</td></tr>
<tr><td>华侨商业金融机构</td></tr>
<tr><td rowspan="17">社区公共设施</td><td rowspan="5">宗教祭祀场所</td><td>佛教</td></tr>
<tr><td>道教</td></tr>
<tr><td>宗祠</td></tr>
<tr><td>基督教</td></tr>
<tr><td>天主教</td></tr>
<tr><td rowspan="3">文教设施</td><td>幼教设施</td></tr>
<tr><td>中小学</td></tr>
<tr><td>文化设施</td></tr>
<tr><td rowspan="2">医疗设施</td><td>洋办医院</td></tr>
<tr><td>华人医院</td></tr>
<tr><td rowspan="2">文娱设施</td><td>娱乐场所</td></tr>
<tr><td>运动场所</td></tr>
<tr><td rowspan="4">社区基础设施</td><td>码头</td></tr>
<tr><td>供水</td></tr>
<tr><td>通讯</td></tr>
<tr><td>报时</td></tr>
<tr><td>其他</td><td>墓地</td></tr>
<tr><td rowspan="8">各类住宅建筑</td><td>传统居住建筑</td><td>闽南传统红砖大厝</td></tr>
<tr><td rowspan="3">别墅洋楼建筑</td><td>教会住宅</td></tr>
<tr><td>洋人公馆住宅</td></tr>
<tr><td>华侨洋楼</td></tr>
<tr><td>华侨宅院</td><td>华侨家族宅院</td></tr>
<tr><td>集合住宅</td><td>洋行职员公寓</td></tr>
<tr><td>私家园林</td><td>华侨私家园林</td></tr>
<tr><td rowspan="4">代表性历史道路</td><td colspan="3">日光岩、岩仔脚环山道路</td></tr>
<tr><td colspan="3">笔架山山脊道路</td></tr>
<tr><td colspan="3">鹿耳礁街区道路</td></tr>
<tr><td colspan="3">东南海滨道路</td></tr>
<tr><td>自然景观</td><td colspan="3">升旗山、日光岩、鸡母山、浪荡山、英雄山、笔架山、燕尾山</td></tr>
<tr><td rowspan="2">文化遗迹</td><td colspan="3">日光岩与延平文化遗址（国姓井、龙头山寨等）</td></tr>
<tr><td colspan="3">重兴鼓浪屿三和宫摩崖题记</td></tr>
</table>

核心要素之一：51处（组）历史建筑

〖01〗鼓浪屿工部局遗址

1902年，鼓浪屿正式成为公共地界，次年公共地界工部局成立，在中国政府授权下，行使公共地界的管理职能。鼓浪屿工部局，作为一个近代化城市管理机构，其工作内容涵盖税收、市政建设、公共卫生管理等。早期工部局遗址位于鼓新路与三明路交叉口北侧靠近海岸的一处台地上，这是鼓浪屿现存唯一一处工部局办公建筑遗存。这座建筑主体已于2007年倒塌。建筑遗址平面呈“凹”字形，长约30m、宽约24m，北部两角有角楼，现保存有较为完整的基础、台阶踏步和原建筑的台地挡土墙。

遗址实施保护后，参观考察路线可从福州路的风琴新馆门口拾阶而上，参观建筑遗址后从鼓新路的石阶离开，这也是遗产考察的主要线路之一。遗址现场还布置了工部局发展历史和当时生动、有趣的律例条文展示，可供游人了解鼓浪屿发展历程和管理制度等。站在遗址上可以一览鹭江两岸风物，极富历史场景感。

〖02〗鼓浪屿会审公堂旧址

鼓浪屿会审公堂旧址，是鼓浪屿重要的司法机构建筑遗存，也是鼓浪屿历史国际社区司法管理制度和运行方式的重要见证。20世纪20年代末，鼓浪屿会审公堂曾经借用这两座与当时工部局办公楼临近的别墅办公。这处院落占地面积5600多m^2，院内共有两栋两层的洋楼，两座建筑基本对称，形式比较简洁，具有早期的现代建筑风格。

列入文化遗产核心要素前，建筑曾作为公有住宅使用，有多户人家居住其内。政府管理部门通过奖励政策搬迁住户，实施建筑和庭院的整体保护修缮，其中一座建筑复原

图2.4-2（01）鼓浪屿工部局遗址

图2.4-2（02）鼓浪屿会审公堂旧址

会审公堂场景；一座建筑布置鼓浪屿司法制度发展历史展览。此外，利用建筑的部分房间作为鼓浪屿公共议事会的办公场所，形成历史与现实的对照与呼应。

〖03〗日本领事馆旧址

日本领事馆旧址是目前鼓浪屿岛上完整留存的19世纪外国领事馆建筑之一，与其相邻的警察署旧址和宿舍旧址共同组成了日本领事馆旧址建筑群，建筑面积总计4274m^2，庭院占地3630m^2。领事馆建筑面积为2390m^2，高两层，楼下为办公室，楼上为领事公馆和会客厅。建筑采用木屋架，清水红砖外墙，砌砖工艺采用标准的英式砌法。建筑形式为19世纪末在中国开埠城镇流行的殖民地外廊式，两层建筑的立面均设置了连续的半圆拱券，表现出受新文艺复兴（Neo—Renaissance）风格的影响，这并不是当时日本国内风行的建筑风格，而是采用了英国人在南亚、东南亚地区广泛使用的设计风格，体现了当时的日本全面学习西方国家的思想。建筑可与日本产生联系的遗存内容，主要体现在建筑二层西侧留存下来的日式室内榻榻米的装饰特色，以及建筑正面入口上方当年用来悬挂日本“菊花”国徽的铁架。1902年1月10日，兴泉永道道台延年、日本领事上野专一（S. Uyeno）、英国领事满思礼（R.W.Mansfield）、美国领事费思洛（John H.Fesler）等中外各国代表在日本领事馆签署了《厦门鼓浪屿公共地界章程》。这个建筑的半地下架空层曾经作为日本关押中国人的监狱。1945年后这3处房产划归厦门大学所有，作为教工宿舍使用。列为文化遗产核心要素后，校方搬迁了建筑内的住户，启动保护和再利用项目，将其功能调整为厦门大学海外人文艺术高等研究院。

图2.4-2（03）日本领事馆旧址

〖04〗美国领事馆旧址

1844年，美国人在鼓浪屿洋人球埔边设立办事处，代行领事职权。1859年美国领事海推（Hyat，T. H）在鼓浪屿建造了领事公馆。现存美国领事馆旧址为1930年翻建，院落占地面积6300多m^2，建筑面积超过1000m^2。新馆由美国建筑师设计，立面采用

图2.4-2（04）美国领事馆旧址

图2.4-2（05）日本警察署及宿舍旧址

图2.4-2（06）英国领事公馆旧址

横竖三段式及三角形山花、科林斯柱式，严谨的荷兰式砌法，整体呈现出19世纪末、20世纪初在美国流行的古典复兴建筑风格。美国领事馆旧址作为20世纪上半叶鼓浪屿领事馆建筑的代表，见证了当时鼓浪屿在外交领域与美国及其他西方各国交往的历史。

美国领事馆旧址归属中国外交部，列入文化遗产核心要素前曾经做过宾馆等使用。未来的保护利用计划是，争取外交部将建筑委托给鼓浪屿保护机构使用与管理，依建筑的规模与格局可作为小型美术画廊，并借由宽敞的室外庭院开展露天艺术表演或展示等活动。由于美国领事馆位于海边，也就成为从厦门岛鹭江道眺望鼓浪屿时的一处显眼标志。

〖05〗日本警察署及宿舍

作为日本领事馆的附属设施为1928 年兴建的两座新楼，分别作为警察署和领事馆宿舍。日本占领鼓浪屿期间（1941—1945年），日本警察署成为全岛执法机构的组成部分。日本警察署旧址建筑，位于日本领事馆院落西南侧，高两层，内有办公、审讯室及监狱，建筑面积500余m^2。建筑为钢筋砖混结构，中轴对称，建筑立面强调竖向线条，具有当时风靡美国及东亚城市的装饰艺术风格特征，建筑入口造型纤薄简洁的混凝土半圆拱形雨篷，则带有当时在日本国内兴起的分离派建筑特征。警察署宿舍建筑造型简洁，也是具有早期现代建筑风格特征的建筑。宿舍内部居住单元保留有部分当时日式风格的室内装修。

〖06〗英国领事公馆旧址

1843年厦门开埠后，英国最早派驻领事。领事公馆建筑占地面积近7500m^2，建筑面积

1300多m^2，坐落在田尾一片临海的开阔高地，可观察厦门港船只的进出。建筑最初为两层，后来改建成现状的一层，为典型的单层殖民地外廊式建筑，砖石木结构，造型典雅大方，见证了19世纪中叶鼓浪屿作为当时中外交流重要纽带的事实。建筑现归中国外交部所有，做内部接待与小型艺术展示使用。

图2.4-2（07）厦门海关理船厅公所旧址

〖07〗厦门海关理船厅公所旧址

1862年厦门设立海关税务司和专管海务的理船厅。该建筑为厦门海关1883年购入的产业，1914年扩建形成现在的格局，主楼建筑风格为有创新的殖民地外廊式，外廊的转角处理为斜角，外廊空间富有变化也体现了外廊空间对于该建筑的重要性。一楼环绕平梁砖柱外廊，二楼及防潮层均环绕半圆拱券外廊。建筑布局为不对称自由格局，以红白两色对比为主调，形成轻巧、秀丽的整体风貌。建筑的庭院与隔壁的海关通讯塔院落连为一体，整体环境极佳。建筑归属中国交通运输部东海分局作为办公使用，建筑与环境的保存状况良好，与相邻的海关通讯塔，以及附近不远的救世医院一同组成了岛屿东北角一带极富特色的遗产建筑群。

〖08〗厦门海关通讯塔旧址

厦门海关通讯塔（厦门海关无线电台），是厦门海关1933—1935年间建造的一处

图2.4-2（08）厦门海关通讯塔旧址

无线电通讯联络设施，紧邻理船厅公所，并采用了当时世界先进的电子管无线电波技术，可与江苏、上海等海关直接通讯。通信设施院落占地1800m^2，保留有两座无线电信号发射铁塔，设施采用的是英国钢铁公司的产品，同时还保存着一栋英式风格的单层设备管理房，管理房的地面和墙面均留有布设电缆的线槽和穿孔等。厦门海关通讯塔旧址，见证了鼓浪屿社区近代通信技术进步发展的历程，从1871年丹麦大北电报公司在鼓浪屿率先实现电报通讯，到1924年黄奕住开办鼓浪屿电话公司实现电话通讯，到1935年厦门海关的无线电通信设施建成，实现无线电通讯。通讯塔旧址归属厦门水警区所有，现交由鼓浪屿文保机构使用和管理，并对公众开放。

图2.4-2（09）厦门海关副税务司公馆旧址

〖09〗厦门海关副税务司公馆旧址

位于田尾靠近漳州路的海关副税务司公馆（又称“大帮办楼”），建于1923年至1924年，是当时厦门海关高级员工的住宅，由两座风格相似建筑组成。位于漳州路9号被称为“Hill Crest”，面积约为650m^2，位于漳州路11号被称为“Hill View”，面积约为820多m^2。两座建筑形式与风格非常类似，建筑造型简洁洗练，明显受到当时现代建筑风潮的影响，带有美国草原别墅风格。这两座建筑位于现在的观海园内。观海园靠近海边并有地形起伏，自然环境和观景条件极佳，自然成了外国人择地建房的首选，早期就有英国领事公馆建在附近高地上。观海园内还有毓德女校、三落姑娘楼和万国俱乐部等洋人居住或活动的建筑，原法国领事馆也在该区域内，不过在20世纪末已拆除，园区内还有部分历史风貌建筑，以及名木古树等绿化环境。观海园是鼓浪屿建筑与环境的典型代表。

〖10〗厦门海关验货员公寓旧址

厦门海关验货员公寓建于1923年，安置外籍验货员5户家庭在此居住生活。建筑面积1400多m^2，建筑东西向长条矩形建筑，正立面朝南，殖民地外廊风格。建筑东、西、南三侧设有外廊，一层为平梁砖柱廊，二层为连续的砖拱廊，拱廊内部住宅区域分为5个单元，各单元平面布局对称或重复，是一座两层五单元连排式集合住宅，也被称为

“五间排”。建筑外墙及柱廊采用清水红砖砌筑，英式砌法，砌筑工艺讲究。建筑现归中国厦门海关，作为海关培训机构办公和宿舍使用。

〖11〗天主堂

1890年，罗马教廷将福建划为西班牙多明我会的传教区。1912年，西班牙多明我会神父马守仁（Manuel Prat）任厦门主教后，将教堂搬至鼓浪屿鹿礁路西班牙领事馆内，1917年于领事馆西侧新建教堂作为主教座堂，管理福建教区的天主教堂。天主堂建筑由西班牙建筑师设计，来自漳州的工匠负责施工，砖石木结构，哥特式建筑风格，建筑面积500多m^2。由于所处地段的限制，教堂南北向布置，平面为巴西利卡式，室内4个拱顶构成大厅空间，圣坛设于建筑北端，在南端入口处建起

图2.4-2（10）厦门海关验货员公寓旧址

图2.4-2（11）天主堂

一座哥特式的高钟塔，装饰着华丽的哥特式尖券门窗及玫瑰窗，建筑周身白色，具有西班牙建筑的特色。天主堂的庭院也颇具景观特色，庭院内有多棵古榕树，位于教堂与福建路之间的古榕树造型独特，与教堂的尖顶构成人文与自然相融合的景象。庭院内的造景也体现中西合璧，圣母玛丽亚被供奉在中式的假山洞内，这应不是设计师最初的原创，而是教堂管理者的后期添加。教堂除了开展教会日常的礼拜活动外，也成了新人婚纱摄影的热门景点。

〖12〗协和礼拜堂

由美国归正教会、伦敦差会、大英长老会联合成立的“三公会”创建于1863年，供在鼓浪屿生活的外籍基督教徒作英语礼拜，后来也接纳懂英语的华人教徒。协和礼拜堂为西方古典复兴式建筑，矩形平面，圣坛在西，入口正立面朝东，采用4根罗马塔斯干柱，支撑三角形山墙。作为鼓浪屿始建年代最早的教堂，协和礼拜堂见证了以基督教为代表的西方文化在鼓浪屿的传播，以及这种外来文化对鼓浪屿社区的宗教活动和社会环境的影响。

〖13〗三一堂

1927年以后，随着定居于鼓浪屿的基督教教众增多，厦门港礼拜堂、新街礼拜堂和竹树脚礼拜堂等

3个堂会决定在鼓浪屿联合兴建一座教堂，取名为三一堂。三一堂既寓意3个教堂联合兴建之意，又寓意圣父、圣子、圣灵三位一体的教义。三一堂建于1934年，由留德工程师林荣廷任设计主持人，许春草负责施工。整体建筑风格是在20世纪初流行的西方古典复兴风格基础上做适当简化，采用希腊十字集中式平面，大厅内部无立柱，上部是八边形的吊顶。建筑墙身、壁柱、采光亭均采用清水红砖墙，全顺砌法，檐口、三角形山墙、三角形窗顶饰则为白色，与红砖形成明快的对比。三一堂是在接受了西方宗教文化的影响后，由华人信徒自行建造的基督教教堂，体现了鼓浪屿对外来文化的接受、融合和转化。2006年三一堂被国家定为重点文物保护单位。三一堂从建成至今，一直为教会使用，对稳定鼓浪屿社区，传播宗教信仰具有重要的社会价值。

〖14〗英国伦敦差会女传教士宅旧址

建筑为英国伦敦差会（1844年英国基督教传教士施约翰创立）在19世纪中叶所建，为单层殖民地外廊式建筑，建筑面积约900m²，建筑为矩形平面，四周环绕宽阔的外廊空间。基座部分是半层高、带券廊的防潮层，上部建筑环绕着新文艺复兴风格的连续半圆拱券廊，建筑内部居中位置是走廊，外侧四周环廊宽敞通透，是洋人日常生活起居的重要空间场所。建筑曾是原伦敦差会女牧师、女教士居住的房子，被当地人俗称“姑娘楼”。该建筑也是目前鼓浪屿原貌保留下来的最早一批殖民地外廊建筑之一。现在教会将这个建筑作为家庭旅馆使用，由于位置靠近日光岩的西林门，环境优雅，庭院绿化花卉布置富有特色，颇受游客的喜爱。

图2.4-2（12）协和礼拜堂

图2.4-2（13）三一堂

图2.4-2（14）英国伦敦差会女传教士宅旧址

〖15〗基督教徒墓园

该墓地埋葬的大多是华人基督教徒，也包括华人牧师、传教士。据统计共有墓碑493座，年代从20世纪初至20世纪中后期，被誉为“从事切音运动第一人”的卢戆章也葬于此，墓园内还有少量洋人墓碑遗存。该墓园是当时鼓浪屿历史国际社区公共设施的重要遗存，反映了19世中期到20世纪中期基督教代表的外来文化在鼓浪屿的传播。鼓浪屿历史国际社区在发展过程中形成了几处墓地。日本人的墓地在浪荡山脚下，1980年代因建设鼓浪别墅而消失。西方传教士、商人死后葬于旧称“大宫口”的洋人墓地内，也被称为“番仔墓”，位置处于鼓浪屿岛中部，墓地后来因建设音乐厅而仅有部分墓碑保留下来。鼓浪屿的墓园在经历“文化大革命”和改革开放的经济浪潮后依然保存，体现了鼓浪屿历史社区遗存的完整性和真实性。游人行经鸡山路，观赏殷承宗家的房子后，顺坡而下就是教会的安献楼养老院和基督教徒墓园，真实展现了鼓浪屿的历史景象。

〖16〗日光岩寺

日光岩寺位于全岛制高点日光岩脚下，始建于明中期，初名“莲花庵”，明万历十四年重修，后更名为日光岩寺。日光岩寺占地面积2800多m^2，建筑面积2000多m^2。

图2.4-2（15）基督教徒墓园

主殿为圆通宝殿，为将山顶巨石凿空后加筑石质梁柱的一间石室，是全寺最古老的一座建筑。因寺院每天凌晨最先沐浴在阳光里，因此得名“日光寺”。历史上多有高僧卓锡，如弘一法师闭关修行，太虚大师升座说法等。现有出家僧众8人，信众约2000多人，在家居士近百人，海外华侨信众近万人。每年的观世音证展，释速摩尼佛证展，玉皇大帝生辰日，农历初一、十五等民俗节假日都举办礼佛、诵经和祭拜。因华侨的关系，历史上日光岩寺与菲律宾、新加坡、马来西亚的佛教寺庙保持着密切的交流关系。

〖17〗种德宫

保生大帝是闽南历史悠久的民间信仰。鼓浪屿早期的居民，受到隔海白礁、东屿、青礁一带崇拜“保生大帝”（又称“大道公”）的影响。种德宫建于明天启二年（公元1622年）前，由最早的黄姓原住民捐建。现在的种德宫是一座占地面积约600m²的三门二进殿宇，建筑为闽南地区传统的祠庙建筑风格，宫后及宫右另筑护厝，宫前有一埕，整座宫宇掩映于古榕树下，环境幽静。种德宫是目前岛上唯一一座保存完整的祀奉大道公的宫观，在这里一直延续着闽南民间诸多关于大道公的祭祀仪式，体现了鼓浪屿历史最悠久且延续至今的民间信仰，也见证了内厝澳聚落以及鼓浪屿岛屿数百年来的发展、兴衰。种德宫现由宫庙管理委员会负责管理。重大的亲教活动有：农历正月初九“天公生”；农历正月十五元宵节乞龟活动；农历三月十五日之前大约初十日左右，到白礁慈济宫及青礁慈济宫谒祖；农历七月十五中元节（普度；八月十五中秋节祭拜后举办博饼赏月活动等。

图2.4-2（16）日光岩寺

图2.4-2（17）种德宫

〖18〗救世医院和护士学校旧址

1898年，归正教会牧师郁约翰将设在漳州平和小溪的美国教会所属救世医院总院迁到新址，称为“鼓浪屿救世与威赫明部医院”（Hope & Wilhelmina Hospital），这是鼓浪屿第一座综合性医院。1926年，医院开办了护士学校，这也是闽南地区最早开设的护士学校。初建时该医院有两座楼房，呈“L”形，后来在建筑群的西侧进一步扩建了西翼建筑，与原有的东翼相对称，并在建筑两翼围合的部分建设了小礼拜堂，整体呈现殖民地外廊风格，同时受到美国国内古典复兴建筑潮流的影响。正中三层部分的顶部都设有三角形的山墙，增强了建筑的纪念性。这组建筑曾经作为鼓浪屿专科医院使用，现作为故宫海外文物博物馆使用，海外文物契合了鼓浪屿的外来文化特点，同时展现了建筑与文物的多重文化价值。

图2.4-2（18）救世医院和护士学校旧址

〖19〗博爱医院旧址

1918年，日本以“台湾总督府卫生课”慈善组织“善邻会”的名义，由中日两国商人共同投资创办“台湾博爱会医院鼓浪屿分院”。该建筑为博爱医院第三处院址，由日本建筑师设计，于1935年建设，1936年投入使用。医院占地面积11354m^2，建筑面积4700多m^2，建筑呈“日”字形平面，体现出浓郁的日本早期现代建筑风格。博爱医院是厦门20世纪30年代医疗设备最完善、技术力量最雄厚的大型综合性医疗机构，见证了20世纪上半叶鼓浪屿社区较为完备的医疗体系。建筑风格特色也反映出当时世界建筑潮流的演变。建筑现归南京军区鼓浪屿疗养院所有，建筑计划按疗养院功能进行保护、修缮和利用。

图2.4-2（19）博爱医院旧址

〖20〗私立鼓浪屿医院（原宏宁医院）旧址

曾在鼓浪屿救世医院供职的美国归正教会医生锡鸿恩（Edward J. Strick），1925年在自己的住处开设“锡鸿恩诊所”，后几经更名，于1931年在华人商人的资助下定名为“私立鼓浪屿医院”。二战后，私立鼓浪屿医院成为联合国国际救济署中国行政院善后救济署（CNRA）在鼓浪屿指定的唯一一家进行善后医疗救济的医院。医院由两座建筑组成，一座处于鼓新路交叉口，因形就势进行布局，建筑为3层，建筑基座由花岗岩条石砌筑，清水红砖墙面与浅色的壁柱相间，是鼓浪屿华侨洋楼常见的风格，因为建筑位于有高差的三岔路口而成为独特的街景，现为鼓浪屿国际研究中心使用。另一座建筑是两层的殖民地外廊式建筑，平面为“凸”字形，正面的两层都设有圆拱券外廊，建筑入口处墙上留有中国行政院善后救济署（CNRA）的标志，现在建筑内布置鼓浪屿医疗发展史展览。这组建筑与东侧的美国领事馆和西侧的船屋共同形成一组颇具特色的鼓浪屿历史建筑群。

〖21〗毓德女学校旧址

1845年，美国归正教会在厦门寮仔后开办了第一所小学，后来又开办了“女学堂”。1880年因学校失火迁至田尾，称“田尾女学堂”或“花旗女学”。该建筑是鼓浪屿现存早期较大型的公共建筑，建筑高两层，平面呈“一”字形，建筑面积570m^2，为典型的殖民地外廊式建筑。1910年学校正式更名为“毓德女学校”。1945年抗日战争胜利，“毓德女小”复办，在老学校北侧新建红砖教学楼，建筑面积430m^2，是一座“凹”字形平面的建筑，教室、办公室半围合布置形成内院，靠内院设置外廊。毓德女学校是中国最早以现代

图2.4-2（20）私立鼓浪屿医院（原宏宁医院）旧址

图2.4-2（21）毓德女学校旧址

教育理念开办的女学之一，见证了西方文化传播与近代教育在鼓浪屿的普及，尤其是西方传教士带动下的中国早期妇女解放运动。现在在这两座建筑内布置了鼓浪屿教育发展历史展览，在展示建筑历史本身的同时，也展示了鼓浪屿的教育文化发展历史。

〖22〗蒙学堂旧址

蒙学堂是一所接收教育学前儿童（4－8岁）的幼教机构，最初为殷承宗祖父的私宅，后改名为“蒙学堂”。建筑建于1908年，是一座二层的殖民地外廊式建筑，风格简朴，坐北朝南，南面上下两层均设外廊，为连续7个圆拱券的新文艺复兴风格券廊。建筑面积500多m^2，每层都有南北贯穿的五间窄长房间作为教室使用。林巧稚回忆录中提到她曾经就读于这座蒙学堂。1911年，蒙学堂搬入“怀仁女学”旧址（后来改名“怀德幼儿园”），这座建筑被菲律宾华侨吴添丁购买，后来在建筑入口二层的凭栏处加上“吴添丁阁”字样匾额。蒙学堂是20世纪初鼓浪屿学前教育设施的代表，是当时鼓浪屿现代教育体系中的重要组成部分。现在该建筑作为片仔癀博物馆供游客参观和购物。

〖23〗安献楼

1906年，美国基督教安息日会牧师韩瑾思、安礼逊（J. N. Anderson）夫妇先后到鼓浪屿传教并创办了“育粹小学”（后更名为“美华小学”）。建于1934年的安献楼在1938年后成为美华学校。建筑开山取花岗石建造，坐北朝南，矩形平面，平面格局为封闭式内廊布局。在建筑对称的正立面中部设入口，大台阶直接引向二层的入口，入口有突出的柱廊，柱廊由巨大的石柱支撑。横三段的对称布局，竖向三段式的立面划分，以及中部巨大的入口柱廊，体现出古典复兴风格。安献楼作为20世纪上半叶基督教会兴建的文教设施，见证了当时西方文化在鼓浪屿的传播及中西方建筑文化的交流与融合。安献楼建筑现在作为基督教厦门美华疗养院，保存完整并作日常使用。

图2.4-2（22） 蒙学堂旧址（吴添丁阁）

图2.4-2（23） 安献楼

图2.4-2（24）闽南圣教书局

〖24〗闽南圣教书局旧址

基督教伦敦公会教士施约翰（J.Stronach）夫妇1844年来鼓浪屿岛传教，他们使用的圣经用闽南白话字编印，这样方便向不懂汉字的民众（包括大多是文盲的妇女）传教。闽南白话字作为最早的汉字罗马字拼音化实践，后来启发了卢戆章创造汉语拼音的雏形。1908年，中华基督教徒组织了“圣教书局董事会”，在鼓浪屿大埭路开办闽南圣教书局，主要代售上海“圣公会”出版的《圣经》和萃经堂代印的闽南白话字《间南圣诗》、《语注音字典》等书籍。1932年，教会人士捐献地皮和经费，在福建路、龙头路、晃岩路的交叉口建起了一幢3层洋楼供圣教书局作为新址，建筑位于街角，建筑面积200余m^2，为3层洋楼，造型简约。建筑外墙为清水红砖墙，窗套、楼层间腰线都用白色洗石子工艺的仿石装饰，是20世纪鼓浪屿华侨建筑常见的风格。该建筑归鼓浪屿三自爱国基督教会所有，现作为咖啡馆使用。

图2.4-2（25）万国俱乐部旧址

〖25〗万国俱乐部旧址

在鼓浪屿的外国人及华人显贵、洋行高级华人雇员娱乐交际的场所，内设舞厅、酒吧、台球室、保龄球，图书籍阅览室与交际厅等，当时也被称为群乐楼。为了适应不断增加的功能需求，俱乐部建筑经多次扩建和改建。建筑正面入口增设两层的半圆形平面门廊；主体建筑北侧先后增建保龄球馆等，建筑面积1500多m^2，为具有一定现代建筑特征的殖民地外廊式建筑。建筑反映了19世纪中叶到20世纪中叶期间鼓浪屿的公共文化娱乐生活，见证了交谊舞、台球、保龄球等近代文体活动与社交方式在鼓浪屿的传播。建筑现作为文艺沙龙和文化展览等使用。

〖26〗洋人球埔

位于岩仔脚下的洋人球埔（洋人球场）最初为鸦片战争期间英军开辟的军用操场。19世纪中后期逐渐被发展为驻岛外国人体育活动的场所，作为网球、板球等运动场地，后来随着美、英各国水兵的到访，又有了“足球”“棒球”“橄榄球”等竞技项目。1903年“鼓浪屿公共地界”管理机构成立，美国领事馆将“大球埔”交由工部局代为管理，并规定球场不得作为他用。19世纪末，它曾是中国东南沿海一座项目齐全、功能完备的运动场所。近代体育由外国人传入鼓浪屿后，开启了中国近代学校体育基础教育的先河，也使体育这一近代娱乐方式走进华人日常的生活。在鼓浪屿出生成长的马约翰先生后来成为中国近代最著名的体育教育家。球场现仍经常举办各种比赛，特别是吸引外国人参加的橄榄球、足球比赛等，体现了国际社区的真实性。

图2.4-2（26）洋人球埔旧址

〖27〗延平戏院旧址

这座商业与文化娱乐综合设施由旅居缅甸华侨王紫如、王其华兄弟于1920－1930年修建，一层为市场，二层为戏院兼电影院，整座建筑建筑面积2700多m^2，共3层。入口顶部是一面波浪形的山花，上面有“鼓浪屿市场”字样及花卉等图案的装饰，戏院内设楼上座和楼下座，约600个座位。延平戏院不仅见证了20世纪上半叶鼓浪屿华人社区的文化生活，也见证了当时的鼓浪的华侨开发龙头路商业街区、建设文化娱乐设施的历史。戏院到20世纪80年

图2.4-2（27）延平戏院旧址

代还在使用，后一度作为公共住房使用。成为遗产核心要素后，开始搬迁屋内住户，恢复戏院格局，并作为社区文化活动场所。

〖28〗鼓浪屿自来水公司旧址

在自来水引入鼓浪屿之前，鼓浪屿居民饮用井水，或购买用船从附近石码运来的“船仔水”。1917年，厦门富绅黄世金等人发起，联合华侨巨商黄奕住等人，筹办自来水公司，1923年公司定名为“商办厦门自来水股份有限公司”，并在鼓浪屿设置供水设施。1924年招标选中德国西门子公司设备，建设水池、沙滤池、水管、水塔及公司建筑，在向厦门供水的同时向鼓浪屿用户供水。这是中国东南沿海最早投入使用的自来水供水配套设施。自来水公司为鼓浪屿提供了现代生活的基础设施，该系统设备一直沿用至今，虽然自来水公司新增了现代技术的供水系统，该系统包括高位水池等在内仍可作为鼓浪屿供水的备用系统加以使用。

图2.4-2（28）鼓浪屿自来水供水设施旧址

图2.4-2（29）燕尾山午炮台遗址

〖29〗燕尾山午炮台遗址

19世纪后期，厦门海关港务管理部门理船厅公署，在燕尾山坡顶设置了一门雾炮，在雾天海上灯塔、航标失灵的情况下，起到指引船只进行正常行驶的作用。之后，海关每星期六午间12点整时鸣炮两响，借以通知海关及鼓浪屿社区居民对准时间。与此同时，设于鼓浪屿鹿耳礁的天主教堂的钟声亦敲响。该遗址位于燕尾山生态公园内，复原雾炮场景，供游人观赏和了解相关历史文化。

〖30〗三丘田码头遗址

三丘田码头遗址，是鼓浪屿少数尚存的早期码头遗址，是当时鼓浪屿后岛（内厝澳一带）居民来往厦门的主要码头。码头用石材为基桩，其上用石板、条石铺成斜坡踏面，延伸至海中，退潮时码头就成为跨越沙滩的栈道。码头遗址现已不再使用，但作为文化遗产景观依然伫立在潮起潮落中。

图2.4-2（30）三丘田码头遗址

〖31〗英商亚细亚火油公司旧址

公司旧址建于20世纪10至20年代，原系住宅建筑，建筑面积680m^2，曾一度作为垄断亚洲销售市场的亚细亚火油公司办公楼。该建筑采用英国维多利亚时期具有代表性的清水红砖墙及哥特式尖券拱窗，是外国建筑文化在鼓浪屿传播的例证，同时也是20世纪上半叶英国等跨国企业以鼓浪屿为基地从事商贸活动的历史见证。由于建筑哥特式尖券拱窗的立面造型像猫头鹰，当地人俗称这个建筑为“猫头鹰楼”。在实施保护修缮工程中，由于需要拆除该建筑庭院内一处后期的加建建筑，经过政府保护管理部门与业主的协商，业主同意由政府征收该建筑，建筑经过修缮后，一楼和架空层为厦门外文书店，二楼则开辟为社区诗歌沙龙活动场所。

图2.4-2（31）亚细亚火油公司旧址

〖32〗和记洋行仓库遗址

厦门开埠不久，就有英商德记、和记等数家洋行进入厦门经商。三丘田码头附近现存当时和记洋行（Boyd Co.）的仓库设施遗存，这所洋行以经营船舶维修业务为主，成立于19

图2.4-2（32）和记洋行仓库遗址

图2.4-2（33）丹麦大北电报公司旧址

世纪50年代末。遗址现今只剩下原仓库建筑由比较规整的方块花岗岩条石砌成的下半部外墙，以及石砌门窗的边框，仓库场地内还有几处水池遗址，依遗址残状原样保存展示。早期仓库位于海岸边，后海岸线不断向外拓展，仓库变成位于现今的道路边，仓库西侧的高台地就是工部局遗址。

〖33〗丹麦大北电报公司旧址

1871年初，大北公司在鼓浪屿田尾路开办。同年3月，敷设沪港水线，将线端登陆鼓浪屿引入其公司洋楼内，开始收发电报营业，是中国最早收发电报的场所之一，同时也是最早创造了汉字发报方法的地方，反映了19世纪末到20世纪中期鼓浪屿在中外交流中的通信技术的发展及设施水平。正是有了电报通信技术的发展，才使得鼓浪屿与全球众多国家建立了联系，大北电报局也曾代行丹麦领事馆职能。丹麦大北欧电信公司目前还存在，从该公司提供的公司发展历史资料和照片，可以清晰地看到当时建在鼓浪屿的大北电报局的最初面貌。现存建筑为单层砖木结构的殖民地外廊式建筑，建筑面积420m^2。建筑矩形平面，长向两侧为连续的圆拱外廊，墙面为白色抹灰。实施保护修缮工程前，建筑为厦门海关鼓浪屿海上花园酒店的配套洗衣房，加上早期还曾做过它用，建筑的门窗位置均被移动过，后经设计师现场仔细勘察，恢复了门窗和走廊等原始格局，以及两落四坡屋面。室内地面的电缆线槽依旧保存展现，证明了电报局功能的真实性。修缮后在建筑室内布置了电报通信技术发展历史展览和世界共享遗产展览。

〖34〗汇丰银行公馆

建于1873年，曾是英商怡记洋行的闲乐居（Anathema cottage），也曾作为汇丰银行的高级行政人员住宅，建筑面积370多m^2，是一座独特的三叶草形平面的殖民地外廊式建筑。作为鼓浪屿早期的外国人别墅，该建筑的选址有十分突出的特点，在别墅里就可以凭窗眺望对岸的英租界，从对岸和海峡也可以一眼就看到这座建筑，反映出西方人与东方人对场所空间、景观及住宅选址截然不同的理解。中国地方官员曾经以破坏风

图2.4-2（34）汇丰银行公馆旧址

水为由，反对将该住宅建在这个位置，但无奈建房者有足够的财力和影响力，并未对该工程产生影响，但这个房屋也成了“被诅咒的小屋”。汇丰银行公馆及其所依托的笔架山崖壁上的三和宫摩崖题记，共同形成了一组中西文化交相辉映的独特景观组合，也使该建筑成为鼓浪屿的标志性景观。该建筑原为公有住房使用，实施保护修缮后成为向公众开放的咖啡馆和眺望鹭江两岸景色的绝佳场所。

〖35〗汇丰银行职员公寓旧址

汇丰银行职员公寓旧址位于笔架山汇丰银行公馆旧址西侧，是一座二层的砖混结构建筑，建筑面积970多m^2。建筑为造型简洁的外廊式建筑，外墙采用清水红砖墙，英式砌法形成墙面的装饰感，造型简练的铸铁栏杆凸显了建筑的现代感。公寓与北侧公馆之间是一片高耸的树林，共同组成了笔架山顶人文与自然有机结合的场景。该建筑现作为艺术画廊向公众开放展示。

〖36〗商办厦门电话有限公司旧址

“商办厦门电话股份有限公司”鼓浪屿接线站由黄奕住于1923年投资建设，1924年

图2.4-2（35）汇丰银行职员公寓旧址

图2.4-2（36）商办厦门电话股份有限公司旧址

实现首次厦门与鼓浪屿通话，之后又将电话覆盖区域扩展至漳州等地。鼓浪屿电话公司建筑设在龙头路商业街，与同为黄奕住投资兴建的中南银行鼓浪屿分行相邻，檐口高度保持一致。建筑为砖混结构，高3层，建筑面积40m^2，造型简约。现仍作为中国邮政局使用，在沿街一楼部分设有鼓浪屿通讯发展历史展览，供游客参观了解。

〖37〗中南银行旧址

1919年回国定居鼓浪屿的印尼华侨黄奕住，联合有银行管理经验且在政界颇具人脉的胡笔江、上海申报社长史量才等，于1921年成立中南银行。中南银行在中国近代具影响力，曾经是中国的发钞银行，1927年发行额达1700万元（占全国1/10），最高发行额曾达到7000万元，而且到1935年停止发行为止，从未发生过信用问题。它是近代海外华侨回国投资创办的最大的银行，也是华侨投资创办的最大企业。

图2.4-2（37）中南银行旧址

中南银行厦门分行，该旧址位于龙头路商业街的街角，高3层，砖混结构，整座建筑造型简洁，具有时代特征。中南银行旧址作为鼓浪屿华人商贸金融机构遗存的重要代表，是鼓浪屿历史国际社区汇通南洋、联结世界的重要见证，同时也见证了定居鼓浪屿的华侨创办民族产业、推动地方及国家近代化的历程。现建筑一、二层做招商银行服务窗口及中南银行历史专题展览馆；三层为鼓浪屿文化遗产监测中心，实现了历史建筑的多功能活化利用。

〖38〗瞰青别墅与西林别墅

瞰青别墅是1916年越南华侨黄仲训在日光岩下岩仔脚购地建造的别墅。别墅为两层的砖木结构建筑，建筑面积近600m^2，正面为开间向前突出的“出龟”式外廊，其外廊较宽的圆弧拱券廊洞与较窄的花瓣尖券廊洞相间设置，栏杆及屋顶形式均体现了浓郁的东南亚殖民建筑风格。1927年他又在日光岩西北侧开始建设西林别墅，约1932年落成。西林别墅面积达2100m^2，是黄仲训先生从菲律宾带回设计图纸，请上海建筑队伍施工建设的。三层建筑采用砖混结构和对称平面布局，正面外廊中部加设“出龟”的半

图2.4-2（38） 西林瞰青别墅

圆形平面敞廊是最大特色。建筑基座用花岗岩条石砌筑，基座之上为清水红砖墙，红色的砖墙与白色洗石子装饰的壁柱、廊柱、横梁、窗套形成色彩的对比，呈现出20世纪初鼓浪屿华侨楼房的典型风格。这两栋别墅从20世纪60年代起至今作为郑成功纪念馆使用。

〖39〗鼓浪屿黄家花园

鼓浪屿黄家花园是著名华侨企业家和社会活动家黄奕住（1868—1945）的私家住宅群。黄奕住1919年从印尼回国定居鼓浪屿，于次年向林尔嘉购买了晃岩路的中德记楼房，将其改建为现在的黄家花园。这处宅园位于日光岩脚下，俯瞰洋人球埔，占地面积12000m^2，建筑面积共约4500m^2，分为北、中、南三座住宅，呈中轴对称布置，其中主体建筑中楼向西后退20余m，形成东侧中心花园。中楼于1921年由上海裕泰公司建造，高两层，呈现当时流行的装饰艺术风格与南洋风格相结合的特征。整座建筑外立面全部采用洗石子饰面，施工技艺精湛。南北两座楼与中楼不同，装饰细部模仿西方古典主义建筑风格，屋顶老虎窗设计为带有巴洛克风格的装饰性山墙面。中心花园的设计也模仿了巴洛克风格。黄家花园是黄奕住归国后投身实业救国时的生活场所。宅园通过对早期外国人宅园的改建，在整体格局中注入中国传统的建筑理念，建筑风格上既有对西方华丽建筑的模仿，也有对最新潮建筑形式的引入，体现了鼓浪屿近代建筑多元文化的融合，以及对新潮建筑风格的追求。

黄家花园现仍归黄氏家族所有，家族成员自2007年启动了对历史建筑的保护维修工程，现已基本完成。南楼和北楼现为家庭旅馆，由家族经营，共有客房28间。中楼现由家族成员自用，并在室内布置小型家族历史的展览，可供入住旅客参观浏览。

图2.4-2（39） 黄家花园

〖40〗黄荣远堂

该建筑早先是菲律宾华侨施光从的别墅，建于1920年，1931年被华侨黄仲训买下作为其房地产公司“黄荣远堂”总部。整座院落占地3000多m^2，主体建筑面积1200m^2。建筑的平面受帕拉迪奥风格影响。主体建筑高3层，入口处是高两层的半圆形平面“出龟”柱廊，由4根仿塔斯干式柱支撑。东南角设置了一座尖顶小凉亭，形成了生动的天际线。建筑南面是宽敞的庭园，院内为中西合璧的园林。中轴对称、具有西方园林特征的双圆形嵌套造型的水池，其正中放置了中国传统造园常用的太湖石。庭园西侧是中式云墙假山，假山上有两亭一榭，为典型的中式园林风格。庭院中还有两棵中国最高的台湾枣椰树以及榕树、迎春等各种乔灌木。黄荣远堂是20世纪上半叶鼓浪屿华侨洋楼的重要代表，它的建筑风格反映了中外多元文化的交融，也是华侨投身鼓浪屿社区

图2.4-2（40）黄荣远堂

建设的重要见证。黄荣远堂建筑现为百年中国唱片博物馆，既展示建筑，又可让人体验音乐文化。

〖41〗海天堂构

由菲律宾华侨黄秀烺和黄念忆共同于1920年到1930年间建成的宅园，由门楼与5座建筑组成的大型宅院，总占地6500m^2。建筑群由4座殖民地外廊风格的洋楼和最后建成的中西合璧风格的“中楼”组成，形成了具有中国传统礼制空间意向的中轴对称与主次分明的总平面布局。海天堂构中楼呈现厦门装饰风格与“嘉庚风格”的折中，堪称鼓浪屿中西合璧的代表性建筑。

〖42〗八卦楼

八卦楼是台湾富商、林尔嘉的堂兄林鹤寿1907年投资兴建，由救世医院院长郁约翰设

图2.4-2（41）海天堂构

计，占地面积11000m^2，建筑面积5800m^2，体量和高度都是鼓浪屿别墅之最。建筑采用西方古典复兴的风格，主体高两层，平面呈矩形，四面中间都设有塔斯干巨柱支撑的柱廊，建筑四角部分为清水红砖砌筑实墙体，砖墙为佛兰德斯砌法，巨柱、壁柱、檐口、栏杆都采用白色洗石子饰面。建筑屋顶为四坡顶，中间八角形基座上是塔楼，顶上是红色的大穹顶，八卦楼因此得名。建筑内部空间以八角形大厅为核心，各层以回廊围绕大厅。1924年日本领事馆曾接收此楼开办“旭瀛书院”。八卦楼见证了20世纪上半叶台湾同胞在鼓浪屿的建设活动以及东西方文化的交流，也是今天鼓浪屿城市历史景观重要的标志性建筑。20世纪80年代该楼作为厦门博物馆使用，后成为鼓浪屿风琴博物馆，实现了建筑文化与音乐文化的相得益彰。

〖43〗杨家园

由菲律宾华侨杨忠权、杨忠懿于20世纪初兴建的4幢洋楼构成，总建筑面积4560m^2。4座建筑均是厦门装饰风格，建筑都在正面位置设置外廊，使用钢筋混凝土柱梁结构，立面追求红砖和白色仿石的色彩与质感对比，装饰风格既模仿巴洛克风格，也有仿西方古典主义装饰艺术风格的。整体建筑结合地形、周边道路及地块边界条件，收放围合，空间灵活。院落内园林中西合璧，西式水池配合中式假山石。杨家园是一组完整的鼓浪屿华侨别墅宅园遗存，也是本地华侨创造的厦门装饰风格建筑的代表作品。

图2.4-2（42）八卦楼

图2.4-2（43）杨家园

〖44〗番婆楼

1927年由菲律宾华侨许经权建造，建筑面积1600m²，是一座华侨建造的具有西洋风格的大型别墅建筑，但在其建筑布局、立面装饰、园林庭园设计中却表现出强烈的来自本地建筑文化与工艺的影响。番婆楼建筑的4个立面都是连续半圆拱券的新文艺复兴式外廊，外廊采用清水红砖，砖拱券与建筑的转角红砖间隔嵌入石块，形成绚丽的色彩效果，这既受英国维多利亚时期绚丽红砖建筑的影响，也与闽南红砖厝的红白相间的装饰色彩相类似。建筑前的庭院园林处理也体现出中西合璧的特征，建筑大门是仿西式的，进门右侧院墙上开着传统园林的如意漏窗，建筑前的平台靠墙处按中国传统园林中常见的处理手法设置假山，其形式与欧洲巴洛克园林中假山对自然溶洞模仿的手法相似。番婆楼是20世纪上半叶鼓浪屿华侨洋楼建筑的重要代表，反映了鼓浪屿与海外的密切交往。番婆楼建筑现仍归私人所有，用作婚纱摄影楼。

图2.4-2（44） 番婆楼

〖45〗菽庄花园

在鼓浪屿的台湾富绅林尔嘉怀念台北板桥故园，于1913年创建“菽庄吟社”并建菽庄花园，总占地面积约14000m^2，建筑面积2451m^2。菽庄花园参考了林氏家族在台北板桥故居的园林设计，结合了鼓浪屿的滨海特点，创造了“藏海”“补山”两组景区，并以中国园林传统的“题名景观”方式各造五景。藏海园五景，分别是眉寿堂（谈瀛轩）、壬秋阁、真率亭、四十四桥、招凉亭；补山园五景，分别为顽石山房、十二洞天、亦爱吾庐、听潮楼、小兰亭。另外，园中还有小板桥、渡月亭、千波亭、熙春亭、茆亭、伞亭等。园内留存有大量以菽庄为题或借景抒怀的诗社作品题刻，还有大量海外引种的植物。菽庄花园在造园艺术上继承了中国传统造园手法，也融合了近代建筑样式和西方造园风格，如园中“十二洞天”邀请德国设计师设计，假山形态有欧洲巴洛克园林的影响。菽庄花园不仅是鼓浪屿最重要的私家园林，也是中国岭南地区最重要的近代园林之一。

图2.4-2（45）菽庄花园

〖46〗廖家别墅（林语堂故居）

从洋人球埔门口马约翰纪念广场进入漳州路，路北的一条深巷内有一院子，院内两座建筑就是廖家别墅。两座建筑都是建于19世纪50年代的殖民地外廊式洋人住宅，后来被闽籍实业家廖悦发购买，廖悦发的二小姐廖翠凤，1919年与中国近代著名文学家林语堂结为伉俪，婚房就在该建筑内。朝西的建筑，平面呈“凹”字形，正面为新文艺复兴风格的连续圆拱外廊，外廊空间后面是建筑矩形平面的主体部分，中间是贯通前后的回廊，两侧是房间。朝南的是一座两层的建筑，也是殖民地外廊式建筑。建筑

图2.4-2（46）廖家别墅（林语堂故居）

图2.4-2（47）黄赐敏别墅

图2.4-2（48）春草堂

入口上部横嵌书写着“立人斋”牌匾。廖家别墅（林语堂故居）是鼓浪屿历史文化发展的代表，现归私人所有，正处于修缮中。

〖47〗黄赐敏别墅

建于1922年，由工匠金奎设计。1924年由旅菲华侨黄赐敏买下作为私人住宅。该建筑为砖木石混合结构，建筑面积850多m^2。主体为前后设有外廊的三层三开间平面布局，建筑沿街的北立面每层中间是“塌岫”式的外廊，外廊两侧均设八角形平面突出的侧厅，上有攒尖穹顶形似金瓜，故名“金瓜楼”。建筑为中轴对称三开间布局，符合中国传统伦理观念，只是前后以外廊代替传统院落的天井空间。建筑立面采用清水红砖墙与洗石子饰面结合，柱廊的柱头、栏杆、挂落、檐口等构件，以及壁柱、墙面上都饰以精致的灰塑装饰。这座建筑具有浓郁的地方装饰，而且色彩大胆，是早期厦门装饰风格的典型实例。该别墅现归私人所有。

〖48〗春草堂

春草堂位于笔架山西北制高点，建于1933年，是当时鼓浪屿上的建造商——华侨许春草为自己设计、建造的住宅，也是鼓浪屿华侨洋楼建筑的重要代表。建筑为两层砖石木混合结构，建筑面积为490m^2，平面中轴对称，主体为矩形，正面设三开间柱廊，正中开间为半圆形的平面“出龟”，外廊后面中央是厅堂，其他房间环绕其前后左右。整体造型端庄朴实、简洁但细部考究，强调材料质感的对比。建筑的主人是鼓浪屿有名的建造商，也是华侨爱国人士。春草堂是鼓浪屿作为文化遗产的生动与真实展现，现仍为家族后人居住使用，并布置了家族发展历史的展示，整体保护状态完好。

〖49〗四落大厝

四落大厝为岩仔脚聚落留存下来的四组红砖厝建筑组合的居住建筑群，占地面积3100多m^2，建筑面积1600多m^2。建筑群于19世纪20至40年代，即清嘉庆、道光年间，由黄有山、黄勖斋、黄琨石祖孙三代及族人建设，是鼓浪屿现存规模最大、最完整的一组闽南红砖厝建筑群。建筑在后期使用改造中出现了加层部分采用带圆弧拱券的两层"叠楼"、加建三层高的窄长洋楼等做法，体现本土族人受西洋建筑文化影响的印记。建筑群大部分仍由家族后代居住使用，部分作为旅游服务功能使用，整体保存状况较好。

〖50〗大夫第

19世纪初的清嘉庆年间，大夫第由来自同安石浔的黄姓家族黄勖斋及族人建设。建筑由一座二落五开间大厝和两排护厝组成，大厝前有较大的厝埕（庭院）。建筑占地面积1300多m^2，建筑面积400多m^2，是鼓浪屿现存最古老的闽南红砖民居之一，见证了在鼓浪屿发展史上占有重要地位的石浔黄氏家族的繁衍和发展。大夫第也是鼓浪屿多元建筑文化中本土建筑文化的重要代表，建筑现仍由家族后人居住使用。

〖51〗黄氏小宗

黄氏小宗位于鼓浪屿岩仔脚的传统聚落，是从厦门同安黄姓家族迁居至岛上的一个支系的堂，该建筑建于19世纪上半叶，是鼓浪屿现存最早的闽南传统木构院落式民居之一。

图2.4-2（49） 四落大厝

图2.4-2（50）大夫第

图2.4-2（51）黄氏小宗

建筑为一进院落，占地面积200余m^2，正房三开间为闽南传统红砖厝式样，屋顶为舒展高起翘的燕尾脊屋顶，条石门框上方嵌“黄氏小宗”石匾。这座小院是最早来到鼓浪屿岛的西方传教士借居、布道的场所。1842年美国归正教会传教士雅裨理与甘明医生在鼓浪屿活动期间，曾在这座建筑租住，甘明医生在这里行医，这里也曾是近代厦门第一个西医诊所，见证了岛上传统聚落的变迁和西方文化的传播，以及原住民在外来文化影响下对近代文化的接纳、融合的情况。建筑现仍为家族宗祠，并有时作为厦门南音社演出场所使用。

核心要素之二：历史道路体系

鼓浪屿历史道路由日光岩、岩仔脚环线道路，及其北面的笔架山环线道路和东南部的鹿耳环线道路这三圈环线道路构成基本的结构体系骨架。这些骨架道路在19世纪下半叶就已经形成。它们大多结合鼓浪屿岛山岩、谷地等自然地形而建，联系着当时岛屿上外国人的聚居区、各处传统聚落，以及海边码头和海滩。在这些主干道路之外，是结合地形、地貌而划分的街区支路，它们大多于20世纪上半叶建设。后来新兴的住区建筑和商业建筑沿街巷而建，形成各不相同的历史街区肌理。19世纪中期到20世纪中期的鼓浪屿道路，并不考虑车行，当时人们或步行，或坐轿，或骑马。这些道路，顺地势而建，或狭窄且两侧界面封闭，或蜿蜒曲折，或穿越山腰林间而拥有良好的视野。现在大部分道路的走势和道路两旁的空间界面都保持了20世纪中期鼓浪屿形态最完整、最丰富时期的样貌，这是其城市历史景观中重要的组成部分。

鹿耳礁环线道路。鹿礁路环线道路由漳州路（西段）、晃岩路（东段）、福建路（北段）、鹿礁路（主干段）、复兴路连接而成，线路的走向、坡度起伏、沿路景观意象、视线开放程度，基本保持了20世纪中期的样貌。在该环线的东部，19世纪末就已经形成了划分区块的经纬支路——福建路等细分的街区，当时街区内还有外国领事馆、别墅、联合俱乐部、教堂建筑等。

日光岩、岩仔脚环线道路。日光岩、岩仔脚环线道路早在1878年鼓浪屿道路墓地基金委员成立之前就已经建成，由晃岩路（中段、西段）、泉州路（西段）、永春路（中段）、安海路（东段）、鼓新路（南段）、龙头路（南北主干段）连接而成。环线线路的走向、坡度起伏、沿路景观意象、视线开放程度，基本保持了20世纪中期的样貌。

笔架山环线道路。笔架山环线道路由鸡山路（主干段）、内厝澳路（主干段）、鼓新

图2.4-3 鼓浪屿文化遗产核心要素（历史道路和自然景观）分布图
（图纸绘制：郭竞艳、罗先明）

图2.4-4 鼓浪屿历史道路景观

（历史道路景观包括：鹿礁路、笔山路、中华路、复兴路、公平路、龙头路、福州路、安海路、福建路、晃岩路、鼓新路）

路（主干段）、安海路（东段）、永春路（中段）、泉州路（西段）连接而成，其线路的走向、坡度起伏、沿路景观意象、视线开放程度，基本保持了20世纪中期的样貌。

核心要素之三：自然景观与文化遗迹

鼓浪屿岛是西太平洋板块向欧亚大陆板块俯冲引发的地壳隆起，并经历了两次海进海退的产物。它形成于嵩屿至漳州盆地与鹭江至海沧钟山间的两条断层。整个岛屿基本由花岗石构成，形成了十几座低丘高阜。岛上多座小山丘形成东西、南北相交十字形的两道山岭，两道山岭在20世纪形成良好的林地，构成鼓浪屿岛上的绿色廊道。而浪洞山、鸡母山、龙头山（又称岩仔山，即日光岩）、升旗山、燕尾山、笔架山、英雄山（旗

图2.4-5 鼓浪屿自然景观

（自然景观包括：日光岩、笔架山、鹿耳礁、鸡母石、覆顶石、印斗石和大德记浴场、美华浴场、菽庄花园流枕石和鼓浪石）

仔尾山）等一座座山峰，又形成岛上突出的自然地标。当地居民把岛屿上的山岭解读为龙，西方人则把岛屿和山岭看做是帆船。在1840年鸦片战争以前，岛上采石行业很盛，工部局成立以后，《鼓浪屿工部局律例》专门设立一个条文：禁止在鼓浪屿开采名胜石。律例对部分山石、海礁进行了保护，并有计划地植树、绿化，这也传播了近代人居环境的思想。岛上自然景观的保护也一直延续至今。

延平文化遗迹。鼓浪屿上与民族英雄郑成功相关的历史遗迹，占地总面积约4000m^2。中国历史上著名爱国将领郑成功在收复被荷兰人占据的台湾之前曾驻兵鼓浪屿岛，在龙头山操练水师，留下延平文化遗址。遗址有日光岩下“三不正”井、龙头山寨门以及摩崖题刻“郑延平水操台故址”等，后人也在日光岩下留下许多缅怀郑成功的摩崖题刻，形成了联系闽台关系、寄托强烈民族情感的延平文化遗址，延平文化成为鼓浪屿上一个独特而鲜明的文化主题。此外，日光岩寺背后一块巨大山岩上，留有跨越不同时代的摩崖题刻，包括明万历丁一中的“鼓浪洞天”、1871年林鍼的“鹭江第一”和民国二十四年许世英的“天风海涛”，这三组题刻反映了鼓浪屿不同发展阶段的写照，具有深刻的文化意蕴。

重兴鼓浪屿三和宫摩崖题记。位于笔架山的三和宫摩崖题记篆刻于清嘉庆十八年（1813），由福建水师提督王得禄撰文，记载了王得禄在三和宫前整修战船、募款兴修三和宫并率师进兵台湾围剿蔡牵起义军之事。该石刻印证了鼓浪屿岛早期在闽台交流方面的重要地位。同时，石刻记载的三和宫为妈祖宫，说明了早期鼓浪屿岛上本土宗教文化的多样性。摩崖石刻与岩顶上的汇丰银行公馆，以及石刻旁的大榕树，共同构筑了代表鼓浪屿最典型的自然景观、历史景观和文化景观。

图2.4-6 鼓浪屿文化遗迹
（从左到右分别是：三和宫摩崖石刻、龙头山寨、鼓浪洞天石刻、延平文化石刻和种德宫前石刻）

03 鼓浪屿发展定位与管理策略

鼓浪屿从风景名胜区到人文遗产地的变迁，具有社会、经济与环境等的阶段性和复杂性特征，需要对其进行深入分析，从而形成鼓浪屿的发展目标和规划策略。

1. 鼓浪屿特色认知

鼓浪屿多元特色与双重属性认知。鼓浪屿面积仅1.88km^2，对比其他历史文化街区、风景旅游岛屿，可谓弹丸之地。但恰恰在这小岛上同时汇聚了山、海、滩、岩、建筑、音乐、传统社区等诸多自然要素和人文景观。自然环境和人文历史交织而成文化景观是鼓浪屿的最大特色所在。鼓浪屿是“鼓浪屿-万石山”国家风景名胜区的重要组成，具有风景区的属性；同时鼓浪屿也是厦门城市行政辖区，是城市的组成部分，具有城市的属性。鼓浪屿的这种双重属性是与其自身资源禀赋和建设发展历史分不开的。鼓浪屿依托自然环境，伴随历史变迁发展形成了今日“城景相依、城景相融”“城在景中、景在城中”的特殊关系和山水格局。

鼓浪屿的美学价值。形象美的外部形态特色，即美的表现形态，这主要包括自然美、社会美和艺术美。自然美是自然界的自然事物和现象的美，如日月星云、山水花果、草木鱼虫、风霜雨雪、森林、田野等自然之美。现实生活中社会事物的美被称为社会美。这些社会事物的美包括三大类，即社会劳动产品的美、社会主体人的美、社会环境的美。而社会美是以人的美为中心的。艺术美是指观念形态的美，是专门为了审美的需要而创造出来的审美对象（艺术品）的美，艺术美是生活审美属性的形象反映，是作者的思想感情及生活的审美意识、审美情感的反映，是优美的形式。对照形象的美学形态和前述的鼓浪屿基本特色，可以发现鼓浪屿的形态同时蕴含自然美、社会美和艺术美三种美的形式。鼓浪屿的特质和未来发展的主要方向是历史文化、社区生活和旅游开发，并将社会美、自然美和艺术美相互关联与有机对应。鼓浪屿未来的文化保护和特色创造应和鼓浪屿自身的美学价值协调统一。如果说在过去的十几年里，鼓浪屿主要在自然风景方面得到保护，那么在未来的发展中，鼓浪屿的人文资源应得到充分的挖掘和展现，特别是以建筑和音乐为主题的人文艺术将充分表现鼓浪屿的艺术美和社会美，从而使鼓浪屿的美学内涵与环境价值得以丰富和提升。

2. 发展关系分析

一是外部的城景关系，即鼓浪屿与厦门的关系。鼓浪屿由于其独特的自然与人文特色而成为厦门的独特风景，并与万石山共同构成国家级风景名胜区。鼓浪屿发展旅游是必然的，而且鼓浪屿也成了厦门作为风景旅游城市的核心载体。但鼓浪屿也有其自身的局限，即空间有限（仅为188hm^2）和人口与环境容量的不足，所以对鼓浪屿的风景与旅游开发应建立在全厦门的视野范围，而不限于鼓浪屿全岛。从某种意义上看，鼓浪屿的社会价值和环境效益要远远大过它所能带来的直接经济效益，这才是对鼓浪屿与厦门作为外部城景关系的正确认识。

二是内部的城景关系，即鼓浪屿岛上风景资源与城市社区的关系。鼓浪屿的双重属性要求处理好鼓浪屿内部的城景关系，通过发展历程的分析可得，双重属性及其有机结合是鼓浪屿最为基本和重要的特色。搬迁岛上工业和一定数量人口的举措，对缓解鼓浪屿环境并随之发展风景旅游起到较好作用。但后来过分强调转移人口，并转移鼓浪屿作为社区发展所需要的基本公建配套设施，则导致了鼓浪屿的不宜居性日益凸显。不宜居性加剧了鼓浪屿的人口老龄化、街区空心化以及建筑与环境的严重衰败，也直接招致了岛上住民的抱怨。更进一步，由于衰败导致岛上一般建筑的物业价值，与同期的厦门其他地区比显得较低，而这些物业吸引了相应层次的就业人口，包括为岛上服务的搬运工（俗称“安徽帮”），缺乏规范管理的导游和低层次零售商业者（如专营服装和水产品干货等）。从岛上的人口构成看，其平均年龄不断加大而人员素质不断下降。与此同时，风景旅游的发展也遇到了瓶颈，表现为传统旅游产品的乏味和单调而缺乏新意，而这类旅游产品却又一定程度上吸引了国内的一般性大众消费，表现为逐年游客量的递增，但旅游的消费层次却不高，多为观光性游览，而不能提升岛上的商业业态和层次。

三是保护与开发的关系。对于鼓浪屿的建设与规划控制历来有“宜低不宜高、宜小不宜大、疏密相宜”的原则。鼓浪屿过去多年的城市与风景区的建设存在突破原则，形成一定的破坏性建设。如港仔后金带工程、二中的体育馆、海关的接待中心和音乐学校的教学楼等，均大大突破控制原则，造成对鼓浪屿空间和景观的改变。私人住宅的改造与翻建也有一些“长高变胖”的问题。同时在鼓浪屿的保护中也存在着不少误区，如对建筑的风格把握和形象再生等，很多建筑或街区（如“三友”假日中心）改造时，过度追求所谓的西洋风格而导致形象不当，还有就是对原则的准确把握，特别在历史街区就不宜随便拆除业已形成的历史格局与环境。现有的鼓浪屿轮渡码头绿地原为老建筑街区，因不当的拆除而改变龙头路的商业特色，有关部门也曾一度计划拆除街心公园等。总之，鼓浪屿的景观与其社区空间环境的改变不无关系。

四是政府与民间的关系。鼓浪屿的物业多属于私人财产，特别是那些独具风貌特色的老建筑。同时，保护鼓浪屿的整体风貌和大量的老建筑已成为全社会的共同认识。这样，鼓浪屿的建设发展就会面对政府要求与民间落实的互动，过于强调社会和政府的要求，就会压制保护对象产权人的积极性；过于强调保护对象产权人的诉求，则达不到整体保护的目标。

五是体制与机制的关系。由于鼓浪屿最先是以城市社区的面貌出现在厦门近代的发展中，因而新中国成立后鼓浪屿尽管是个小岛，但仍以健全的城市与社会功能成为厦门城市的行政辖区（鼓浪屿区）得到长期的建制和存在，岛上的区属工厂、法院和学校等一应俱全。从20世纪80年代起，政府开始关注将鼓浪屿作为风景名胜区加以定位发展，于是开始转移工厂、人口等，并在争取到国家级风景区称号后成立了“鼓浪屿-万石山风景名胜区管理委员会”，实行管委会和区政府两块牌子一套人马的做法，但仍然存在的区级建制在很大程度影响了鼓浪屿的清晰定位和发展重点。2002年的行政区划调整取消了鼓浪屿作为辖区的行政建制，社区划归为思明区的街道建制并归口日常管理。鼓浪屿的保护与发展也转向了社区复苏和人文回归，家庭旅馆的发展和私人房屋的改造等成了建设重点。总之，鼓浪屿的管理体制与机制一直存在着不顺和缺失，这在很大程度上也制约了鼓浪屿的协调发展。

3. 基于历史文化价值的鼓浪屿发展之路

鼓浪屿最初是基于国家风景名胜区而得到保护与发展的。风景名胜区是指具有观赏、文化或者科学价值，自然景观、人文景观比较集中，环境优美，可供人们游览或者进行科学、文化活动的区域。风景区发展目标的基本原则为严格保护、统一管理、合理开发和永续利用。从风景名胜区的概念定义、规划建设和目标原则可以得出，风景区的发展基本涉及保护管理和开发利用两个方面。第一，国家公园必须绝对保护其资源和价值的完整性，这些资源和价值要和我们像拥有时一样留给后人；第二，它们要满足人们利用、观赏、康养和享受等不同要求。保护和利用是风景名胜区发展进程中需要认真对待的一对关系。风景区保护管理和开发利用的基本关系为保护为先、利用为辅，二者应相辅相成、协调统一。没有以保护为前提的开发是盲目和不可持续发展的，也是极其有害和危险的；而没有开发利用的静态保护是消极的，发挥不了为风景区提供游览欣赏或进行科学文化活动的重要作用，只有合理利用才是积极和有效的保护。风景名胜区以保护为先，即保护风景名胜区及其资源的完整性，树立可持续发展的观念，不仅让当代人欣赏，而且将来还为子孙后代所享用；利用为辅。通过合理、科学手段实行适度并富有特色内涵的开发，使之得到合理的利用、有效的促进与保护，并实现二者的整体互动与良性的协同发展。

根据上述风景名胜区保护与开发的基本关系，可以分析鼓浪屿在主要作为风景名胜区发展时期的思路。鼓浪屿是“鼓浪屿-万石山国家风景名胜区”的重要组成部分，具有风景区的属性，同时鼓浪屿也是厦门城市的行政辖区之一，是城市的组成部分，具有城市的属性。从大的层面看，鼓浪屿体现厦门城市性质和特色，依托厦门城市的聚集和辐射作用，大力发展旅游等第三产业，拉动消费的增长，从而促进城市经济的增长，同时改善城市投资环境，提高城市的知名度、影响力和综合效益。反之，城市的发展也带动鼓浪屿风景旅游区自身的建设和完善，使风景区向高层次、高品位发展。

文化认同下的鼓浪屿发展理念。中国城市规划设计研究院（以下简称“中规院”）于2006年作了《鼓浪屿规划政策研究与项目策划》报告，报告认为到目前为止鼓浪屿的发展思路存在偏差，即对鼓浪屿的发展以自然生态资源为主的风景名胜区，还是以人文环境为主的特色社区提出了质疑。报告提出：只有发展有特色的高档度假区，才能在保全历史文化特色的同时，获得比较优势。报告将鼓浪屿定位为：服务于全国的高档社区、特色度假社区、历史街区和艺术之岛。

笔者于2000年提出《鼓浪屿发展概念规划》，规划从不同于之前的视角对鼓浪屿的基本特色做出分析。鼓浪屿面积仅有1.88km^2，对比其他风景旅游区域，可谓“弹丸之地”。客观评价，鼓浪屿雄不抵武夷山，秀不及桂林，海不比大连，但恰恰在这弹丸小岛上却同时汇聚了山、海、滩、岩、建筑、音乐、传统社区等诸多自然景观与人文要素。可以说，自然环境和人文历史的交织正是鼓浪屿的最大特色之所在。任何片面强调某一方面或某一要素的观点，都可能使鼓浪屿失去较之于其他城市或风景区的唯一性和不可替代性。

鼓浪屿具有作为风景和城市的双重属性。从历史发展看，鼓浪屿作为厦门通商口岸的开埠所在，最早就是从城市聚居地作为发展起点的。如此可以更加全面地分析和预测鼓浪屿在历史与未来发展的特征，即鼓浪屿双重属性的交替上升发展特点。进一步观察鼓浪屿的发展历程：最先的鼓浪屿是20世纪二三十年代由厦门作为通商口岸，殖民统治者及归国华侨择址作为城市聚居地得到较大建设发展，而后形成的格局维持近50年的时间。改革开放后，鼓浪屿则主要被定位为风景名胜区，其发展取得令人瞩目的成就，最主要的体现就是造就了厦门风景旅游城市的地位和知名度。其间，政府出台了多项政策，如工业区搬迁和控制户籍人口等，对风景旅游功能的发展发挥了积极的作用。随着社会经济的不断发展，对鼓浪屿的认识则逐渐加深和更加全面。最明显的是，风貌建筑这一代表鼓浪屿人文历史的典型要素已被立法保护，被当作风景区的重要组成部分，并期待对未来发展发挥重要作用。风貌建筑涉及鼓浪屿的人文发展问题，它是可以转换功能的，并成为旅游资源（景点）或成为旅游开发的配套。从国内外实践经验来看，最好的保持与延续建筑生命的方式乃是还原其本来面目，继续作为居住和社区的功能，以保持其持续的生命力。

鼓浪屿的双重属性决定了鼓浪屿的发展应是多样化的，并形成与众不同的特色。如果说鼓浪屿，在过去的二三十年里，作为风景区得到了一定的保护与发展，那么现在该是改变鼓浪屿社区衰败、回归人文精神、振兴社区活力的时候了，这样才能更好地维护鼓浪屿的持续发展。实践表明，由于过分强调风景旅游功能，而使鼓浪屿的社区建设与人文延续受到极大的打压。鼓浪屿的“不宜居性”日益凸显，公共服务质量每况愈下，岛上甚至找不到一家服装干洗店和玻璃加工店（来自岛上著名诗人舒婷的抱怨），社区衰败和空心化现象严重。所以，当下对鼓浪屿的发展思路，除继续谨慎维持风景旅游的开发外，社区的建设与人文的延续将是鼓浪屿未来发展的重要方面。2006年《中国国家地理》将鼓浪屿评为“中国最美的城区”，或许就是对鼓浪屿本色与特质的最好注解。评选委员会认为鼓浪屿并不是风景区而是城区，可见鼓浪屿在许多人的内心中总有挥之不去的城市人文情结，也才有评审专家的感叹：来到鼓浪屿的人，最大的憾事是不能成为这里永久的居民。2008年，厦门市政府正式向联合国教科文组织申请鼓浪屿列入世界文化遗产。如果说对历史风貌建筑的立法保护是启动追求鼓浪屿人文情节回归的话，那么把鼓浪屿作为文化遗产申报，则是把对鼓浪屿的人文保护和可持续发展推向新的高度。

4. 鼓浪屿的“三岛”定位与“三护”策略

未来鼓浪屿将发展为文化岛、宜居岛和旅游岛，相应的建设策略分别为遗产保护、社区维护和旅游监护，简称为“三岛”与“三护”。

文化岛与遗产保护。鼓浪屿在经历公共地界时期的发展后时至今日，在岛上留存了独特的东西方文化融合发展的文化遗产见证，如大量的文物、建筑和景观遗迹等，这是鼓浪屿最为珍贵的极具唯一性和独特性的文化载体，在未来的发展中应以严格保护和生动展示。结合鼓浪屿成功申报世界文化遗产有利契机，大力实施以文物建筑和历史风貌建筑为主的保护和宣传工作，加强鼓浪屿历史环境的整体保护。这包括遗产认定与区划管理；完善管理机构和机能；开展信息收集与档案记录；提高保护决策的制定水平与技术保障；加强历史环境的保护和管理控制；建立威胁防御体系；丰富遗产价值的展示；积极引导文化旅游发展；鼓励与引导社区和公众参与和建立健全遗产地监测系统等。为了减缓低端的过度旅游对文化遗产保护带来的压力，鼓浪屿年游客容量应由目前的平均800万人次减少为理想容量400万人次。同时以研究、保护和宣传为先导，在公众中改变鼓浪屿的传统游览主题，积极引导公众向文化旅游主题和产品发展。结合《鼓浪屿历史风貌建筑保护条例》重新修订的有利时机，修编《鼓浪屿历史风貌建筑保护规划》，扩大历史风貌建筑保护范围，补充登录遗漏建筑和新近符合条件的建筑。利用条例新条款，加大政府对历史风貌建筑实施保护的主动权，积极有效推进历史风貌建筑保护工作。创新历史风貌建筑保护工作方法，注重维护建筑业主权利，引导形成政府与业主在历史风貌建筑保护中取得双赢的有效机制。在公众参与下，编制鼓浪屿全岛的控制性详细规划和修建性详细规划。通过详细规划明确项目建设等详细规划设计条件，明确全岛各类建筑的保留、拆除和修建等，从而控制鼓浪屿全岛整体空间景观环境，有效保护历史街区的景观风貌和空间肌理。

宜居岛与社区维护。鼓浪屿从发展的最初到今日，原住民的岛居生活是鼓浪屿最具本色的内涵。过度旅游开发导致的“商城化”“空城化”都将使鼓浪屿失去最为原真的人文个性与特色。“宜居性”是鼓浪屿从一开始发展就具有的，并且是与鼓浪屿得天独厚的自然环境有机融合在一起的个性，但“宜居性”在鼓浪屿过去近20年的发展中曾被忽视乃至于抑制，这种认识在未来的发展中应被加以改正。加强人文关怀与积极维护社区发展，将是鼓浪屿作为文化遗产保护的基本要求，也是鼓浪屿未来可持续发展的根本。在全岛的控制性详细规划中，合理划定永久性居住用地，这包括历史风貌建筑集中的区域，如鹿礁片区、龙头片区和内厝澳片区等，同时应注意岛上不得再行开辟新的居住用地，以有效控制全岛的人口容量。在全岛总容量控制下，合理制定客居比，确定鼓浪屿各类人群的比例和规模，包括常住人口规模、服务人口和流动人口，以及可容纳过夜的游客量等。合理配置满足社区生活服务相关的配套设施。需要特别指出的是，鼓浪屿的居住生活配套设施建设不应按通常的规范或标准执行，而应按照“超标”和“离岛”的生活方式加以有针对性的配置，同时对于过去政府主导下的文化、医疗等方面设施的不当搬迁应作改正和补强；对各类居住建筑提出未来发展建设具体指导意见，包括严格保护和积极利用具有风貌特色的居住建筑、拆除质量极差又不具特色的居住建筑和修缮或改造允许被加以保留的居住建筑。应避免对旧住区实行成片的大拆大建，而采取积极鼓励的政策推进居住建筑业主自行对物业加以修缮和维护。私产物业的改造修缮仍采用“原址、原高、原面积”的规划控制原则。出台“鼓励维护鼓浪屿建筑风貌特色”政策，对那些原未具备风貌特色的建筑在业主自行改造中，根据建成后形成的风貌特色效果，实行不同程度的建设资金奖励。居住建筑的功能利用与旅游发展相结合，借助市政府的政策大力发展家庭旅馆，使各类居住建筑功能合理转换，与旅游发展相结合，有效发挥居住与旅游相结合的功效。

旅游岛与旅游监护。旅游业在鼓浪屿成为国家级风景名胜区后得到极大的发展，它带动了厦门城市旅游的系统发展。目前旅游产品的低端化和游客过度的聚集，与鼓浪屿未来的文化遗产保护是有冲突的，也不利于鼓浪屿宜居性的体现。因此，鼓浪屿的未来旅游发展应与文化保护相结合，在追求精品化和高端化的过程中得到恰当的控制和监护。由于鼓浪屿岛屿面积小，岛上的环境容量极为有限，为了使风景（含文化遗产）保护、旅游开发与经济效益取得平衡，旅游产品和消费对象的中高端化是必然选择。在此定位下，自然风景和文化遗产等珍贵资源的精细保护和上岛旅游大门票制将可互动推进，并对岛上山岩、树木和沙滩等既有的自然资源加以严格保护和谨慎利用。把鼓浪屿的人文及其遗迹作为体验型旅游产品拓展的重要依托，积极利用鼓浪屿作为世界文化遗产的有利契机，结合《鼓浪屿世界文化遗产保护条例》修订条款，加大投入，争取扩大范围，实施历史遗迹与建筑的保护，增加鼓浪屿可供欣赏和利用的人文景观。对鼓浪屿西北部用地空间进行主题性的旅游开发，注意把控开发时机，以及主题的恰当和景观的协调。鼓浪屿西北部地区原有老工厂搬迁后，提供不可多得的25hm^{2}用地，这是鼓浪屿未来唯一可集中开发建设的发展空间。难得的是在过去近十年间由于时机和项目的不成熟，该区域仍被严格控制未加利用。该空间的开发利用应与鼓浪屿的文化、艺术特色相结合，进行主题性旅游开发，并应注意控制好开发的时机，在经济条件、项目策划和建设水平不成熟时不能轻易决策。同时项目建设的景观控制应继续秉承“宜小、宜低”的原则。历史风貌建筑的恰当利用与旅游开发应有机结合。鼓浪屿未来的建设主要是做“减法”，在保持历史空间肌理的基础上去除与鼓浪屿风貌不协调的建筑。未来建设很大的问题在于老建筑的利用，也就是“旧瓶装新酒”。除了维护社区发展外，鼓浪屿未来主要发展旅游业和文化产业，因此历史风貌建筑和其他老建筑，一是可作为家庭旅馆或其他旅游服务设施等加以有效利用，二是作为文化产业用途，包括作为文化艺术创作、展览和交易场所等，如八卦楼作为管风琴博物馆，原美国领事馆拟作为美术画廊，内厝澳开辟为文化艺术创意园区等。继续保护、保持鼓浪屿与众不同的旅游特色。坚持步行岛特色，要避免为了满足大量游客交通需求而增加其他交通工具。为了保持岛屿的环境氛围，应对上岛人员通过轮渡卡口的管控实行总量控制。与此配合的措施是，实行需求管理，对上岛旅游的景区票价实行浮动制，有效调剂高峰期与平常日的人流分布。将厦门西海域海岛群（如大屿、火烧屿等）和东海域海岛群（如鳄鱼岛、大嶝岛等）的旅游开发，与鼓浪屿旅游开发有机结合而形成“海岛游”系列，使鼓浪屿在厦门旅游体系中进一步发挥龙头带动作用。改造原有旅游开发中档次低、效益差的项目，如日光岩高空缆车、皓月园中的小木屋等，以及清除与鼓浪屿整体风貌不相协调的设备、设施等，如港仔后的金带廊架等。

全岛分区发展指引。依上述定位和策略为原则，结合鼓浪屿现状提出对应全岛分区的发展控制要求，总体形成五大空间分区及其相应发展目标控制要求。五大分区及其发展控制要求是：严格控制南部自然风景区；适度拓展北部主题旅游区；合理调整东部旅游服务区；充实完善西部人文艺术区和调控优化中部风貌建筑社区。一是严格控制南部自然风景区，包括严格执行风景区保护要求，巩固重要景区如“鼓浪洞天”和重要景点如“日光岩、菽庄花园、皓月园”等作为自然景观与旅游的龙头地位。加强日光岩-英雄山-鸡母山景群的整体优化建设，加强保护培育景区景群生态环境，防止过度人工化、商业化。明确景区景点范围，界内严格执行保护控制要求。二是适度拓展北部主题旅游区，包括充分利用工业搬迁获得的发展空间，选择机会建设和发展北部景区。结合内厝澳片区的整治提升，更新发展以文化创意为产业主题的人文旅游项目。三是合理调整东部旅游服务区，包括依托龙头商业区形成全岛的风景旅游服务中心；结合北部景区拓展旅游空间；调整鼓浪屿东部沿鹭江用地功能，形成观景、娱乐综合休闲带，并联结岛屿南、北部景区。四是充实完善西部人文艺术区，包括结合厦门发展艺术之城的规划构想，保留福建省鼓浪屿工艺美术学校作为发展艺术的空间载体，拓展其南北侧空间，并结合浪荡山艺术公园的打造形成西部艺术旅游区，凸显鼓浪屿艺术特色。五是调控优化中部风貌建筑社区，包括结合历史风貌建筑保护，转移控制全岛人口规模。保留鹿礁和龙头社区，保存和保护历史风貌建筑聚集区，大力完善社区配套建设，提高社区整体环境质量。

实践表明，以上的规划目标与设想均得以很大程度的实现，为鼓浪屿成为世界文化遗产的保护与利用发挥了积极作用，并将在鼓浪屿文化遗产未来的持续性发展中继续发挥作用。

鼓浪屿“五位一体”属性相关保护法律法规　表3-1

<table>
<tr><th colspan="2" rowspan="2">法条级别
性质类别</th><th colspan="4">各级相关主要法律法规</th></tr>
<tr><th>国际</th><th>中国</th><th>福建省</th><th>厦门市</th></tr>
<tr><td rowspan="8">鼓浪屿『五位一体』属性</td><td rowspan="2">世界文化遗产</td><td>保护世界文化和自然遗产公约（1972年）</td><td>中华人民共和国文物保护法（2013年）
文物保护工程管理办法（2003年）</td><td rowspan="2">福建省文物保护管理条例（2009年）</td><td>厦门经济特区鼓浪屿文化遗产保护条例（2013年）</td></tr>
<tr><td>实施世界遗产公约的操作指南</td><td>中国文物古迹保护准则（2015年）</td><td>鼓浪屿文化遗产核心要素保护管理办法（2017年）</td></tr>
<tr><td>国家级风景名胜区</td><td></td><td>风景名胜区条例(2006年)</td><td>福建省风景名胜区条例（2015年）</td><td>厦门市鼓浪屿风景名胜区管理办法（2006年）</td></tr>
<tr><td>国家级历史文化街区</td><td></td><td>历史文化名城名镇名村保护条例（2008年）</td><td>福建省历史文化名城名镇名村保护和传统村落条例(2017年)</td><td>厦门经济特区鼓浪屿历史风貌建筑保护条例(2009年)及实施细则（2015年）</td></tr>
<tr><td>5A级景区</td><td></td><td>中华人民共和国旅游法（2013年）</td><td></td><td></td></tr>
<tr><td rowspan="3">街道社区</td><td rowspan="3"></td><td rowspan="3">中华人民共和国城乡规划法（2008年）</td><td rowspan="3"></td><td>厦门市城乡规划条例</td></tr>
<tr><td>厦门市鼓浪屿家庭旅馆管理办法（2015年）</td></tr>
<tr><td>厦门市鼓浪屿建设活动管理办法（2015年）</td></tr>
</table>

04 历史风貌建筑与文化遗产保护

1. 历史风貌建筑保护

2000年的立法先行与保护规划

2000年1月厦门市十一届人大常委会通过了《厦门市鼓浪屿历史风貌建筑保护条例》，该条例对历史风貌建筑的定义为：1949年以前在鼓浪屿建造的，具有历史意义、艺术特色和科学研究价值，造型别致、选材考究、装饰精巧的具有传统风格的建筑。与之前的研究相比，条例强调了保护建筑的历史价值，明确要求保护建筑是1949年以前建造的，从当时2000年看，就是建筑的建造时间在50年以上。同时，条例对建筑艺术价值方面的要求则比较宽泛，并没有硬性的比照规定，这是基于扩大保护面的考虑，为保护全岛的建筑格局和整体风貌起到较好作用。条例还重点明确了历史风貌建筑保护工作应遵循保护和利用相结合、利用服从保护的原则，以及编制历史风貌建筑保护规划等规定。由于是首次出台条例，因此规划管理部门同时启动了历史风貌建筑调查、评估、推荐和历史风貌建筑保护规划工作。

历史风貌建筑保护规划的基础性工作，就是迅速展开全岛历史风貌建筑的调查和评估，笔者作为保护规划项目的负责人，在项目前期研究的基础上形成若干标准作为评价的依据，这包括①代表某种独特建筑类型或建筑风格范例的建筑；②通过与其他建筑共同组成的建筑群，形成代表鼓浪屿整体传统建筑特色的建筑；③由其所处历史地理位置而形成鼓浪屿某种景观特征的建筑；④其他与历史事件或重要人物有关，具备一定特色或风格且保存相对完好的建筑。凡符合以上标准一条或一条以上且建造时间在1949年以前的建筑，均可考虑列入历史风貌建筑。以此为标准通过地毯式摸底调查，形成308幢目标对象，这与20世纪80年代的风景名胜区规划列出的仅36幢典型历史建筑相比，大大扩大了建筑保护的范围。按照上述标准，规划推荐了历史风貌建筑206幢，其中重点保护历史风貌建筑82幢，一般保护历史风貌建筑124幢。条例及保护规划比较重视建筑本身及整体建筑风貌，因此规划保护的重点除了典范的单体外，更重要的是鼓浪屿的整体建筑风貌特色，标准突出了建筑的群体特点，即可能就单体而言不是非常突出，但由于它与其他建筑共同形成了群体的整体效果，也被纳入保护范围。

保护规划对鼓浪屿全岛历史风貌建筑保护，总体确立了五个统一原则，这包括：①建筑单体和整体环境统一原则。除了强调保护建筑本身外，还突出了建筑的所在生存环境，建筑及其所在环境不可割裂。②典型个性和群体风貌统一原则。既保护建筑艺术价值高的典型个体，又重视鼓浪屿的整体建筑风貌——，即只有融入群体的个体其特色才能得以生辉。③个体分布和整体结构统一原则。就风貌建筑的存在看，是以个体的独立存在，但从整体分布看，形成了一定的分布结构特征，而把握了结构特征将对历史风貌建筑的保护、开发、利用和相应的实施起重要的作用。④保存维护和开发利用统一原则。条例明确规定了历史风貌建筑保护工作应遵循保护和利用相结合、利用服从保护的原则，只有把开发利用和保存维护有机相结合，才能使历史风貌建筑保护工作得以持续发展。⑤统一规划和分期实施统一原则。由于建筑保护涉及大量资金和时间，因而统一规划和分期实施是建筑保护的有效方法。

保护规划对历史风貌建筑整体空间的布局形态，建立了“点线面”相结合的做法，力求保护建筑与环境的真实性和完整性。点的形态主要是重要地标建筑及独立分布建筑，属城市设计空间景观控制点；线的形态是指沿线状排列视觉可达的建筑群组合，属城市设计空间景观界面；面的形态指相对成组成片聚合，集中体现鼓浪屿建筑风貌特色的建筑群，属城市设计景观及风貌表现意象。按推荐历史风貌建筑的分布状态，形成“七片八线多点”的整体保护结构特征。七片为鹿礁片、田尾片、青年宫片、宾馆片、中华片、杨家园片、公平片；八线为鹿礁线、复兴线、晃岩线、中华线、泉州线、港后线、鸡山线、笔山线；点则包括博爱医院、李清泉别墅、大宫后验货楼、西林别墅、林屋、三一堂、八卦楼、原美国领事馆等。

鼓浪屿建筑与环境的意境，从魏道劲的“鼓岛小巷行”可以充分体现，“听随径曲路非平，著意寻幽小巷行；藤壁苔墙添雅趣，回廊琉瓦见风情；须榕绿暗三春雨，凤木红酣六月晴；疑入仙乡车马绝，谁家小院响琴声”。“听随径曲路非平，著意寻幽小巷行”，这说明鼓浪屿的地形地貌高低起伏，道路空间窄而路面不平并随地形蜿蜒曲折。“藤壁苔墙添雅趣，回廊琉瓦见风情”，说明建筑多有院落围墙并长满爬藤和青苔，增添许多雅趣，建筑设有外廊并以琉璃瓦装饰，体现了建筑的特色。“须榕绿暗三春雨，凤木红酣六月晴”，讲的是鼓浪屿的春天多雨，大榕树透着暗绿色，而夏季炎热，凤凰木开花红得令人陶醉。“疑入仙乡车马绝，谁家小院响琴声”，则表明了鼓浪屿是个步行岛，而家家户户的琴声则体现了环境设计的艺术氛围。因此，鼓浪屿历史风貌建筑的保护区划和本体保护应以体现上述的意境为目标。

划定保护范围是历史风貌建筑保护的重要内容之一，根据四个原则对

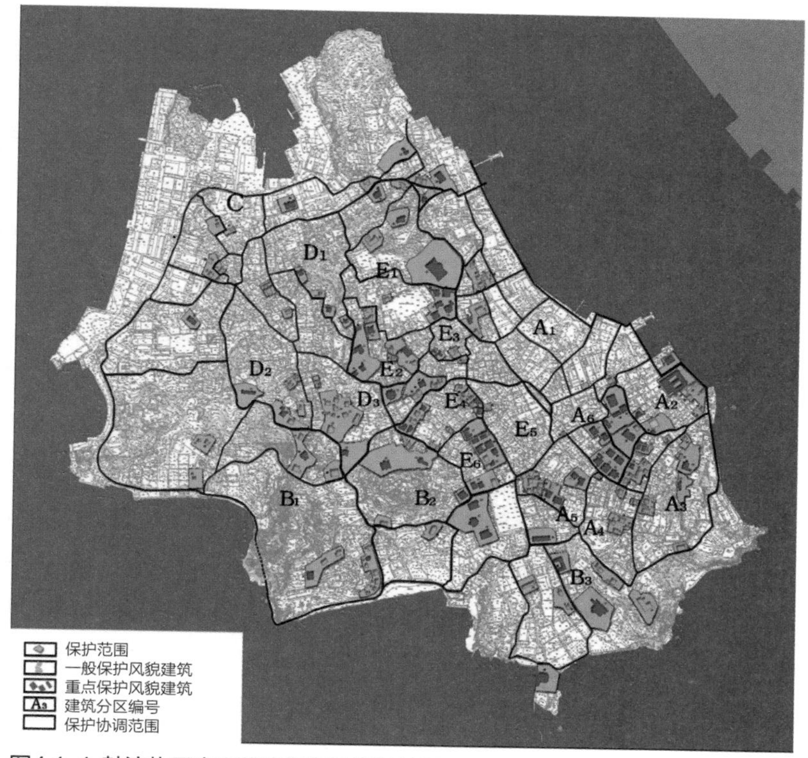

图4.1-1 鼓浪屿历史风貌建筑保护规划总图
（图片来源：厦门市城市规划设计研究院）

历史风貌建筑划定3个保护层次和相应范围。这四个原则，一是整体空间景观环境原则，即保护范围应有整体建筑空间环境概念；二是建筑场控制原则，即根据人距建筑不同的距离对建筑的不同感受，结合鼓浪屿微雕式的尺度关系，按50m为强场控制；三是最小距离原则，考虑到鼓浪屿建筑相对较为密集，同时地形关系变化较为复杂，保护范围的划定一定程度应结合建筑周边的其他构筑物和地形地貌因素；四是视线保护原则，由于鼓浪屿和厦门本岛的视线对景关系和鼓浪屿本身的某些建筑视觉标志作用，应有效保护建筑被从远处借景的视线，也应成为划定建筑保护范围的依据之一。根据这四个原则，规划从3个层次划定保护范围，第一层次是历史风貌建筑单体及其附属环境设施，主要包括建筑物本身、庭院、围墙、门楼、小品、绿化等；第二层次是历史风貌建筑保护主要范围，即对历史风貌建筑及其周边整体环境为主的保护层次；第三层次是历史风貌建筑协调范围，即从较大范围确保历史风貌建筑的景观地位并使观赏视线不受破坏的保护范围。

根据条例规定，历史风貌建筑根据其历史、艺术、科学的价值，分为重点保护和一般保护两个保护类别。保护规划对历史风貌建筑本体的保护要求是，列为重点保护的，不得变动建筑原有的外貌、结构体系、基本平面布局和有特色的室内装修；建筑内部其他部分允许作适当的变动。列为一般保护的，不得变动建筑原有的外貌；建筑内部在保护原有结构体系的前提下，允许作适当的变动。附属于历史风貌建筑的围墙、门楼、庭院、小品、绿化、树木等均视为类同单体保护对象。强调建筑与庭院整体环境的保护，一直成为鼓浪屿历史风貌建筑本体保护修缮的基本技术要求。对历史风貌建筑保护范围的控制要求是，在历史风貌建筑保护范围内不得新建、改建、扩建建筑物、构筑物；保护范围内与历史风貌建筑不协调、新的和破坏其景观的建筑应当有计划拆除；在历史风貌建筑保护范围内修建道路、地下工程及其他市政公用设施的，应根据市规划部门提出的建筑保护要求采取有效的保护措施，不得损害历史风貌建筑，破坏整体环境风貌。对建筑保护协调范围的控制要求是，建筑保护协调区可新建、改建、扩建建筑物、构筑物；建筑保护协调区建筑的层数、体量、造型、色彩、艺术风格必须与周边的历史风貌建筑相协调，与整体空间环境相和谐；建筑保护协调区以控制保护历史风貌建筑的主体景观空间地位和观赏视线不被削弱和影响为主要目的。保护规划为拟列入保护的建筑专门制定了保护图则，包含了建筑的身份档案和体检档案等信息，为后续的实施保护奠定了坚实基础。

根据条例提出的合理利用历史风貌建筑的要求，保护规划确立了历史风貌建筑利用原则，包括保护和利用相结合、利用服从保护原则；开发利用以结合风景旅游开发和为风景旅游服务为主；历史风貌建筑开发利用包括作为人文历史旅游景点和风景旅游配套服务设施两种模式；积极鼓励私人、开发商、部门、政府等接管经营，避免空房闲置、无人管理。历史风貌建筑开发利用包括两个方向，第一是历史风貌建筑作为鼓浪屿人文历史旅游景点开发利用，它包括4个工作层面：一是利用历史风貌建筑具有的万国建筑博览特色和建筑物自身的艺术特色作为风景旅游资源开发利用；二是旅游景点开发应

建筑编号	E6-01	建筑外貌
保护类别	重点保护	
地址	晃岩路 38 号	
建筑建成时间	1921 年	
建筑面积	1404 平方米	
建筑层数	3 层	
平面布局	柱廊式	
屋顶形式	平坡结合	
建筑风格	厦门装饰风格	
建筑结构形式	砖木	
建筑现用途	住宅	
建筑原用途	住宅	
建筑质量	基本完好	

建筑历史风貌特色评价

该建筑具有南洋建筑特征，外观由红砖、白石紫瓷瓶组成，精练、稳重、气派。采用了当地传统的红砖和优良石材砌筑，至今仍完好无损。建筑立面设计别致典雅，线角丰富细腻。正立面每层连续 5 个拱券，檐口、角柱、柱顶盖板、拱心石均为白色石材，与大面积的桔红色面砖形成色彩对比；背立面中部 3 个拱券镶嵌在白色条石景框之中，比例适当，韵律感很强。第四层伸出屋面，是楼梯间和一个过厅，除南立面通向外露台以外，其余三面均在屋面围合之中。建筑样式采用闽南风格，四角加装饰柱，给人以“亭”的印象（兼作楼梯间采光井）。室内设计很有特色，通往各层的“回”字形楼梯位于中轴线中心位置，既实用又气派，全部用高级进口柚木精心打造，称得上精品。屋角图案色彩鲜艳，形象生动。

本建筑具有建筑艺术特色、科研价值。符合“1、代表某种独特建筑类型或建筑风格范例的建筑；2、由其所处地理位置而历史形成鼓浪屿某种特征景观的建筑”的认定标准。

保护控制要求

1）不得变动外貌、基本格局和有特色的室内装修内容。因建筑安全需要进行内部结构改造的，允许适当变动，但具体改造方案须经市规划部门批准。

2）附属于历史风貌建筑的围墙、门楼、庭院、小品、绿化、树木等均视为历史风貌建筑同等级别保护对象。

3）建筑保护以突出建筑景观地位和保护观赏视线及整体环境为主。

4）符合《厦门经济特区鼓浪屿历史风貌建筑保护条例》及其实施细则的其他相关规定。

建筑总平面和保护范围

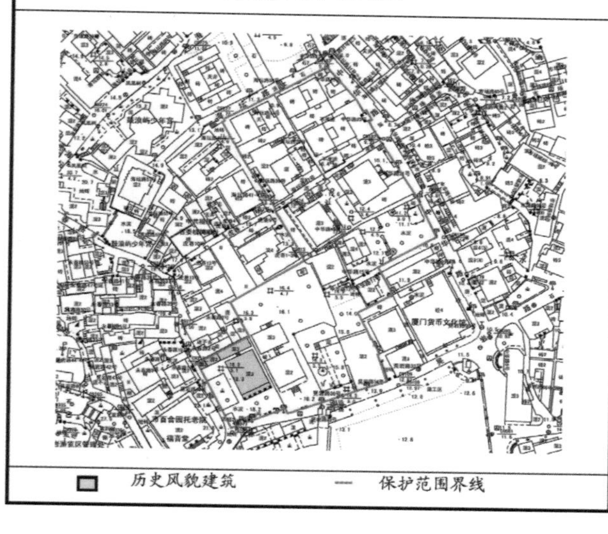

■ 历史风貌建筑　　— 保护范围界线

图4.1-2 历史风貌建筑保护图则

（图片来源：鼓浪屿历史风貌建筑保护规划）

实施修缮恢复建筑原貌和修缮整治建筑所在环境；三是根据鼓浪屿历史风貌建筑分布特征，有机组织点、线、面的景点游览线路；四是开辟历史风貌建筑旅游观赏线路，并以此引导鼓浪屿控制性详细规划编制和鼓浪屿旅游开发；第二个方向是历史风貌建筑作为风景旅游配套服务设施开发利用，即在服从保护前提下适当有计划有组织开发利用历史风貌建筑，为风景旅游开发服务配套。开发用途可包括小型自助式度假旅馆、单位（或部门）自管式度假基地、小型艺术表演或展览场所、旅游纪念品卖店或食杂小卖店和小型咖啡屋或冷饮厅等类型，其他与风景旅游无关或关系不大的且功能未经规划主管部门许可一般不予接受。在用途转换中须做到：①用途转换开发不得违反与历史风貌建筑保护相关的规定或要求；②历史风貌建筑作为商业性用途，不得过分渲染商业经营气氛，广告招牌设置必须符合鼓浪屿历史风貌建筑保护技术管理规定；③与风景区、旅游点在地理位置关系密切的历史风貌建筑应先期实施功能转换开发，减少新建筑开发量。

保护规划还对非历史风貌建筑的开发控制提出相应要求。非历史风貌建筑改造开发控制主要包括用地和建筑形象两个方面。土地使用控制原则以风景旅游和为风景旅游配套功能服务为主，并以此指导鼓浪屿控制性详细规划。建筑形象控制主要包括：①建筑风格以新古典主义和后现代主义为主，强调建筑人性化和细腻化处理，使新建筑和历史风貌建筑协调统一；②建筑布局应结合鼓浪屿地形地势高低起伏变化多样的特点，提倡建筑布局自在生成、自由活泼并与外部环境统一；③建筑尺度应与周边50m范围内涉及的历史风貌建筑在开间和层高基本模数取得一致；④建筑材料应与周边50m范围内涉及的历史风貌建筑的材料取得统一，材料类型建议以清水红砖、石材和水泥抹灰为主控制建筑的外观色彩，保护鼓浪屿建筑固有的基本格调；⑤建筑高度以不破坏与相邻历史风貌建筑共同形成的轮廓线为原则，一般不超过相邻历史风貌建筑的平均基本高度；⑥建筑屋顶形式应与相邻历史风貌建筑取得协调，包括屋顶坡度、屋面选材和山墙檐口处理形式。

2001年，厦门市政府正式公布和挂牌了40处51幢历史风貌建筑，虽然正式列入保护的建筑数量并不大，但列入保护规划的206幢建筑均以历史风貌建筑为保护标准加以管理。依照2000年的条例精神，主要强调建筑本体的价值，因而尽管建筑与某些历史事件或重要人物有关，仍要求建筑具备一定特色或风格且保存相对完好。现在看来，一些具有社会价值和历史价值的建筑当时并未被挖掘、重视和列入保护。当时推荐的206幢建筑中，仅有11幢建筑是业主自荐，说明业主的参与度与积极性并不高，这与条例对业主的权利和义务的规定有一定关系，条例更多的是规定了业主的保护义务，权利方面仅有“业主承担修缮经费确有困难的，可向鼓浪屿区人民政府申请补助，具体办法由厦门市人民政府另行制定”，但实际工作中并未具体细化落实。

1984、2014年鼓浪屿房屋规模与权属统计　　表4-1

时间、规模分类	1984年		2014年	
	建筑面积（m^2）	比例（%）	建筑面积（m^2）	比例（%）
公房	482570	68	200750	23
私房	230600	32	672000	77
合计	713170	100	872750	100

注：1. 私房比例变化主要原因是，落实华侨政策，房屋退托归还私人业主。
2. 1980 年的房屋中有约 11 万 m^2 是厂房、仓库。
3. 资料来源：鼓浪屿风景区保护改造规划说明，厦门市城市规划管理局 1986 年 11 月；鼓浪屿资源状况调查及业态分析报告，鼓浪屿整治提升领导小组 2014 年 2 月

2009年的条例修订完善和2014年的实施细则

经历了近10年的保护工作后，针对保护实践工作中存在的问题，厦门市政府及时修订了《厦门经济特区鼓浪屿历史风貌建筑保护条例》，并于 2009年7月1日颁布实施，而同期鼓浪屿申遗工作也同步开展，新修订的条例和后来出台的实施细则为鼓浪屿文化遗产的保护发挥了积极的作用。2009年的新条例最大的突破在于两个方面，一是保护责任的细分；二是政府介入的合法性。此前岛上存在一个突出的历史问题，即鼓浪屿历史风貌建筑涉及的人群非常复杂多样，包括产权人（业主）、管理人即业主授权委托的代理人或历史形成的管理人，和使用人即实际居住人、承租人或占用人。由于历史风貌建筑都有上百年历史，一栋建筑的共有产权人众多，并多在海外或是失联等情形。造成历史风貌建筑失修破败的主要原因之一是保护责任主体不明，原条例只是笼统地规定了“历史风貌建筑业主和使用人负责保护历史风貌建筑的坚固、安全、整洁、美观”，而且“使用人申请对历史风貌建筑进行修缮的，必须征得业主同意”。依此规定，在业主下落不明或不同意修缮的情况下，必然导致修缮工作的搁置。新条例明确规定所有人对历史风貌建筑的修缮义务和修缮费用负担义务，同时考虑到有些产权不明的历史风貌建筑由他人实际使用和管理的现状，根据负担和受益相一致的原则，作为特区立法作了创新和突破规定，明确了实际管理人或使用人也负有建筑的修缮义务。

新条例将历史风貌建筑的保护工作分为日常维护、修缮、结构更新和拆除重建等若干层面，对不同层面的保护责任主体进行规定。日常维护层面，历史风貌建筑的所有人、管理人和使用人承担日常维护工作，所有人不明且无管理人和使用人的由政府管理部门负责；修缮层面，所有人负责，所有人不明的，管理人和使用人负责；结构更新和拆除重建层面，严格限制拆除重建，所有人发现历史风貌建筑需结构更新和拆除重建的，必须申请并附加安全鉴定。同时，新条例规定了所有人、管理人和使用人对于彼此间的保护工作必须协助配合，不得阻挠，并相应负担费用。条例的修订解决了产权复杂、房屋空置等情况下的历史风貌建筑保护责任问题，有利于保护工作的推进落实。

再者，鼓浪屿的建筑多为私产，为了保护建筑必然涉及政府的介入管理。原条例对政府部门介入具体修缮保护工作的规定只是设定了“对业主不按规定对历史风貌建筑进行修缮保护或共有业主之间对历史风貌建筑的修缮保护达不成一致意见的情况下，政府可以介入代为修缮”，而对于所有人不明的情况没有作出规定。新条例明确规定，有下列情形之一的，政府管理部门应当及时决定并组织实施对历史风貌建筑的修缮、更新或重建：一是历史风貌建筑确需修缮的，而所有人、管理人或使用人却不愿修缮，或者未能及时修缮；二是历史风貌建筑确需结构更新或拆除重建，所有人不愿结构更新或拆除重建，或者未能在规定时间内结构更新或拆除重建的；三是历史风貌建筑确需修缮，其所有人、管理人和使用人不明的；四是历史风貌建筑确需结构更新或拆除重建的，其所有人不明的。新条例还规定，所有人不明且无管理人、使用人的历史风貌建筑可以由政府部门实行集中统一管理。政府介入情况下垫付资金的回收，可由历史风貌建筑使用取得的收益分期偿还。

这些规定解决了政府可以动用财政资金投入私人产权历史风貌建筑的保护，并说明了让渡的规定。此外，针对所有人、管理人和使用人自觉开展修缮保护行为的积极性不高的现实情况，为了体现政府对历史风貌建筑的保护决心，强化政府的引导作用，新条例加大了鼓励和救济力度，对所有人、使用人和管理人按规定进行历史风貌建筑修缮、结构更新或拆除重建的费用，根据历史风貌建筑保护类别给予补助；所有人、管理人或使用人承担修缮费用确有困难的，以及所有人负担结构更新或拆除重建费用确有困难的，可向政府申请费用补助；历史风貌建筑的所有人和使用人自愿从历史风貌建筑中搬出的，由政府给予住房安置或货币化补偿。所有人和使用人支付安置房租金确有困难的，可向政府申请费用补助；以及政府对在历史风貌建筑保护工作中做出显著成绩的单位或个人给予表彰和奖励。

新条例的出台有效解决保护中的难点问题。根据新条例，厦门市规划管理部门加大了鼓浪屿历史风貌建筑保护力度，通过进一步的调查推荐，于2012年6月批复增补第二批历史风貌建筑保护名单351幢，鼓浪屿法定的历史风貌建筑增至391幢，并针对391幢建筑开展了保护规划的修编。

2014年厦门市政府继续深化鼓浪屿历史风貌建筑保护工作，出台《鼓浪屿历史风貌建筑保护条例实施细则》。实施细则主要是针对条例的条文，具体加以细化规定并完善相关内容，侧重点是结合之前管理上遇到的问题和处理经验，对管理方式、办事规程进行细化，对维护责任进行落实，对维护效果提出具体要求，对管理机构介入方式进行规定，对补偿和奖励办法进行完善。细则的主要特点包括：明确城市规划管理部门、政府派驻鼓浪屿管理部门和区政府等机构在历史风貌建筑保护工作中的各自职责；形成历史风貌建筑评审委员会工作制度；历史风貌建筑保护实行“一幢一案”技术保障措施；政府出资投入建筑保护的规定等。

在保护与利用方面，细则明确了“一幢一案”的技术保障措施。鼓浪屿历史风貌建筑数量众多，多数存在破损或危险状况，但短时间内全部加以修缮并不现实，因此为了防止突发性灾害，如地震、台风甚至火灾等对建筑可能产生的破坏，针对每一幢建筑及时制定保护方案则极有必要，保护方案的制定可以为建筑修缮时提供全面的技术指导。保护方案包含：①不得改动的内容：历史风貌建筑原有的外立面；重点保护历史风貌建筑的原有基本平面布局；重点保护历史风貌建筑在风格、艺术具有历史特色的室内原有装修的准确位置、布局、图形、色调等。②可以改动的内容：内部结构改动的安全、使用要求；内部装饰改动的风格、色调协调性要求。③修缮、结构更新、拆除重建工程的材质、工艺内容：工程材质的特征、标准要求；工程施工工艺的特点、标准要求。④历史风貌建筑利用功能引导：鼓励利用的功能，限制、禁止利用的功能。

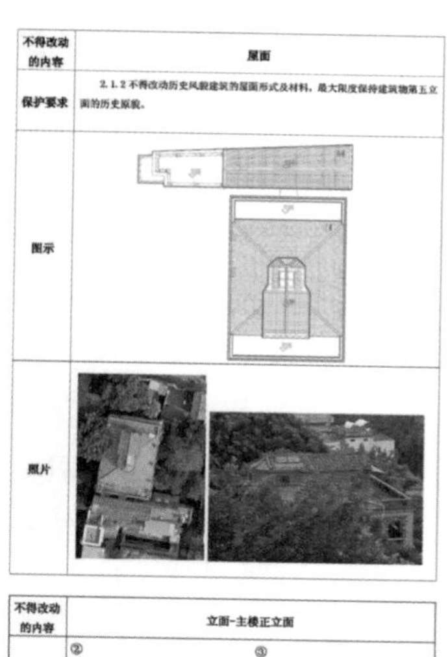

不得改动的内容	屋面
保护要求	2.1.2 不得改动历史风貌建筑的屋面形式及材料，最大限度保持建筑物第五立面的历史原貌。
图示	
照片	

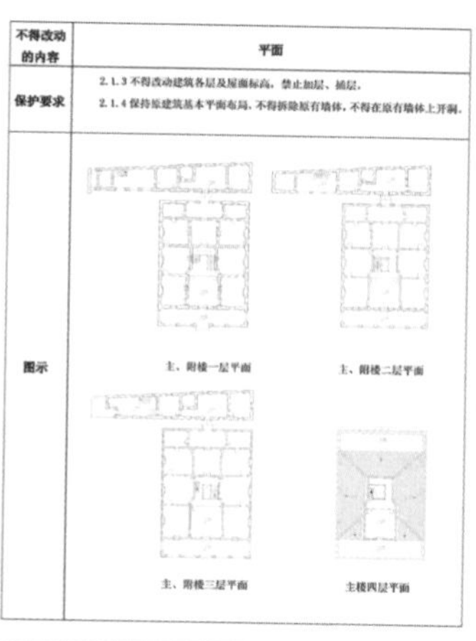

不得改动的内容	平面
保护要求	2.1.3 不得改动建筑各层及屋面标高，禁止加层、插层。 2.1.4 保持原建筑基本平面布局，不得拆除原有墙体，不得在原有墙体上开洞。
图示	主、附楼一层平面 主、附楼二层平面 主、附楼三层平面 主楼四层平面

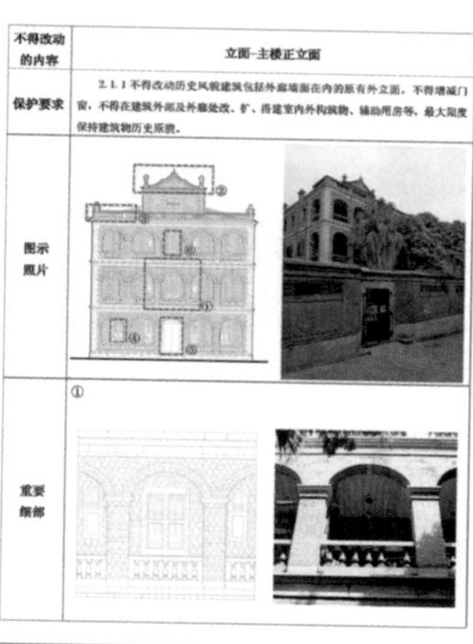

不得改动的内容	立面–主楼正立面
保护要求	2.1.1 不得改动历史风貌建筑包括外廊墙面在内的原有外立面，不得增减门窗，不得在建筑外部及外廊处改、扩、搭建室内外构筑物、辅助用房等，最大限度保持建筑物历史原貌。
图示照片	
重要细部	①

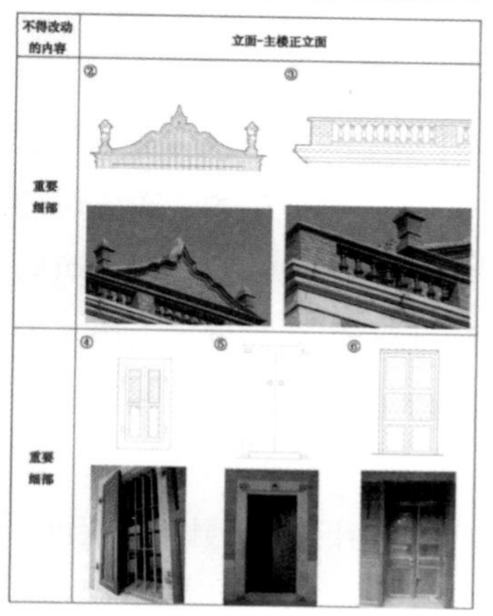

不得改动的内容	立面–主楼正立面
重要细部	② ③
重要细部	④ ⑤ ⑥

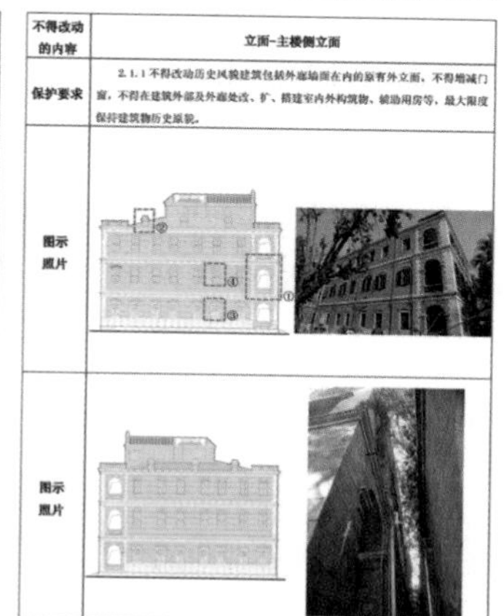

不得改动的内容	立面–主楼侧立面
保护要求	2.1.1 不得改动历史风貌建筑包括外廊墙面在内的原有外立面，不得增减门窗，不得在建筑外部及外廊处改、扩、搭建室内外构筑物、辅助用房等，最大限度保持建筑物历史原貌。
图示照片	
图示照片	

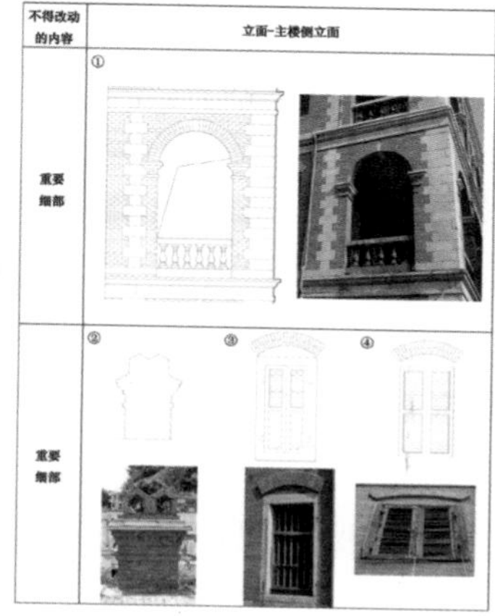

不得改动的内容	立面–主楼侧立面
重要细部	①
重要细部	② ③ ④

图4.1-3 编制历史风貌建筑保护方案（一幢一案）
（图片来源：鼓浪屿历史风貌建筑保护委员会办公室）

在统一代管方面，细则有了创新性的规定。针对鼓浪屿历史风貌建筑的产权共有人多而复杂，导致不能达成一致意见并及时维护好建筑的情况，细则鼓励私人将历史风貌建筑委托政府代管。历史风貌建筑的所有权人自愿将历史风貌建筑委托鼓浪屿风景区管理机构代管的，可与政府签订为期30年以上的委托代管协议，政府给予所有权人相当于该房屋市场评值15%-20%的奖励。这样政府部门就可以比较主动及时地实施建筑保护工作。

在保护历史风貌建筑的初期，由于政府的财政经费不足，采取的措施是认养制，即由公家或私人法人企业投入资金对历史风貌建筑按照保护要求实施保护修缮，然后建筑由企业按符合保护要求的功能加以使用，协议的期限为15—20年，俗称“认养”。如位于笔架山东麓的亦足山庄，早期由本地著名服装企业宝姿公司投入资金维修后，作为企业的设计创作基地加以使用。这实质也是一种托管方式，只是是由政府委托企业行为。在早期，也有私人业主将房屋委托政府修缮使用的情况，不过比较少。例如，鼓浪屿永春路14号建筑，是一幢典型的厦门装饰风格历史风貌建筑，建筑的业主侨居海外，于是在2002将建筑委托政府投资修缮，政府在做好建筑日常管理的情况下，可免费使用15

年。这幢建筑在政府管理期间，基于活化利用的需要，又委托给国有企业加以使用，最后几年时间作为鼓浪屿历史风貌建筑研习基地加以使用。协议于2017年到期时，政府如约将维护完好的建筑归还业主。这个案例，政府在建筑保护的过程中，实质是扮演了中间人的角色，业主基于信任的角度委托政府管理，在实际使用中，政府又将建筑委托企业加以利用、维护。当然，私人业主也可将建筑直接租赁给其他私人或企业使用，不过那样建筑的保护效果比较难以控制。因此，为了鼓励私人业主将历史风貌建筑委托政府代管，除了政府需修缮维护好建筑外，细则增加了资金奖励的相关规定。

在政府投入资金实施建筑保护方面，细则规定了对私人建筑业主或管理人更有吸引力的措施。细则明确，负责历史风貌建筑修缮的责任主体，可以委托政府管理部门统一进行修缮方案设计和修缮施工，相关费用全部由政府管理部门承担。历史风貌建筑的所有权人收到政府管理部门同意结构更新决定，自愿交由政府统一委托有资质的设计单位进行结构更新方案设计的，政府给予所有权人相当于方案设计费用的奖励；历史风貌建筑的所有权人自愿交由政府统一委托有资质的施工单位实施结构更新施工的，政府可按工程审核决算价的20%-30%给予历史风貌建筑所有权人奖励。这样做的目的是，可以相对保证建筑修缮和更新的效果能够满足保护的要求。当然，政府也将需要投入更多的资金，但此举更重要的意义在于，吸引更多的私人业主或管理人能积极主动参与到历史风貌建筑保护中来。

早期的保护，由于法规没有具体规定政府的保护资金如何运用到私人建筑，因此，政府开展的保护实施工作多局限于历史街区的公共部分，如历史风貌建筑庭院的围墙，以及危及公共安全的建筑外观部分，而对于建筑内部的结构更新维护等则比较少触及。细则则明确了政府对于私人房屋内部的修缮可以给予奖励，一定程度加大了政府保护历史风貌建筑的力度。在调动房屋业主积极参与保护实施工作方面，细则也发挥了作用。一个典型的事例是，鼓浪屿岛上部队疗养院内有十余幢历史风貌建筑，在细则出台前，部队方面拟对损坏比较严重的部分历史风貌建筑实行拆除重建，以适应疗养院发展的需要，这种想法与保护的原则相抵触，显然是不对的。后来细则出台，有了可以委托政府实施保护的规定，部队自然就提出不拆除重建，转而委托地方政府出资修缮。在这个案例中，由于在历史风貌建筑保护范围内有一些后期加建的建构筑物，地方政府则在保护方案中明确提出，应将保护范围内的加建建筑等拆除。这样，地方政府与部队疗养院在实施这些建筑保护中，达成了妥协与一致，既由政府出资修缮，同时部队也应将后期的加建建筑拆除，实现保护目标。从这个案例还可以看到，实施历史风貌建筑保护工作中存在着大量的矛盾与困难，不管是与私人业主还是与部队机关打交道，都需要通过政策的合理设定，才能达成保护的统一目标，实质就是体现历史风貌建筑保护责任主体的义务与权利的平衡。

鼓浪屿历史风貌建筑保护工作，从时间上看具有长期性，从专业上看具有多样性。

同时，为了实现对历史风貌建筑保护质量与效果的把控，细则规定由城市规划管理部门成立鼓浪屿历史风貌建筑评审委员会。评审委员会由15人以上单数成员组成，其中，历史文物艺术专家3人以上，建筑规划专家10人以上，房管政策和法律专家各1人以上。评审委员会负责对鼓浪屿历史风貌建筑认定申请进行审查并提出鉴定意见；对鼓浪屿历史风貌建筑保护规划进行论证；对鼓浪屿历史风貌建筑的保护方案进行审查、复审；对鼓浪屿历史风貌建筑的修缮、结构更新、拆除重建设计方案进行审定；以及规划部门赋予的其他职责。为了让评审工作更加接地气并符合鼓浪屿实际情况，在评审委员会组建中，特意增加了熟悉鼓浪屿老建筑历史、材料、工艺的工匠师傅，成立由多专业人员组成的评审委员会，对做好保护技术把关工作发挥了重要作用。

历史风貌建筑保护工作经验

立法保障先行。从2000年4月厦门市人大出台《鼓浪屿历史风貌建筑保护条例》，2009年7月修订出台《厦门经济特区鼓浪屿历史风貌建筑保护条例》，到2015年11月厦门市政府出台《厦门经济特区鼓浪屿历史风貌建筑保护条例实施细则》，持续的立法保障工作，对历史风貌建筑的认定标准、权属关系、保护规划、保护修缮和活化利用等确立了一系列系统的法律依据和完善的工作制度。同时还配套制定了《鼓浪屿历史风貌建筑维修审批规程》和《专项资金使用程序》等规程，明确规定认定、保护和管理等操作程序和要求，为历史风貌建筑的有效保护与管理工作奠定了重要基础。

扩大保护对象。根据条例规定的认定标准，结合对鼓浪屿建筑现状的调查评价以及专家论证意见，从岛上所有2000多幢建筑中遴选出391幢历史风貌建筑，由政府认定并公布，其中2002年4月公布首批40幢历史风貌建筑，2012年6月公布第二批351幢历史风貌建筑。这些建筑集中记载了鼓浪屿的人文历史，也是鼓浪屿历史文化遗产和风貌建筑的代表，它们通过相关法律程序后，依法受到保护。391幢历史风貌建筑，其中重点保护117幢，一般保护274幢。其中公房64幢占16.3%，单位自管房47幢占12%；私房256幢占65.5%，公私房24幢占6%。2017年，鼓浪屿列入世界文化遗产时，政府管理部门扩大范围进行深入调查，又推荐了540幢老建筑作为历史风貌建筑的预备名录，按照历史风貌建筑的相应标准加以管理，这样全岛共有931幢历史风貌建筑成为鼓浪屿世界文化遗产的重要组成，受到保护的建筑约占全岛建筑的一半，基本体现全岛作为遗产地的整体风貌。

1992—2016年鼓浪屿历史风貌建筑保护规模统计　　表4-2

序号	时间	保护规划或法规	保护规模	保护等级	备注
01	1992 年	《鼓浪屿 - 万石山风景名胜区总体规划》	36 幢		
02	1995 年	《鼓浪屿控制性详细规划》	262 幢	分 3 级	调查推荐

续表

序号	时间	保护规划或法规	保护规模	保护等级	备注
03	2000 年	《鼓浪屿历史风貌建筑保护条例》		分 2 级	
04	2001 年	《鼓浪屿历史风貌建筑保护规划》	206 幢	分 2 级	调查 308 幢
05	2002 年	厦门市政府正式公告首批历史风貌建筑	40 幢	分 2 级	
06	2009 年	《厦门经济特区鼓浪屿历史历史风貌建筑保护条例》（修订）		分 2 级	
07	2010 年	《鼓浪屿历史风貌建筑保护规划》（修编）	391 幢	分 2 级	
08	2012 年	厦门市政府正式公告第二批历史风貌建筑	351 幢		总量达 391 幢
09	2015 年	《厦门经济特区鼓浪屿历史风貌建筑保护条例实施细则》			
10	2016 年	《鼓浪屿申报世界文化遗产文本》	931 幢		新增预备名单540幢

保护规划引导。编制和修订《鼓浪屿历史风貌建筑保护规划》，明确历史风貌建筑的认定标准、保护区划、保护要求、活化利用以及开发控制等系统内容，确立历史风貌建筑的分布与保护结构，引导保护展示和活化利用方向。制定鼓浪屿历史风貌建筑游览区规划，将鹿礁路、福建路一带规划为鼓浪屿历史风貌建筑重点展示和游览区，充分展示该区域人文历史特色。该区域为历史风貌建筑的集中地，有历史风貌建筑44幢，其中重点保护23幢，一般保护21幢，赫赫有名的海天堂构、黄荣远堂、天主堂、协和礼拜堂和日本领事馆等均在该区域内。在率先实施建筑本体和历史环境保护修缮后，成为一条展示历史风貌建筑的主干线，成为游客到访鼓浪屿的必看经典。

建立保护档案。及时完成全部已公布391幢历史风貌建筑测绘工作，为历史风貌建筑的保护修缮提供科学真实依据，为每幢历史风貌建筑建立档案资料。“一幢一档”内容有建筑名称、所有人姓名及简介、建造年代、建筑面积、完损等级、建造特色及结构形式等，每一幢建筑档案的调查表都附有体现历史风貌建筑的数码照片资料，并作为未来指导建造保护的重要依据。对288幢历史风貌建筑设立标志牌，建立了391幢历史风貌建筑日常保护工作的基本数据库。依据保护细则，逐步开展“一幢一案”的保护方案编制工作。

健全保护机构。在鼓浪屿历史风貌建筑保护过程中，先后成立了领导机构、评审机构、法人机构和研习基地等。早在2000年启动历史风貌建筑前期保护研究工作时，就成立了由规划、建设、文化和区政府等部门、专家组成的鼓浪屿历史风貌建筑保护委员会。作为保护工作的领导机构，保护委员会下设办公室，专职负责鼓浪屿历史风貌建筑的保护管理工作。2003年为进一步加强保护工作力度，增加了历史风貌建筑保护办公室技术力量，增聘工匠型专家进入保护委员会。保护委员会定期召开会议，研究制定相关保护政策及具体的保护实施方案，对历史风貌建筑的保护起到了重要的指导和促进作用。2009年新条例改为成立评审委员会，进一步细化了相关的工作职责和技术把关作用。条例规定了保护实施的具体工作由政府指定的法人机构负责承担，保障了实施工作有人负责、落到实处，具体的做法是政府管理部门指定一家企业承担。此外，针对鼓浪屿历史风貌建筑保护，需要开展建筑材料、施工工艺和加固技术等多方面的专题研究，以及为满足学术交流的需要，派驻鼓浪屿的政府管理部门在保护办公室组建了鼓浪屿历史风貌建筑保护修缮工艺技术研习基地，充分发挥该机构采取“请进来、走出去”，以及购买服务和自我培养相结合的做法，积极开展保护技术研究、探讨和交流，为历史风貌建筑保护发挥好技术保障作用。研习基地的工作目标包括，系统研究和传承鼓浪屿各类历史建筑的材料和工艺做法；探索适合鼓浪屿历史建筑保护维修的材料、工艺和技术；汇总鼓浪屿历史建筑保护修缮工程资料，并发挥其价值；为持续提升鼓浪屿历史建筑保护修缮水平提供技术支持。

科学修缮建筑。按照“修旧如旧”的修缮原则，修缮一幢、完善一幢的目标，修缮历史风貌建筑178幢，其中重点保护62幢、一般保护116幢；公房16幢、私房145幢、单位自管房17幢。修缮建筑门楼69座，围墙77处2500多m^2。几年来通过对大量各种样式历史风貌建筑的修缮，总结出一套较为科学的修缮方法。在

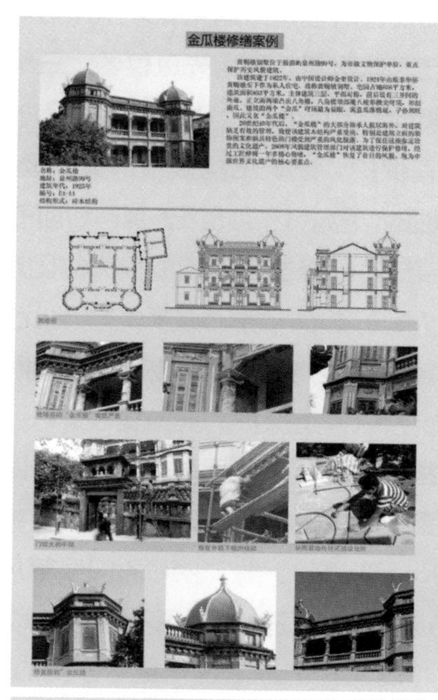

图4.1-4 历史风貌建筑保护工作成效

（图片来源：鼓浪屿历史风貌建筑保护委员会办公室）

修缮方面，要求按原样式、原风格、原材料、原工艺进行修复，力求达到原有的风貌效果；采用科学合理的方式加固内部结构，对部分损坏严重、已无法修复的建筑，采用原样翻建。注重采取科技手段用于修缮。修缮前重点收集与待修缮保护历史风貌建筑相关历史资料，了解历史风貌建筑的原貌，包括建筑形式、构造特点、材质使用等，结合现场的踏勘及现代科技测绘手段，选择对建筑干预最小的方式，还原历史风貌建筑的原貌。修缮中更加注重科技投入运用，采用原材料、原施工工艺技术与现代科技，如适当运用现代新工艺、新材料，采用先进仪器、三维仿真动画技术等相结合，以保证历史风貌建筑保护的真实性和完整性。像笔山路9号亦足山庄属于重点历史风貌建筑，因长期缺乏有效的管理保护，建筑结构破损严重、屋顶塌陷，内外墙空鼓风化，雕花装饰残缺。具有代表性的门楼，因20世纪60年代期间受到人为破坏，门楼的图案装饰基本损毁，只剩残余痕迹，给修复工作造成很大的困难。经专家、设计师、工艺师共同探讨，拜会鼓浪屿老人，唤起门楼形体的记忆，寻找历史资料图片，考证门楼上残留图样的痕迹。应用计算机三维形体设计，恢复门楼原样式，经过工艺师的精心修缮，如今它已成为历史风貌建筑修缮保护的典范代表。

建筑环境整治。近年来先后对鼓浪屿漳州路、中华路、永春路、安海路、鼓新路、泉州路、晃岩路等路段进行风貌建筑整治，其中拆除了晃岩路40号（福音堂）、中华路2号（白鼠楼）、晃岩路36号、龙头路19号等风貌建筑周围有碍景观的店面14间，修缮建筑门楼69座，围墙77处2500多m^2，重现出这些建筑的历史风貌。根据“鼓浪屿历史风貌建筑（鹿礁片）游览区”整治修复的规划设计，对游览区的道路、围墙、门楼、庭院、硬地、绿地等环境进行修缮整改，共拆除临时建筑物24间690m^2，新增绿地5192m^2，拆除原第二医院4层1200m^{2}的实验楼，修复突显协和礼拜堂原有的风貌，现

图4.1-5 历史风貌建筑研习基地专家、工匠联手开展工作

图4.1-6 国际ICOMOS日本专家考察研习基地

（照片拍摄：张奇辉）

已形成一条旅游观光的主干线。

加强安全巡查。定期对历史风貌建筑的危房进行定时定向监测，及时发现排除险情，如对严重损坏的建筑木质结构、电线老化、住户多而房子破旧以及堆放易燃物品等存在重大隐患的风貌建筑进行检查监测、建立数据、跟踪监督、观察变化等，并及时督促所有人限期整改，达到保护历史风貌建筑安全的目的。

多方投入资金。保护资金是落实鼓浪屿历史风貌建筑保护的重要条件。政府管理部门多方筹措历史风貌建筑修缮保护资金，修缮资金主要来自政府投资、所有人出资、企业或个人认养出资、社会组织或个人捐赠等。资金筹措的基本思路是，以鼓励所有人出资修缮为主，政府在政策上给予支持，技术上给予指导，对一些确实困难的所有人在保护修缮上给予适当的资金补助。自确立历史风貌建筑保护以来，厦门市、思明区、鼓浪屿管委会、单位及私房所有人各方投入保护资金约达5亿元。

积极活化利用。恰当的利用就是最好的保护。在保护初期，由于政府可投入保护的资金相对有限，因此一度鼓励社会认养实施老建筑的保护，并促进积极利用。这包括制定了企业或个人认养历史风貌建筑的办法，主要包括：无偿捐款认养。由企业或个人捐款修缮历史风貌建筑，政府给予表彰并颁发证书，在被捐款修缮的历史风貌建筑前给企业或个人树立认养简介碑，作为企业开展社会公益标志；有偿认养。根据企业或个人投入保护修缮资金量，给予部分使用权或一定期限的使用权；购买后实施保护。由企业或个人购买所有人无力修缮、自愿放弃产权或转让产权的历史风貌建筑后加以修缮保护。通过多种方式推动历史风貌建筑的修缮保护和积极利用，盘活历史风貌建筑资源，从而培育了历史风貌建筑的有形市场，客观上提升了鼓浪屿老建筑的知名度和市场价值。超过一半正式列入法定保护的历史风貌建筑得到多样化的使用，如名人工作室、博物馆、图书馆、特色宾馆、家庭旅馆和文化性场所等。如海天堂构成为鼓浪屿历史风貌建筑展览馆，展示闽南文化的南音馆和木偶戏表演馆；协和礼拜堂恢复为宗教活动场所并向广大游客作文化展示；观海园内有历史风貌建筑11幢；鸡山路16号作为“殷承宗工作室”及钢琴大师培训班；八卦楼前后成为厦门博物馆和鼓浪屿管风琴博物馆；黄家花园继续作为高端展示鼓浪屿老别墅风貌的高级酒店。此外，还有大量历史风貌建筑成为民宿型家庭旅馆。

加强日常小修。文物古迹保护有一条“预防性”原则，就是对文物保护要从预防措施做起，避免引发大的破坏，这同样适用于非文物级别的历史风貌建筑保护。预防性原则是实现“最小干预”保护原则的有效前提，因为一旦历史建筑到了严重损坏的程度，修缮时就很难最小干预。因此，加强对历史建筑的日常管理和保养维护就非常重要。房屋一旦长时间空置而无人居住就容易损坏。比如，鼓浪屿老建筑屋面排水孔经常会被周围树木的落叶所堵塞，下雨时就会引起屋面积水，长此以往就会造成对屋面的破坏，而如果有人居住，就会及时疏通处理。再者，鼓浪屿是小海岛，海洋性气候造成建筑经常处于多雨潮湿环境中，无人居住的房屋长期封闭，建筑的通风对流不足，容易造成砖木结构的糟锈或滋生白蚁等病害，形成对建筑的坏损。因此，加强历史风貌建筑的日常维护管理，发现小问题即时处理，可避免对建筑形成大的破坏，这不仅是节约保护资金的问题，更是有效保护建筑本身。政府管理部门加强鼓浪屿历史风貌建筑日常维护的做法，既避免建筑的坏损引发大的工程性干预，又可实现修缮工程审批程序的快速简化。

历史风貌建筑保护问题思考

价值认识困惑问题。保护工作中也存在一些技术性困惑问题值得探讨。根据保护要求，保护范围内后期加建、影响建筑本体和整体环境价值的建构筑物需加以拆除，以恢复历史建筑和历史环境的真实性和整体性。由于历史变迁、几经易主等诸多原因，鼓浪屿老建筑的历史资料普遍比较缺乏，现存仅有像黄家花园的中德记、英国领事馆、英国领事公馆等几处老建筑有原始图纸资料。因此，在现场勘察中经常会发现建筑主楼的旁边配建有副楼，或后来不同时期的加建建筑，再就是常见在主楼的外走廊、外立面等显眼位置有楼梯的设置，并表现为不同时期的建造风格，这些往往成为修缮设计时判定是否保护或去除的焦点问题。事实上，作为居住性建筑，在业主长期使用中，根据使用需要扩建配套功能如厕所、储藏间等，或兄弟分家、建筑部分转让等情况需要加设楼梯通道等，都是居家生活的正常使用需要，也是建筑历史的一部分。因此，保护中如何取舍需要得到严谨考证，力求复原真实的发展状态，而非简单的清理干净。

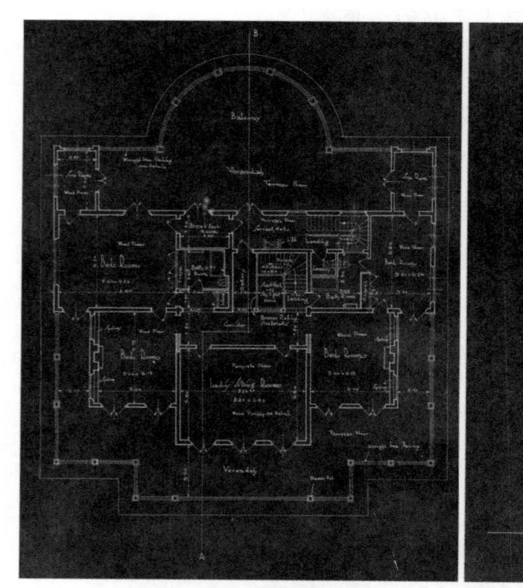

图4.1-7　为数不多的鼓浪屿建筑原始设计图（中德记即黄家花园中楼平面图与立面图)

(图片来源：许多康）

鼓浪屿历史风貌建筑质量与权属构成统计　　表4-3

建筑质量	总建筑数量		基本完好		一般损坏		局部危房		严重损坏	
	栋数	比例	栋数	比例	栋数	比例	栋数	比例	栋数	比例
	391	100%	138	36%	201	51%	28	7%	24	6%
建筑权属	总建筑数量		私房		公房		公私混合		自管房	
	栋数	比例	栋数	比例	栋数	比例	栋数	比例	栋数	比例
	391	100%	246	63%	68	17%	22	6%	55	14%

产权构成复杂问题。历史风貌建筑保护修缮首先要面对建筑权属问题。鼓浪屿近千幢历史风貌建筑的产权构成极其复杂。一方面，其中的私房占保护建筑的3/4，量大面广，私房权属构成极其复杂并伴有大量历史遗留问题。主要表现为：一栋建筑历经家族几代传承，通常拥有大量共有产权人；共有房产未及时析产，并伴有房屋权证资料缺

图4.1-8 加强历史风貌建筑“岁修”（即日常小修小补）工作是保护的有效手段

失现象；产权人多为涉外华人，海外失联情况普遍；涉及房屋的人员包括产权人、代理人、管理人、租用人、占用人等，人群多样、关系复杂，并为了保护既得利益，存在保护政策不通畅和信息不对称等；多数产权人经济能力弱，来自业主的保护力量不足；产权人多导致对房屋处置意见和主张不能达成一致。另外，由于落实私房政策，还存在一栋建筑公、私混合管理与使用情形，客观上增加了保护利用的难度。另一方面，其中的公房占遗产建筑保护对象的1/4，数量虽少，但同样也存在不小难度，一是公房分属国家、地方各级多个部门，包括部队、国家海关总署、外交部、教育部（厦门大学）、国家海洋局等大单位，实行相对独立的使用管理，在遗产地日常管理中协调难度大；二是一些重点保护对象（如观海园内建筑群），由于早期租赁合同确定的出租年限较长（有的长达40年），使用管理权由承租人控制，形成历史遗留问题，难以实施有效管理；三是早期作为居住使用的公房历史建筑，一般一栋建筑由多个住户共同使用，多数建筑处于超负荷不佳使用状态，亟待改善。这些问题都直接制约了保护实施工作。

专业修缮队伍问题。由于鼓浪屿历史风貌建筑保护的数量大、范围广，保护工作既有专业性更有长期性，因此需要有专业的技术队伍加以保护。改革开放以来，政府管理的公房以及岛上私房，长年陆续开展了维修与维护工作，承担维修的队伍基本来自公家性质的房屋维修队，主要的工作任务是针对政府管理的公房，当然也接受少量私房维修的工程。经过长期的实践房屋修缮队积累了维修鼓浪屿老建筑的一些技术与工艺。随着机构与职能的改革，开展维修工程逐步走向市场化，加上政府投入保护修缮的资金不断加大，因此按照相关规定我们采取工程招标的做法。工程招标好处是低价中标、节省财政资金，开放市场吸引外来技术力量。然而鼓浪屿的建筑保护工程具有特殊性，包括单体工程规模小、海岛交通运输成本高，以及保护修缮工程量多变等因素，保护工程并不具有大的吸引力，往往导致中标队伍鱼龙混杂、水平参差不齐，以及不熟悉鼓浪屿建筑工艺等问题。笔者认为，鼓浪屿的建筑保护修缮，亟须打破一般工程通过招标选择施工队伍的做法，尽快培养一支对鼓浪屿建筑历史、材料、工艺等比较熟悉，且富有经验，并能长期跟踪服务的专业施工队伍，这样才能确保取得稳定的保护效果。

2. 文化遗产保护

文物古迹保护准则的实践性思考

2015年新修订的中国文物古迹保护准则，在强调文物的历史、艺术和科学价值的基础上，又充分吸纳了国内外文化遗产保护理论研究成果和文物保护、利用的实践经验，进一步提出了文物的社会价值和文化价值。社会价值和文化价值不仅是大量文物自身具备的价值，同时社会价值还体现了文物在文化知识和精神传承、社会凝聚力产生等方面所具有的社会影响，文化价值还体现了文化多样性的特征和与非物质文化遗产的密切联系。社会价值和文化价值进一步丰富了中国文化遗产的价值构成和内涵，对于构建以价值保护为核心的中国文化遗产保护理论体系，将产生积极的推动作用。将文物古迹的价值定义由原本的历史价值、艺术价值和科学价值扩展开来，还包括了社会价值和文化价值，这大大丰富了文物古迹的价值内涵，也更加突出了社区型文化遗产的价值特点。

准则对文物古迹提出的保护原则包括不改变原状、真实性、完整性、最低限度干预、保护文化传统、使用恰当的保护技术和减灾防灾。其中，不改变原状是文物古迹保护的要义，同时包含了真实性、完整性和保护文化传统等方面的要求。根据保护准则确定的保护原则，实施鼓浪屿文物古迹和遗产要素保护。在鼓浪屿遗产保护中，真实性和完整性乃是最主要的保护原则，同时鼓浪屿是相对完整并具有一定历史的城市社区，孕育了大量的人与人的生活所形成的社区文化及文化传统，因此，保护文化传统的原则对鼓浪屿文化遗产的传承也具有特殊而重要的意义。

不改变原状的原则是文物古迹保护的要义。它意味着真实、完整地保护文物古迹在历史过程中形成的价值及体现这种价值的状态，从而有效地保护文物古迹的历史、文化环境，并通过保护延续相关的文化传统。不改变原状是对文化遗产保护的基本要求和整体体现。要成为文化遗产，首先要求遗产在过去岁月的历程中做到基本不改变原状，且一旦成为文化遗产后，则更需秉持不改变原状的原则对待其未来的发展。对鼓浪屿来说，不改变原状的对象包括以建筑为主的文物古迹、海岛整体形态和自然景观以及产生并存在于社区内的文化习俗或传统等。众所周知，鼓浪屿是以整个岛屿及周边一定范围的海域为遗产地，原状的时间节点有两个，一个时间节点是在1940年代日本人占领鼓浪屿后，公共地界社会体制消失，也就是历史国际社区末期所形成的社区形态状况；另一个时间节点则是在2017年7月鼓浪屿正式列入世界文化遗产之日，那时所存在的社区形态状况。两个时间节点的状态都应加以兼顾理解和接受，力求把在2018年存在但影响遗产价值的部分去除，其他的部分则应以原状加以承认，实现准则所倡导的既保护历史又兼顾过程的要求。

真实性是指文物古迹本身的材料、工艺、设计及其环境和它所反映的历史、文化、社会等相关信息的真实性。对文物古迹的保护就是保护这些信息及其来源的真实性。与文物古迹相关的文化传统的延续同样也是对真实性的保护。鼓浪屿因有“厦门装饰风格”类型建筑而体现突出的普遍价值，对建筑本体真实性的保护是必然要求，然而由于近现代建筑的实用性特征，必然在使用中会产生动态性变化，如日常维修等，因此在成为文化遗产前，一些建筑实际已是不同年代的混合体，很难一言道尽建筑的原本状态。因此，对鼓浪屿这种社区类型遗产地而言，保护代表历史国际社区的整体构成真实性，或许更为有价值和意义，而整体构成的真实性又包括各个核心要素的存在、历史道路格局等。重视整体框架的真实性保护并不是放弃对真实性的要求，例如体现最早外交机构的英国领事馆，就因在20世纪末的火灾后重建，已不是建造之初的原真本体，故未被列入代表文化遗产的核心要素。

完整性是指文物古迹的保护是对其价值、价值载体及其环境等体现文物古迹价值的各个要素的完整保护。文物古迹在历史演化过程中形成的包括各个时代特征、具有价值的物质遗存都应得到尊重。从世界遗产的独特性看，鼓浪屿与其他受外来文化影响的共享遗产相比，它更加独具一格。鼓浪屿是一个海岛，作为海岛的完整性甚至包括了不改变进出海岛的交通方式，因此海岛是鼓浪屿文化价值的载体与支撑环境。当然，在海岛的后国际社区发展中，也拼贴了后来新的和发生一定变化的社区形态。

最低限度干预原则要求。应当把干预限制在保证文物古迹安全的程度上，为减少对文物古迹的干预，应对文物古迹采取预防性保护。这一原则也可理解为预防性原则，因为有了预防就可减少损坏以及相应的保护干预。加强对遗产地和遗产本体的监测，可以及时发现问题和发出预警，因此建立一套有针对性的监测系统对遗产地保护无疑是必要的。监测系统可以对遗产本体的安全和病害等实行动态观察和预警，也可以对进岛和进入遗产点的游客数量进行实时统计，还可以对岛上的建设行为以及天气、地震等进行发布等，最大限度预防遗产地和文物古迹的受损。最低限度干预在实施文物保护维修工程时更需得到强调，因为出于满足现代建筑结构安全标准的需要，往往会对老建筑实行伤筋动骨式的结构加固，但过度干预的问题也是明显的，那样将破坏文物古迹的价值。因此说，保护老建筑讲求的是强身健体，而非返老还童，这或许是对最低限度干预的形象理解。

使用恰当的保护技术原则要求。文物古迹原有的技术和材料应当保护，原有科学的、有利于文物古迹长期保护的传统工艺应当传承，所有新材料和工艺都必须经过前期试验而被证明切实有效、对文物古迹长期保存无害无碍的，方可使用。所有保护措施不得妨碍再次对文物古迹进行保护，而且应当是可逆的。为了保护和展示文物古迹的真实性，所采取的保护措施应尽量选择可逆的（也就是可去除的）；同时，还要求与本体可被区分的，也就是可识别的。例如，对老建筑走廊栏杆的修补，最常见的是部分保留原有的，部分更新仿制的，新与旧需要有一定的可识别标示或专门记录。老建筑的活化利用，如老建筑开办民宿增设卫生间，需采取一定的空间分割，其措施应实现最小干预建筑本体，同时工程措施也必须是可逆的。

防灾减灾原则要求。要及时认识并消除可能引发灾害的危险因素，预防灾害的发生。要充分评估各类灾害对文物古迹和人员可能造成的危害，制定应对突发灾害的应急预案，把灾害发生后可能出现的损失降低到最低程度。对相关人员进行应急预案培训。对于鼓浪屿这样一个开放性社区和旅游区而言，防灾减灾是最重要的，比如火灾、台风就是两大挑战，并有其预防的相当难度。历史社区建筑的电器线路大多老化，老龄化社区中的老人独居较为普遍，加上岛上开设大量民宿等，都成为火灾的潜在隐患。岛上树木茂密、不通机动车和缺乏大型吊装设备等，都增加了灾后救援难度等，这些问题都亟须得到认真解决。

六个文化遗产保护的典型案例

鼓浪屿在申报世界文化遗产过程中，通过政府、社会和民间力量共同实施了大量的遗产保护工作。以下6个案例可以帮助理解鼓浪屿的遗产价值，同时也是保护文化遗产所做巨大努力的真实记录。

〖1〗最早的教堂——协和礼拜堂

协和礼拜堂是由美国归正教会、伦敦差会、大英长老会联合成立的“三公会”，创建于1863 年，是鼓浪屿岛第一座礼拜堂，专门提供给来鼓浪屿工作的外籍基督教徒作英语礼拜，后来也吸纳了懂英语的华人教徒。协和礼拜堂保存至今，为西方古典复兴式建筑，矩形平面，圣坛在西侧，入口正立面朝东，正立面下部是四根罗马塔斯干式巨柱，支撑着上面大型三角形山墙，山墙刻着1863字样。传教是早期西方人进入鼓浪屿后的主要活动之一。早期在鼓浪屿的西方人不多，作为正规建造的教堂，协和礼拜堂的规模并不大，但由于作为外来文化传播的见证，协和礼拜堂具有重要的历史价值和文化价值。由于当时的教会有开办医院的传统，因此鼓浪屿的教会医院就建造在协和礼拜堂旁边。新中国成立后由于医院发展的需要，在协和礼拜堂的外侧新建了办公用房，把协和礼拜堂包围了起来，教堂一度作为医院的仓库使用。2009年在鼓浪屿申遗的文化发掘中，文史专家偶然找到了协和礼拜堂的历史照片，通过位置比对在鼓浪屿医院内找到了该建筑。幸运的是协和礼拜堂依然健在，只是处于不良的使用与环境状态中。建筑正立面的柱廊下方空间被封堵作为仓库使用，并被医院的其他建筑所包围。发现后政府管理部门及时对协和礼拜堂编制了保护规划并实施保护工作，拆除了外围后期新建建筑，恢复了教堂的原有面貌，清理了教堂的外部环境。现在的协和礼拜堂归属鼓浪屿三自爱国基督教会，作为教会唱诗和举办公益活动使用，教堂保持和延续了鼓浪屿宗教文化传统。协和礼拜堂还与周边的日本领事馆、天主堂共同围合，形成尺度宜人、景观优美的广场空间。修缮后的协和礼拜堂及所在的空间环境，吸引了大量的上岛游客，并成为新人们婚纱摄影的主要景点。

〖2〗洋人的落脚点——黄氏小宗

黄氏小宗位于岩仔山脚传统聚落，是从同安黄姓家族迁居至岛上的一个支系的祠堂，该建筑建于19世纪上半叶，是鼓浪屿现存最早的闽南传统木构院落式民居之一。建

图4.2-1 协和礼拜堂保护修缮与使用
（上为教堂历史照片；中为修缮过程；下为修缮后效果以及使用状况。历史照片来源：鼓浪屿文化遗产档案中心）

筑为一进院落，条石门框上方嵌“黄氏小宗”石匾，正房三开间，闽南传统红砖厝式样，屋顶有舒展的高起翘的燕尾脊，铺红色板瓦。小院是最早来到鼓浪屿岛的西方传教士的居所和布道场所。1842年，美国归正教会传教士雅裨理与甘明医生在鼓浪屿活动期间，曾在这座建筑租住，甘明医生在这里行医，因此这里也曾是近代厦门第一个西医诊所。建筑本身的科学、艺术价值并不突出，但因代表了岛上现存不多的闽南传统建筑风格，并且是中西方文化最先接触与交流的见证，因而黄氏小宗凸显了国际社区的社会价值和文化价值。

岁月沧桑，现今黄氏小宗依旧为黄族后人所有，不过由于家族后人众多，对建筑的过度使用形成不良的维护状态，建筑的前庭、内院都有加建简易搭盖，面貌与鼓浪屿历史环境极不相称，建筑的木构糟锈歪散，以致在建筑修缮前几乎无法完整辨别，除了大门上方石刻“黄氏小宗”四字依旧可辨。为实施该建筑的保护与修缮，首先拆除了建筑建成后不同时期加建的搭盖等，因为这些搭盖改变了建筑格局与面貌，影响了建筑的历史价值。宗祠的中厅曾被住户分隔为多个房间，去除隔墙和地面的覆盖层后，建筑展现了原有的面貌，包括地面上六边形的斗底砖依然存在。去除加建搭盖也就意味着要把居住其中的家族后人搬迁，政府出台了优惠的离岛搬迁政策，经过艰苦谈判最终达成协议，黄氏小宗恢复了宗祠格局和原有使用功能，成为岩仔山下本土传统文化记忆的代表。为了复原建筑真实的场所环境，修缮设计人员还从建筑前庭两侧两个对称、具有西

图4.2-2 黄氏小宗保护修缮与利用
（上为历史照片和修缮前状况；左为修缮过程；右为修缮后效果以及使用状况；右下为国际ICOMOS组织专家现场检查修缮情况。历史照片来源：鼓浪屿文化遗产档案中心）

洋风格的大门推断，建筑前庭应有一条通路通向外部街道，而不是实施保护前的尽端式通道，因而扩大恢复环境格局范围，与北侧的海坛路打通，形成两个进出通道，其中在北侧通道还保留了一颗树龄颇大的三角梅，并形成一处小的庭院开放空间，这大大改善了社区环境且有利于遗产要素本体的开放展示。修缮后的黄氏小宗依旧是黄氏家族的宗祠，有时也作为南音表演的场所。

代表联合国教科文组织的日本专家苅谷永雅先生实地考察黄氏小宗时，现场询问了建筑修缮时更换的木门扇是否有图案复原设计和木头材料选用的图纸？后来在遗产地的档案中心查阅了相关的审批设计图纸，这给了精通中文的日本专家苅谷永雅先生一个满意答案。

〖3〗被诅咒的小屋——汇丰银行公馆

汇丰银行公馆是西方人进入鼓浪屿后比较早期建造的房屋，从1880年代的照片可以看出，当时岛上为数不多的建筑中就赫然有了摩崖石刻上的汇丰银行公馆。汇丰银行公馆旧址是英商怡记洋行的闲乐居（Anathema Cottage），历史上也曾作为汇丰银行的高级住宅，建筑面积370多m^2，是一座三叶草形平面的殖民地外廊式建筑。建筑坐落在花岗岩上，砖木结构，建筑仅一层，平面向前突出的部分三面包围着外廊空间，建筑后部也有局部外廊，红砖柱纤细轻巧。作为鼓浪屿早期的外国人别墅，建筑选址特别，反映出西方人与东方人对场所空间与景观截然不同的理解。汇丰银行公馆及其所依托的笔架山崖壁上的三和宫摩崖题记，共同形成中西文化交相辉映的独特景观，成为鼓浪屿的标志。

外国人把汇丰银行公馆建造在记载妈祖文化的摩崖石刻上，被当地人认为是大不敬的行为，而当地人反对无果后就诅咒这个房子，所以汇丰银行公馆也叫作“被诅咒的小屋”，英文称为Anathema Cottage。据说建筑落成后不久，建造者英商怡记洋行就破产了，后来改由汇丰银行接手，看来当地人的诅咒“奏效”了，房子也改作汇丰银行公馆。

据文史专家研究，位于鼓浪屿笔架山东北麓的摩崖石刻，是闽南地区记载与妈祖文化有关的最大石刻。石刻记载，清嘉庆年间福建水师王得禄在鼓浪屿海边训练军队，打赢倭寇后重兴三和宫，这表明当时的摩崖石刻旁有座三和宫，三和宫供奉的是海岛常见的妈祖娘娘，后三和宫灭失未再重建，现在的鼓浪屿留有道教的种德宫与兴贤行宫、佛教的日光岩寺，而唯独未见妈祖宫，因此可以进一步复兴鼓浪屿的多元宗教文化。

历史上的文化冲突，变成了今日的文化遗存。摩崖石刻和汇丰银行公馆的保护，历程艰辛、感人，保护成效显著，堪称鼓浪屿文化遗产保护的典范。

新中国成立后汇丰银行公馆归地方政府所有，住房短缺时一直作为职工住宅加以使用。这个建筑的对面就是鼓浪屿赫赫有名的船屋，于是形成景观的对应关系，不过在两

图4.2-3 汇丰银行公馆旧址保护修缮与利用
（上为历史照片和修缮前状况；中为修缮过程以及周边环境修复；下为修缮后效果以及使用状况。历史照片来源：鼓浪屿文化遗产档案中心）

个建筑之间也就是在摩崖石刻的旁边还有一组后期不断扩建的民宅，有三层楼高，把摩崖石刻大面积阻挡，加上摩崖石刻旁有一棵大榕树，就连鼓浪屿本地人对此处景观都没有深刻印象。根据保护规划要求，实施了搬迁汇丰银行公馆的住户，拆除了对该建筑特有宽敞外廊的封堵，对圆形砖柱进行加固等，恢复了建筑的原有格局和面貌。不过实施保护更大的难度在于要拆除摩崖石刻正面的民宅，对此而言，鼓浪屿申报世界文化遗产是最好的机会，因为拆除该民宅意味着要征收该建筑，因为这个建筑有合法的产权手续，经过政府与业主的深入沟通，最终达成一致意见，业主理解并支持保护鼓浪屿的文化遗产价值，同意政府的征收，当然政府也付出征收建筑的相应代价。

今日，当人们从鼓新路北行经过船屋时，蓦然回首会看见一副代表鼓浪屿最典型的景观画面，这就是由摩崖石刻、汇丰银行公馆和拾级而上的大榕树所构成的景象，它代表了鼓浪屿自然景观与人文景观、东方传统与西方文化交融并存的景象。

汇丰银行公馆修缮后，成为游人可自由出入的咖啡馆，文化遗产的公共开放可以实现真实性的展示。进入汇丰银行公馆，凭栏眺望鹭江沿岸景色时，仿佛置身于历史的画卷中。近处有八卦楼，远处是厦门岛鹭江道沿海景色，也就是以前厦门港口老码头的所在，据说当时洋行把公馆建造在摩崖石刻顶上，就是为了随时查看船只与货物进出港口的情形，或许是有一定道理的。

〖4〗从洗衣房到共享遗产——丹麦大北电报局

大北电报公司是丹麦国际电报公司在中国开设的电信公司。1871年初，大北公司敷设沪港水线，将线端连通鼓浪屿开展收发电报营业，这是中国最早收发电报的场所之一。因为电报通信技术的发展，使鼓浪屿与全球众多国家建立了紧密的联系。现存建筑为单层砖木结构的殖民地外廊式建筑，建筑面积420m^2。建筑矩形平面，长向两侧为连续的圆拱外廊，墙面为白色抹灰。

早期西方国家登陆鼓浪屿，并不全部以专设领事馆出现，而是有的结合洋行，有的结合公司等形式开设办事处。丹麦领事馆就是结合丹麦大北欧电信公司，在鼓浪屿设立丹麦大北电报局发展业务。作为文化遗产要素之一的丹麦大北电报局代表了近现代科学技术对鼓浪屿历史国际社区发展的影响与作用。在无线电技术出现之前，通讯主要依靠电缆发报技术，也就是发电报。欧洲发达的通信技术带动了通讯业务的拓展，大北欧电信公司的通信电缆由欧洲向远东地区铺设，再沿海从北方向东亚沿海地区连接，鼓浪屿因沪港联线而连接世界，所以以前海外人士只知道鼓浪屿而不知道厦门，概因鼓浪屿率先有了与世界各地的通信联系而为人所熟知。

如同其他遗产要素一样，大北电报局在漫长的岁月中经历了多种使用功能。在列入文化遗产要素时，大北电报局归厦门海关所有，作为厦门海关培训中心酒店的洗衣房使用，在更早之前还做过小学教室等。这个建筑本身比较简洁，正、背面拱券式外廊，一

图4.2-4 大北电报局旧址保护修缮与利用

（上为历史照片和修缮前状况；下为修缮后效果以及作为文化展示使用状况。历史照片来源：鼓浪屿文化遗产档案中心）

层平房，位置在田尾路靠海边，外侧有一礁石加沙滩的小海湾。建筑修缮现场勘察时，可以看到室内地面有一些凹槽，是用于铺设电缆的管沟，证明了电报局的真实性。建筑修缮主要恢复了屋顶的两个四坡屋面和平面格局，以及院落整体环境。本以为简单的建筑修缮起来比较快捷，但是没有想到的是修缮中，施工人员通过拨开建筑墙体粉刷层，发现一些门洞、窗洞拱券的位置都有不同程度的位移，这是为了搬进大型洗衣设备所致，后经过设计师现场的认真比对，找到门窗的原始位置并加以复原。修缮后的建筑保留了室内电缆管沟作为遗产展示，还布置了大北电报局的发展史和世界有线电通讯发展史展览，以及世界共享遗产发展的历史文化展览等，供游人自由参观。

〖5〗公共地界的法庭——会审公堂

会审公堂是鼓浪屿重要的司法机构建筑遗存，至今保存完好。20世纪20年代末，鼓浪屿会审公堂曾经借用这两座与当时工部局办公楼临近的别墅办公。院落占地面积5600多m^2，院内共有两栋两层的洋楼，两座建筑基本对称，形式比较简洁，具有早期的现代建筑风格，建筑面积各为500多m^2。

作为施行特定管理体制的公共地界，司法机关是重要的制度体现，也因此位于笔山路一号曾经作为会审公堂使用的两栋别墅，被列入代表历史国际社区的核心遗产要素。工部局是当时鼓浪屿的管理机构，有如当今政府派出的管理委员会机构，会审公堂隶属其下，会审公堂还配备有巡捕队。从保存的巡捕队徽章可以看出，其上还有13个国家的国旗标志，日本国旗位居中间，足见日本在其时多国中的势力。

新中国成立后，这组建筑归属地方政府管理，并作为公房使用。为了保护该建筑，政府搬迁了建筑内的住户并妥善安置到岛外地区。通过实施保护工程，恢复了这组建筑的原有格局、面貌和整体环境，建筑内布置了会审公堂管理制度和发展历史的展览，供公众参观游览。同时鼓浪屿成立了由各行各业和政府部门的代表组成的公共议事会，也设于其内办公，重新发挥该建筑历史上曾有过的办公管理职能。有意思的是，这组对称建筑所围合的内院中又有一道围墙，把两栋别墅分割开来。历史资料显示，该建筑在20世纪初的地形图纸资料就显示有这道墙，并且从一张会审公堂的历史照片也可看出，会审公堂的机构门牌就挂在该隔墙上。不过从中国传统的居住风水习惯看，拾级而上的大门正中应不会矗立一道突兀的隔墙，所以推测这是建筑建造后，出于对立使用或房屋转让的需要而形成的分割，不过这道隔墙真实记载了这组建筑和设立会审公堂的发展历史，也是遗产本体完整性和价值的真实体现。

〖6〗一百年前的城市综合体——延平戏院

今日的城市，集吃喝玩乐为一体的大型综合体建筑随处可见，如城市里的万达广场。不过，一百年前的鼓浪屿就有了“城市综合体”。20世纪二三十年代，随着鼓浪屿

图4.2-5 会审公堂旧址保护修缮与利用

（上为历史照片和修缮前状况；中为修缮后效果；下为修缮后作为历史文化展示使用状况。历史照片来源：鼓浪屿文化遗产档案中心）

岛上人口的不断积聚，岛上生活服务功能也不断完善。龙头路作为比较集中的商业街，出现了集中设置的菜市场，后来菜市场业主又在其上建造戏院。延平戏院旧址由旅居缅甸华侨王紫如、王其华兄弟1930年代修建，他们先是在今海坛路15号购置地皮，创建有20多个店铺、几十个摊位的菜市场，命名为“鼓浪屿市场”。鼓浪屿市场建造时层高满足通风要求，给排水设施完备，摊位按商品种类设置，荤素干湿分区出售，是当时闽南地区最现代化的菜市场。后来他们在鼓浪屿市场的楼上修建了一座戏院兼电影院，取名为“延平戏院”。早期戏院播放无声电影，后来还播放由香港电影公司制作的“厦语”电影，也就是讲厦门话的电影，直至20世纪80年代还是鼓浪屿的电影院，所以延平戏院一直有着老鼓浪屿人的记忆情结。

由于历史的原因，延平戏院部分属于私人，部分为政府管理的公房。实施建筑修缮前，政府搬迁了公房里的住户，私房部分则由政府与私人业主达成互换使用权的协议，私人将其房屋委托政府使用管理，政府在他处提供相应房屋供私人使用，通过灵活的公私合作政策实现了建筑使用权的整合，有效推动了建筑的保护与利用。打开戏院尘封的大门时，被分隔作为居住使用的房间里，还散落着住户搬家时废弃的铁架床和曾经祭拜的土地公雕像，戏院内的夹层楼座看台和戏院的整体空间依旧，因为建筑结构出现了安全隐患，加固的钢柱显得有些突兀。二楼戏院的辅助用房是当时的售票厅、小卖店等，

图4.2-6 延平戏院保护修缮与利用

（左为修缮后效果；右上为修缮前状况；右下为修缮过程以及修缮后使用状况。）

建筑内部格局依旧，只是与一楼菜市场连通的两个采光天井，因后期使用被封闭起来。恢复建筑原有格局和使用功能，继续发挥其为社区和商业服务，是实施这组建筑保护与利用的基本思路。

由于建筑位处历史街区的中心位置，保护规划策划了延平戏院作为鼓浪屿的社区会客厅，二楼戏院部分已恢复成为电影放映厅，并作为社区的文化活动场所。一楼恢复为鼓浪屿老字号特色产品展示和销售场所，如知名的鼓浪屿馅饼等，体现市场的商业功能。部分空间则开辟为社区的讲古、化仙（聊天）场所，供老鼓浪屿人回到岛上叙旧使用。同时，以延平戏院为核心，带动街区周边建筑的整体保护和活化利用，从而实现历史街区的活力再现。

社区生活保护与遗产活化利用

1. 社区生活保护

社区式微——“逃离鼓浪屿”

统计数据显示，鼓浪屿1980年的户籍人口为24149人，1990年的户籍人口为23583人，改革开放前厦门的流动或暂住人口较少，户籍人口基本就是实际居住人口。从1980年到1990年的十年，鼓浪屿人口保持小幅度的减少。2000年人口五普时显示，户籍人口为16376人，同时统计口径出现有暂住人口1893人，即人口有出有进，不过总人口数较前十年有较大幅度减少。到了2010年，户籍人口为13847人，持续减少，暂住人口则上升为4910人。截至2015年统计，户籍人口13320人，但户在人不在的空挂人口达7546人，实际居住岛上的户籍人口仅为5774人，而暂住人口则进一步上升到5491人，岛上实际常住人口为11265人。相比1980年和2015年的前后30多年间鼓浪屿的实际人口规模，减少了一半多，如果扣除暂住人口因素则仅为原来的1/4还不到。这其中固然有岛上人口过度稠密需合理疏解的必要，但不可否认由于种种因素的影响与作用，鼓浪屿的人口客观在不断减少。

对于现时的鼓浪屿人口规模和构成还可作进一步分析。根据公安部门、卫生部门等综合口径统计，2015年底实际居住在鼓浪屿的人口总数为11265人，包括居住在鼓浪屿的鼓浪屿户籍人口（即“人户一致”）5774人、居住在鼓浪屿的厦门市户籍人口1499人及外来流动人口3992人。此外，还有户籍在鼓浪屿但实际不居住在鼓浪屿的人口（称“空挂户”）7546人。数据直观显示，鼓浪屿的户籍人口13320人中，有57%属于“户在人不在”，这反映出鼓浪屿户籍人口“人户分离”的现象较为突出，即所谓的“逃离鼓浪屿”。户籍人口空挂形成的闲置空间，由非鼓浪屿的厦门户籍人口和外来流动及暂住人口5491人补入。户口不在鼓浪屿的厦门人之所以选择住在鼓浪屿有几种情形，主要包括陪护家人或小孩上学、在岛工作（经商）和喜欢鼓浪屿居住环境等。外来流动与暂住人口则主要是工作和经商。

对实际居住在鼓浪屿的人口作进一步分析，有以下特点。一是人口老龄化情况严重。鼓浪屿实际居住人口中，60岁及以上老年人有2941人，占比达26.1%。按照国际惯例，当一个国家或地区60岁及以上老年人口占人口总数10%以上，即意味着这个国家或地区处于老龄化阶段，而数据显示鼓浪屿实际居住的老年人口比例约为全市（14%）的1.9倍，人口老龄化严重；二是流动人口比例高、就业质量低。鼓浪屿流动人口占实际居住人口的35.4%，即在鼓浪屿生活的每三个人中，就有一人是流动人口。流动人口的2/3主要来自福建省内的漳州和安徽省，其他来自江西、河南等地；有1/3的暂住人口居住时间超过5年以上，这部分人在岛上已确立相对稳定的生活，并且多数具有长期居住在鼓浪屿的意愿，也可称为“新鼓浪屿人”。暂住人群大部分从事商业和服务业，其中从事销售、餐饮等商业、服务业人员占62.7%，从事装修相关工作人员占27.3%，从事板车搬运工作约占5%，其余为从事其他方面的工作。绝大多数的流动人口在鼓浪屿从事一般服务性工作，就业质量偏低；三是人口文化程度较低。实际居住在鼓浪屿的人口中，7岁及以上总人口为10795人，高中、中专及以下学历为9353人，占86.6%，高于鼓浪屿户籍人口同学历占比72.3%；大专及以上学历仅占13.4%，低于鼓浪屿户籍人口同学历占比27.7%，相对于鼓浪屿户籍人口来说，实际居住在鼓浪屿人口文化程度相对较低。

1980—2015年鼓浪屿人口变化　表5-1

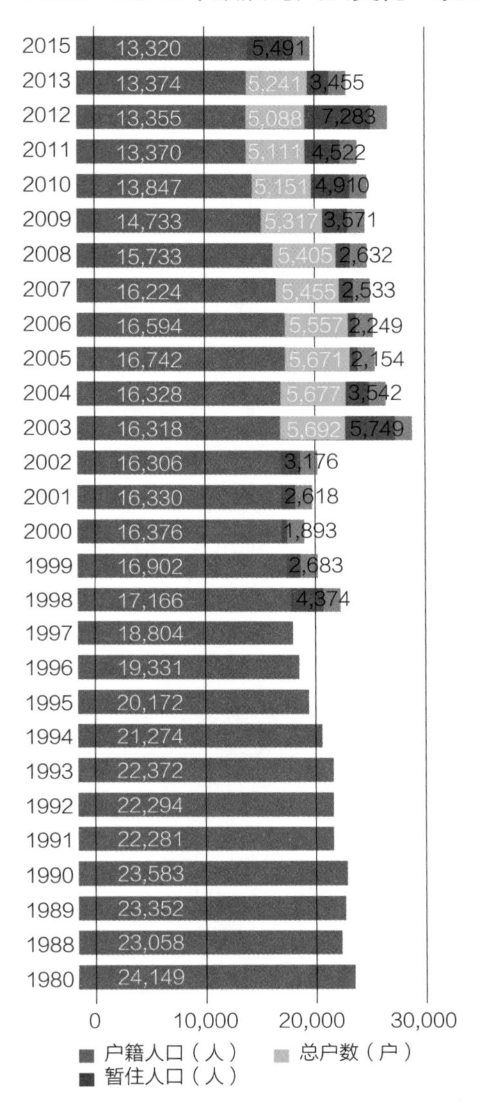

逃离鼓浪屿与人口控制政策的结果也有关系。鼓浪屿人口规模的控制，从20世纪70年代起，地方政府对鼓浪屿就开始实行“只出不进”的政策，这与新中国成立后鼓浪屿容纳了过量人口有关。那时的厦门作为对台前线城市，国民经济发展条件有限，改革开放前的城市建设基本局限于厦门的旧城区，作为旧城区的重要组成部分鼓浪屿自然要承担城市的功能，包括居住和工业等。那时鼓浪屿的建筑正值壮年，建筑质量都还不错，容纳了3万多的人口，而当时的厦门市人口也才不到20万。那时住在鼓浪屿上的人，除了部分原住民外，就是从鼓浪屿以外安排住进岛上公房的人，那时能住上鼓浪屿房子的人也都有着一种优越感。后来，随着岛上工业厂房、部队营区以及一些大单位等的圈地趋势越发明显，各行各业带来的人满为患对鼓浪屿的自然环境和社区风貌产生了诸多不利影响，福建省、厦门市政府意识到了问题的严重性，及时发文通知限制扩大工厂、疗养院等的建设，并正式提出严格实行人口外迁的政策，并一直延续至今。外迁政策主要是减轻鼓浪屿超负荷的人口容量，通过减少人口实现对鼓浪屿自然环境和建筑风貌的减压与保护，那时岛上的老宅通常是一幢建筑住着七八户甚至上十户人家，人均居住面积极低，当然那时的厦门市也都有相似情形。到了20世纪90年代，随着岛上所有工厂的外迁，以及与风景区关系不大的单位机构如研究性科研院所的陆续搬出，大量的人口也随之外迁，1990年代鼓浪屿的人口下降到不足2万人，相较解放初，人口减少了1/3。20世纪90年代后，随着鼓浪屿旅游业的持续发展，与风景名胜区、旅游行业无关的机构进一步外搬，而这个时期的厦门市特别是厦门岛的发展建设如火如荼，加剧了鼓浪屿人口与功能的外迁。2002年厦门市行政区划调整，鼓浪屿的行政建制由鼓浪屿区变为鼓浪屿街道，同时市政府正式设立鼓浪屿国家级风景名胜区管

理委员会，形成双管齐下的管理模式，鼓浪屿街道社区事务归思明区管理，鼓浪屿风景名胜区归市政府派驻的风景名胜区管委会管理。那时鼓浪屿的城市性功能如工业、公检法机构等都已完成外迁，鼓浪屿的社区特征也由城市型社区转变为旅游型社区。

鼓浪屿社区“宜居性”面临的挑战

从发展的实际情况看，与其他同类型遗产地如意大利威尼斯、中国云南丽江等的境遇一样，厦门鼓浪屿社区的“宜居性”面临着多方面的挑战。

一是规模不大。统计数据显示，全岛常住人口仅为1万多人，其中还包括近1/3的服务性暂住人口，社区建制虽为街道等级，但实际规模仅为一个居委会社区，而规模偏小给作为海岛型独立社区的稳定发展带来了一系列的问题。需要说明的是，鼓浪屿风景名胜区总体规划、鼓浪屿控制性详细规划等法定规划，对岛上已有的存量建筑和相应人均居住面积标准进行测算，确定岛上的人口容量为1.5—1.8万人，考虑游客容量因素，目前常住人口规模基本符合规划的人口容量，只是人口的总量规模客观比较小，同时从以上分析可以看出人口结构存在人口老龄化和人口素质不理想的问题。

2014年鼓浪屿人口规模与构成统计　　表5-2

<table>
<tr><th rowspan="4">项目</th><th colspan="6">鼓浪屿总人口</th></tr>
<tr><th rowspan="3">总计</th><th colspan="3">鼓浪屿户籍人口</th><th rowspan="2">居住在鼓浪屿的厦门市户籍人口（非鼓浪屿户籍）</th><th rowspan="2">外来流动人口（居住 3 个月以上）</th></tr>
<tr><th rowspan="2">小计</th><th rowspan="2">户在人不在</th><th>人户一致</th></tr>
<tr><th colspan="3">实际居住人口 11265 人</th></tr>
<tr><td>人数</td><td>18811</td><td>13320</td><td>7546</td><td>5774</td><td>1499</td><td>3992</td></tr>
<tr><td>比重</td><td>100%</td><td>70.8%</td><td>40.1%</td><td>30.7%</td><td>8.0%</td><td>21.2%</td></tr>
</table>

图5.1-1 鼓浪屿岛上越来越少的理发店

二是交通不便。一百年前的鼓浪屿和厦门的其他岛屿一样，都是依靠渡船作为进出岛屿的主要交通工具，也使鼓浪屿形成了步行岛的特色。但是，而今的步行岛对现代居家生活显得多有不便，特别是对老幼群体而言，加上有时间限定的轮渡等候、换乘等，以及受台风等极端天气的影响，迫使不在岛上就业的人群多选择搬离海岛。而在厦门岛，现代化的交通方式四通八达，如果没有什么特殊原因，人们当然愿意选择在厦门岛居住生活。

三是房屋不好。由于鼓浪屿岛上建筑多有近百年历史，建筑结构与质量普遍存在问题，加上多户、多人居住

图5.1-2 鼓浪屿社区生活的老龄化、低水平与高物价等

在老建筑内，早期的住宅空间格局并不能适应现代生活的需求，建筑内部的厨卫配套不足，也大大降低了居家生活的舒适性。比如建筑老旧导致隔音效果不好，影响生活的私密性等。建筑的砖砌墙体老化，使得连空调机无法安装固定，以及老建筑需要得到经常性的维护等，加大了日常生活成本。

四是配套不全。由于全岛人口仅为居委会社区规模，正常的医疗、教育和其他居家生活配套并不能满足岛上居民的生活需求与服务，如干洗店、玻璃店等也很难由市场提供。

五是成本不低。鼓浪屿岛上所有物品，特别是日常生活副食品等均需从鼓浪屿岛外运入，额外的运输费用提高了物价，再加上鼓浪屿是有大量游客的旅游区，这进一步提高了物价，从而使鼓浪屿的生活成本比厦门市内其他地区高出许多。

六是游客不少。逐年上升的游客量对岛屿的整体环境形成大的冲击，影响了鼓浪屿昔日的幽静生活气息。游客上岛后的餐饮需求，加大了餐厨油烟对社区环境的影响，同时旅游产生了大量的生活垃圾，其收集与运输又增加了岛屿的环境压力。大量游客的上岛，明显挤压和干扰了社区生活的安宁环境，这在一定程度也迫使部分居民选择离开鼓浪屿岛。

鼓浪屿社区生活保护的意义与前景

2017年的德里宣言表明，遗产理念的外延已经极大地扩展了，不仅包括古迹、遗址和建筑群，而且包括周边范围更大、更为复杂的区域和景观环境，以及非物质的层面。这体现了一种更为多元的模式，遗产属于全民——男人、女人和儿童，当地居民，各个族群，不同信仰的人民，以及少数族群。遗产存在于各个地方——古老的和现代的，乡村的和城市的，小型、日常和实用的，不朽和杰出的。遗产包括价值体系、信仰、传统的生活方式，以及功能、风俗、仪式和传统知识。遗产表现形式包括相关性、意义、记录、相关场所和相关物体。这是一种更加以人为本的模式，鼓浪屿正是这种遗产多样化和丰富性的体现。文化遗产保护首先在于真实性的体现。鼓浪屿曾经是历史上的国际社区，其文化遗产突出价值的保护首先应体现为：当下社区生活的真实存在和社区文化的延续传承。现在鼓浪屿上的社区，保持具有人的生活气息，以及文化的活力，这是体现和感受遗产文化最直接和最重要的地方，所以保护社区生活和延续社区文化对鼓浪屿遗产保护意义重大。在此基础上，才是代表历史国际社区文化价值核心要素——建筑的保护与利用。由于时代的发展与变迁，有相当一部分建筑的产权人几经变更，建筑的重新利用变成必然，如何按照文物保护的要求加以恰当利用，这是实施鼓浪屿遗产保护的另一项重要工作。因此，鼓浪屿的保护框架将形成以“当下真实社区生活”和“历史国际社区展示”相互叠加与融合的组合系统。形象地看，鼓浪屿文化遗产将是“社区生活馆”和“社区博物馆”的综合展现，综合实施社区保护、文化传承和建筑利用是鼓浪屿保护的基本理念。

按照“文化景区+文化社区”的发展定位，采取更具针对性的措施，推动鼓浪屿人口、经济和社区的协调发展、科学发展，确保文化遗产社区的真实再现。社区生活保护的工作方向主要有三个方向。一是加强人户分离管理。对于“户在人不在”的群体，加强街道、社区、派出所等部门的协同配合，及时摸清人户分离人口信息，确保数据真实有效。对于“人在户不在”的群体，建立健全流动人口服务管理体系，关注特殊职业人

图5.1-3 以社区生活为基础的文化遗产保护与利用理念

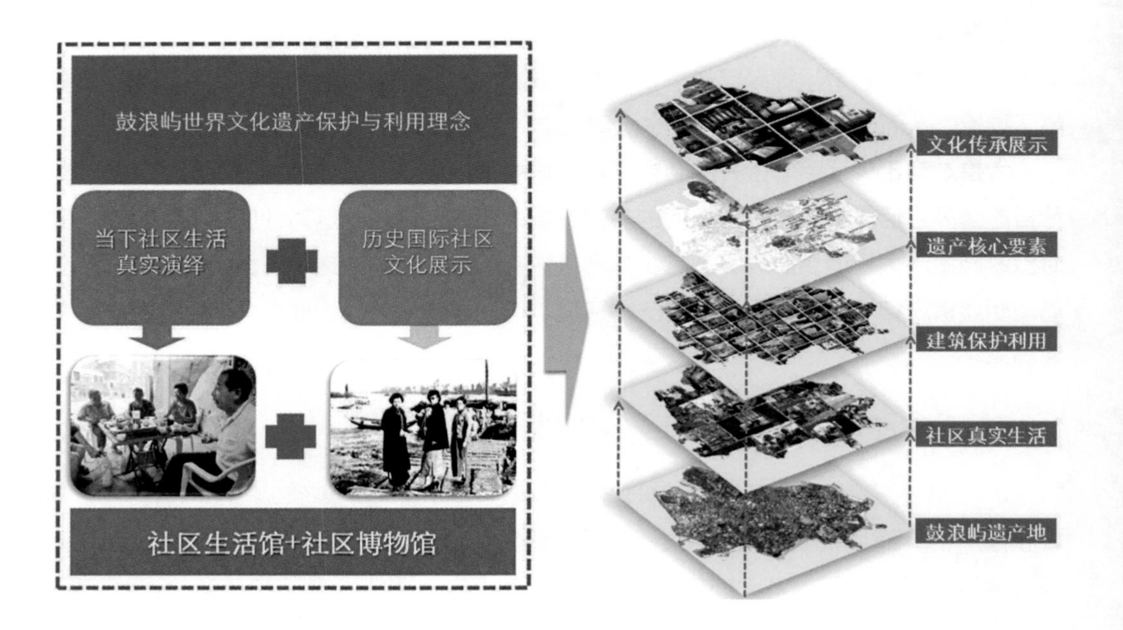

群发展，通过社区学堂、外来员工之家、姐妹互助社等平台让流动人口及其子女享受社区均等化学习、工作与生活服务，切实避免因户籍属地、性质不同所造成的政府管理和服务不到位问题。按照“共同缔造”的工作方法，引导和鼓励人户分离的人口主动融入社区建设，积极参与基层公共决策的制定和对政策执行情况的监督，逐步建立政府与群众合作治理的工作机制，使其在鼓浪屿社区的生活中有更多获得感。二是完善养老服务体系。针对鼓浪屿人口老龄化严重的实际，进一步建立健全完善的社会工作服务配套体系和居家养老服务体系。优化鼓浪屿街道老年活动中心及家庭综合服务中心建设，引进社会组织和志愿服务力量，提高居家养老服务水平；加快推进一批文体活动设施建设，为辖区内老人提供更多活动场所；不断提升鼓浪屿医疗资源水平，持续推进“网格医生”服务项目，扩大服务对象范围。同时，及时关注老年人心理健康，对缺乏精神慰藉的老年人给予更多关怀。三是提高鼓浪屿整体品位。一方面提高人口素质。探索引进国际双语学校，利用岛上丰富的教育资源，举办全日制或短期培训班，吸引更多年轻人和外迁的鼓浪屿户籍人口前来学习、居住，切实有效改善人口结构层次，提升岛上居民活力。另一方面是加强业态引导。发挥文化引领作用，充分利用鼓浪屿音乐文化、体育文化、名人文化等独特元素，进一步营造文化氛围，吸引更多艺术家、创客等高端人才到岛上创业，提升业态层次。加强对岛上公房资源的清理，有效利用各领事馆区、历史风貌建筑、公有经营场所等各类空间资源，引导符合鼓浪屿定位的产业加快发展。

社区生活与文化传承的“四提”与“四推”

为了解决鼓浪屿社区“宜居性”存在的问题，遗产地政府与有关部门长期以来积极采取各种方式和举措，通过实施鼓浪屿社区发展与文化复兴的“四提”与“四推”，使文化遗产地的社区生活得到有效的改善，社区文化也得到传承和发展。

提高生活服务水平。医疗和教育是社区宜居性的首要条件。近几年鼓浪屿管理部门大力提高社区医疗服务水平，将鼓浪屿的社区医院重新提升为综合性二甲医院，并增加了养老护理、家庭医生、上门服务等特色项目，极大满足了鼓浪屿老龄化社区的医疗需求。在社区教育方面，教育主管部门与学校联合积极开展教育提升工作，实行鼓浪屿学校与厦门市优质学校联合办学模式，增强鼓浪屿学校的生源吸引力，从而达到优化鼓浪屿人口结构的目的。为鼓励好的师资到岛上工作，教育部门给予教师“离岛”工作待遇补贴等，鼓浪屿管理部门则积极筹措岛上的闲置房屋资源，提供给学校办学或作为学校宿舍用，综合改善办学条件。在日常生活配套方面，地方政府提供低租金或免租金公房，鼓励经营者开设玻璃店、五金店和面包店等，满足社区日常生活需求。在抑制物价方面，地方政府提供公房在两个居委会社区由国有企业开办民生平价超市，方便社区日常购物需求，解决旅游区物价过高问题，并同时向游客提供服务。注意改善社区基础设施保障水平，通过设置居民专用码头和航线，以及开通全天候的航班，提高居民进出岛的舒适度和安全性。充分考虑大量游客和民宿的需求影响，对全岛的用电、用水进行容量扩充，改造道路管线，改良道路路面材质等，提升社区市政基础设施服务水平。

提振传统特色文化。保持特色、传承文脉、提振社区文化活力是鼓浪屿活态保护最重要的体现。秉持鼓浪屿原有的文化基因发展社区文化，才不会使鼓浪屿的保护成为徒有空壳、没有灵魂的木偶。保护和传承被誉为“琴岛”的文化特色与传统，是凸显鼓浪屿社区文化的重点所在。近年来，鼓浪屿管理部门和地方政府主动引导，社区群众积极参与，开展了扶持家庭音乐会、社区音乐会等文化发展工作，并成为社区的文化常态，这样做增强了居民对社区的归属感和自豪感。如岛上音乐厅由政府主办，保持常年的公益性演出，包括每年一度的钢琴节、国际性音乐周以及主题性专场演出等。据统计，音乐厅2017年全年就有168场演出，达到平均两天就有一场表演的高频率，演出除了少量的外来高水平团体外，基本是以岛上本土的家庭音乐会表演团体、音乐学校师生汇报演出和社区老年合唱团或家庭乐队为主，这体现了社区本土文化的真实性。此外，积极推动岛上传统文化特色项目的复兴，利用音乐学校音乐教育富有特色和吸引力的特点，统筹和整合教学空间，扩大办学规模，积极吸引生源及其家庭入住鼓浪屿，使社区人群多样化，同时优化社区人群素质与结构，保持音乐岛氛围。再者，政府启动利用企业与教育相结合的模式，实施鼓浪屿工艺美校文化复兴项目；利用工艺美校的传统文化优势，在鼓浪屿的原校址开办大师班、训练营、工作坊等艺术培训与交流活动，进一步凸显鼓浪屿的艺术气息；利用历史建筑开设社区书店、图书馆，开展文化沙龙如诗歌交流等，丰富社区文化生活。此外，注意挖掘和保护社区最本土最有记忆的文化，如社区积极主动开展“保护古井文化记忆”活动，通过调查岛上古井的保存状况，结合本土和华侨文化，形成文化景观的保护和再现，大大丰富鼓浪屿的文化色彩。笔者以为，传承发展好属于鼓浪屿社区自己独有的文化或许比其他外来的文化更真实和富有意义。

图5.1-4 提升岛上医疗设施服务等级，改善社区宜居性

图5.1-5 鼓浪屿世界级家庭音乐会——殷承宗家庭钢琴音乐会

图5.1-6 保持和鼓励发展岛上形式多样的文化艺术形式，传承遗产地文化传统
（左为鼓浪屿音乐厅每月演出海报）

提升居住环境品质。虽然鼓浪屿总体上具有优美的自然环境，但在社区覆盖的空间范围内，建筑密度偏高，可供公共活动的空间并不多，并且由于大量游客的涌入，社区就近的生活环境品质并不理想。所以，切实改善社区内部的居住环境品质，也是增强社区宜居性的重要部分。近年来通过规划和建设，不断增加和改善了社区公共活动场所、空间与绿化环境，包括种德宫前广场和戏台重建、中路一号小广场扩建、街心公园与笔架山公园整治提升、延平戏院恢复成为社区文化活动场所等。对龙头路、福州路商业街等社区与旅游的主要商业场所，开展商业业态细化规划引导和景观整治提升，通过高校工作坊的工作模式，形成与商家业者的良好互动和共同参与，使得整治后的商业街氛围有序、景观协调。此外，多元宗教文化的和平共处也是鼓浪屿作为世界文化遗产的价值之一。对岛上社区内各种类型的宗教建筑及时加以保护修缮，改善宗教活动场所，使宗教建筑成为凝聚社区信众的载体，这对维护社区的稳定、宗教文化的保护与传承以及发展鼓浪屿社区生活具有双重重要意义。鼓浪屿岛上现存最早教堂协和礼拜堂目前归三自爱国基督教教会所有和管理，虽不用于做礼拜，但教会的唱诗和集会活动仍十分丰富，并展现了宗教的文化活力，教堂的外部小广场也成了最吸引人的旅游景点。三一堂、天主堂则作为日常做礼拜活动用，除了岛上的信众参与外，还吸引了鼓浪屿以外的信徒，因此教会方面希望轮渡码头的市民通道，应向参加宗教活动的人群开放和提供方便，诉求有其合理性。宗教活动场所是社区重要的公共活动场所，也是社区居住环境品质的重要体现。

提供多样化经济发展渠道。社区要复兴，不能不讲经济发展。除了提供物质环境的改善外，如何切实为社区的经济发展提供恰当的方式和合理的途径，这也是地方政府需要认真加以考虑的事务。鼓浪屿社区经济发展的基本思路是：紧密结合鼓浪屿旅游产业的吃、住、行、游、购、娱等方面，通过提供旅游服务获得经济的收入与成长。多年前启动的一项计划，就是通过规范化政策引导发展家庭旅馆（民宿业），促进岛上历史建筑在得到应有保护的前提下，充分发挥空间载体的再利用，以发展社区民宿旅游经济。

2008年鼓浪屿管理部门就率先出台发展鼓浪屿家庭旅馆的相关管理办法，积极引导发展民宿业，通过不断发现问题和完善政策，摸索形成总量控制、资格限定、分级审批、卫生安全的管理策略，有力地促进了建筑的再利用，提供了更多的就业岗位，刺激社区经济增长。据不完全统计，鼓浪屿民宿业的年度营业额达3.5亿元，此举有效帮助和保持了社区发展的动力和活力。

为了更好推进社区的持续发展，政府管理部门应该尽快研究出台鼓励鼓浪屿户籍居民开展民生工程的政策。大量游客给鼓浪屿带来了无限商机，给鼓浪屿的发展注入活力，但也需要面对出现的问题，就是商业营业对遗产本体和整体环境的影响。起步较早的家庭旅馆，在经营中很多业主将自家的老房子出租给他人经营，承租经营者在对建筑改造装修时，为了取得更多的商业空间，往往会不顾建筑保护要求，对历史风貌建筑产生大的干预，甚至是不可逆的改变等。因此，对老建筑的保护与利用，政策应鼓励房屋业主自行开展经营，这样做的最大好处是业主会爱惜自己的房子而有利于保护，同时还对业主自主经营者给予税收减免等优惠政策，并对租用经营者加大税收调控。当然不管哪种情况，建筑的利用均应得到有效的保护管理。

此外，旅游餐饮业也是发展鼓浪屿民生的重要方面。尽管过度嘈杂和影响环境的商业需要得到有效控制，但旅游的餐饮需求不可忽视，除了安静高雅的咖啡馆外，摆摊设点的经营模式都可以在社区内得到正确引导。比如可以在规定时间和地点允许岛上居民进行摆摊经营，形成早市、夜市或大排档等，既满足游客需求又刺激社区经济成长，并且通过精细化管理，形成旅游地的特色风情。

推崇文明生活与旅游方式。合理制定每日上岛游客最大值，有效地减少了大量游客上岛产生的相关问题。鼓浪屿成为世界文化遗产后，政府部门及时出台相关规定，每日上岛人数不超过5万人，包括常住居民和外来游客，其中常住居民每日进出岛的数量基本维持在1万人左右，即每日上岛的游客不超过4万人。同时，政府有关部门积极推行社区、景区垃圾减量、分类和不落地等文明措施，采用旅行团无声导览方式，规定沿街店家不得高声叫卖，有效解决噪声扰民问题，并通过细化对餐饮业经营的管理，严格限制可能产生油烟的餐饮业，极大改善社区环境。除了提倡垃圾减量、资源回收外，笔者以为还可以对岛上垃圾处理实行计重收费做法，因为岛上产生的垃圾需外运处理，必然增加市政投入成本，因此应该对岛上因商业经营产生的垃圾处理提高收费标准。再就是大量店家普遍占道经营的问题，一方面应加大管理力度，确实落实好从20世纪80年代起就约法三章的门前三包，要求临路（街）所有的单位、门店、住户担负起市容环境责任三包，包卫生、包绿化、包秩序；另一方面，疏堵结合借鉴澳门历史城区的管理经验，给店家划定摆设物品的范围线，既可实现一定的商业展示又不可随意越界，对沿海边设置大排档经营点，可按照商业网点规划布局，划定设摊摆放座椅的范围，实行人性化的精细管理。

推动公众积极参与遗产保护。社会公众参与是遗产保护的重要力量。在鼓浪屿遗产保护中，大量志愿者队伍、海内外华人华侨支持鼓浪屿的保护与发展，包括捐出建筑、文物和文化资源，形成强大的社会凝聚力，积极助推鼓浪屿成为世界文化遗产。鼓浪屿现有志愿服务队伍350余人，志愿者服务驿站为游客们提供旅游咨询服务，分发导览地图、环保垃圾袋，倡导“垃圾不落地”等文明旅游理念，并提供急救药品、直饮水、手机充电等志愿服务。在2016年“莫兰蒂”台风过境后，申遗志愿服务队从当年9月16号到10月7日连续22天奋战在鼓浪屿灾后重建第一线，帮助清理树枝、打通道路、维持秩序，为灾后生产生活、旅游秩序、遗产保护贡献力量。从建立长效机制看，推行“以奖代补”吸引公共参与遗产保护还有很多工作可以探索，从而实现社区与遗产保护工作的共同开展。如历史风貌建筑保护与过度商业化的关系处理。针对一些历史风貌建筑业主将门楼、庭院甚至是外墙用于经营或售卖等现象，可以采取“以奖代补”的做法，就是要求业主自觉遵守相关保护规定，做好历史风貌建筑的日常保养与维护工作，如一年中未出现擅自经营等行为，则政府每年可给予一定的奖励。政府投入资金保护岛上历史风貌建筑已经有了相关的政策支持，但可以采取更有效的做法，才能取得良好的效果。

推行社区自治管理。社区存在什么问题，社区需要改进什么，都由社区讨论决定，这是社区发展最有效的方法。比如，遗产地社区的道路路面应该采用什么材料，遗产保护专家与社区居民的意见可能会大相径庭，社区居民的诉求或许更真实更有意义。在地方政府的积极引导下，鼓浪屿近年来先后成立了旅游商家协会、家庭旅馆协会和由鼓浪屿各界代表成立的鼓浪屿公共议事会。充分发挥商家协会、民宿协会、鼓浪屿公共议事理事会等的作用，实行社区自治共管，让鼓浪屿岛上的居民有主人翁意识和认同感、归属感，并取得社会对遗产保护的广泛认同。设立在鼓浪屿会审公堂旧址的鼓浪屿公共议事理事会，由岛上广泛的代表组成，包括人民团体社会组织代表（侨联、家庭旅馆协会、商家协会代表等）、驻岛单位代表（教育界、医院、轮渡公司、部队代表等）、户籍居民代表以及非户籍居民代表。公共议事理事会提出了“对影响鼓浪屿的景观林木加强有规划的修剪工作；提升鼓浪屿社区服务水平；方便鼓浪屿居民生活；加强对鼓浪屿岛上水井抢救保护工作；立法限制鼓浪屿岛上商家、店铺过度频繁装修等”。这些建议有效完善和补充了遗产地的规划、建设与管理工作。

推进旅游反哺社区。鼓浪屿文化遗产保护需要得到社区的广泛支持，由于遗产的大部分都属于社区私人所有，因此遗产保护的红利也应由社区共享。为了支持社区发展，政府部门现有的反哺举措包括：提高户籍居民过渡补贴；岛上国有景点免费对鼓浪屿户籍居民开放；公房优惠招租引入平价理发店、玻璃店、照相馆等民生经营店铺；利用公房资源支持国有企业在社区设立平价超市，并扩大商品经营种类范围，满足居民日常生活所需和减轻日常生活成本负担等。鼓浪屿正式列入世界文化遗产后，政府进一步承诺

鼓浪屿2010—2016年主要经济指标　　表5-3

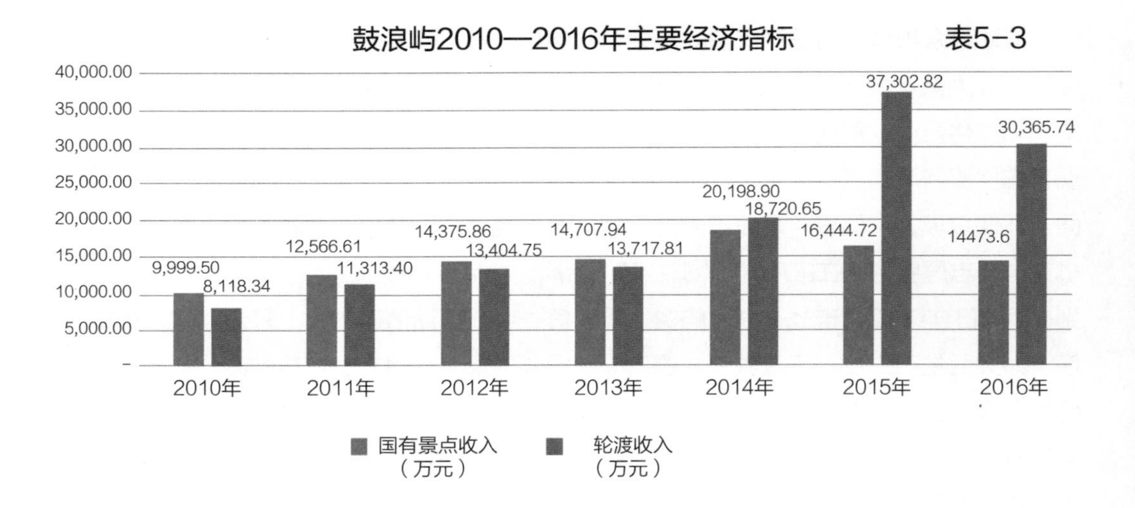

将从船票、景区门票、民宿等旅游收入中提取一定比例，作为文化遗产地保护和补贴社区的专项基金。资金保障反哺政策对社区发展显然具有十分积极意义。由于运输成本大，加上旅游景区的特点，岛上物品可以适当提高一定比例价格，然后地方政府对岛上的户籍居民或常住居民等实行物价补贴，就像厦门市成为经济特区后实行的特区补贴一样，如此岛上居民可以实实在在获得实惠。再如，由于计划迁建货物运输码头，政府试图给予岛上居民燃气运费补贴，或者为了方便过渡，街道社区管理部门每年给予岛上居民一定数量的免费过渡船票，供岛上居民亲戚探访使用。但实际上各家各户的需求并不一样，反哺可实际享受到的实惠并不能得到充分体现。有鉴于此，可以直接以现金的形式给予居民补贴，居民可将补贴用于各自所需。其他举措还可包括，政府直接开设民生服务性店铺，实行普遍性政府转移补贴或“以奖代补”优化社区治理方式等。

2. 遗产活化利用

遗产活化理念

2017年的德里宣言指出：“文化遗产的管理必须考虑完整性和真实性；历史场所的遗产和活力是吸引创意产业、企业、人口和游客的首要来源，也为经济增长和繁荣提供了环境”。文化遗产的传承与活化，亦即文化遗产的保护与利用，重要在于真实性与完整性的体现。鼓浪屿曾经是历史上的国际社区，其文化遗产价值应完整体现为当下社区生活的真实存在和历史国际社区的文化传承。从某种意义上讲，鼓浪屿一直延续着活态社区的存在，经历了国际社区、城市社区、旅游社区和文化社区，特别是成为世界文化遗产后，鼓浪屿的未来发展定位为文化社区加文化景区。因此，保持鼓浪屿社区具有人的生活气息，以及文化的活力，这是体现和感受遗产文化最直接、最重要的方面；再者，由于时代的发展与变迁，有相当一部分建筑的产权人几经变更，建筑的重新利用变成必然，如何按照遗产保护的目标、文物保护的要求加以恰当利用，是鼓浪屿遗产保护的一项重要工作。因此，鼓浪屿的保护利用框架将是"当下真实社区生活"和"历史国际社区展示"的相互叠加与融合，形成以面为基础、以点为代表和以历史为感受、以现实为呼应的组合系统。形象地看，鼓浪屿文化遗产将是"社区生活馆"与"社区博物馆"的综合展现。遗产建筑活化利用的基本理念是：满足社区生活需要；展示历史社区文化和适度服务旅游发展。另外，对"活化利用"的理解，通常是改变建筑原有的使用功能作新的利用，但对文化遗产社区而言，活化利用也包括恢复原有使用功能，特别是从不好的使用状态恢复为良好的使用状态，而这也是遗产保护真实性的有力体现。

遗产活化利用目标

一是展示历史社区。鼓浪屿作为世界文化遗产包括整个岛屿，而其中的核心要素则是53个以历史建筑为主体的建筑群，并作为遗产地的文化遗存和见证，其核心要素本身就是一百年前历史国际社区发展完整故事的重要载体，因此游览遗产地的核心要素应当成为鼓浪屿未来旅游发展的重头戏。作为核心要素的老建筑，一部分保持原来的功能继续使用，如各类宗教建筑和住宅等；另一部分则作为遗址或历史国际社区文化的展示，也就是鼓浪屿的"社区博物馆"。由于这些建筑分布在岛上的各个区域，根据空间分布集中与分散的特点，组织形成贯穿全部要素的多条文化游览线路，同时还可根据游览时间的长短，形成半日游、一日游和两日游等不同组合线路，供游客领略和体验鼓浪屿的全部遗产文化或遗产精华。在文化展示方面，除了结合老建筑的线路外，还可规划建设专题文化展示，从涉及的文化范畴看，鼓浪屿至少包含了建筑、宗教、音乐、华侨、外侨等多元文化，这些文化主题都可成为鼓浪屿对外展示的重要内容。游客还可通过游览社区文化线路和了解社区文化专题，去全面理解鼓浪屿作为世界文化遗产的完整内涵，而这也是提升鼓浪屿旅游品质并实现旅游转型发展的重要方面。

二是营造社区生活。除了核心要素外，鼓浪屿的文化遗产还包括岛上一百多处各级文物建筑和占全岛一半近千幢的历史建筑，这些建筑也是文化社区的主要载体。鼓浪屿的文化社区和文化景区是不可割裂的整体，如果说过去的鼓浪屿景区多停留于山体、绿化等自然要素的话，那么成为世界文化遗产后，全岛的组成特别是以历史建筑为主体的文化社区，则自然成为未来旅游转型与提升发展的依托，文化社区也是文化景区。因此，鼓浪屿的文化旅游除了上述的"社区博物馆"外，让外来游客体验其真实、活态的社区，则更具有文化遗产的保护价值与展示意义。现存的社区将以见屋见人的"社区生活馆"而成为文化旅游的新看点，"社区博物馆"叠加"社区生活馆"可以全面展示鼓浪屿文化社区的完整内涵。活化利用岛上的老建筑也是深度展现文化社区内涵的重要方式。近年来，在政府鼓励与引导下发展起来的鼓浪屿家庭旅馆民宿业就是其中的代表，鼓浪屿家庭旅馆的定位特色为体验老别墅风情，也就是在保护好整体环境和遗产建筑的前提下，让外来游客客居在岛上的老建筑内，体验和品味老建筑的历史和文化，这也是鼓浪屿民宿业的发展方向。此外，鼓浪屿突出的普遍价值之一是不同文化的融合发展，中、西并存的鼓浪屿社区宗教文化，像佛教、道教、基督教、天主教等，仍发挥着服务民间信仰的积极作用，同时也是维系鼓浪屿社区生活的重要纽带。保护好宗教建筑等文化遗产，积极支持活态的各类民间宗教活动，这也是吸引外来游客体验文化生活的渠道与途径。

三是强化文化体验。鼓浪屿有“琴岛”美誉，曾经是中国钢琴密度最集中的地方。鼓浪屿早期发展受西方文化和教育的影响，从鼓浪屿走出的诸多成名音乐家就可见一斑，而这也成了厦门本地人引以为豪和多数游客对鼓浪屿的美好记忆，后来随着鼓浪屿人口的不断外迁，鼓浪屿的音乐文化特色就日渐消失。从鼓浪屿的未来发展看，无论是旅游吸引力的需求，还是文化遗产的真实性追求，保持并传承好鼓浪屿音乐文化特色都是亟待通过各方努力做好的一件事，而事实上鼓浪屿也具备相应的潜力和优势。从音乐文化的展示看，鼓浪屿现有全国最早设立的钢琴博物馆、风琴博物馆等，以及新近利用老别墅黄荣远堂开设的中国百年唱片博物馆，而已建成的还有中国大陆地区最大、亚洲第三大的单体管风琴演出与展示馆等；从音乐文化的传承看，鼓浪屿社区中仍有200多台钢琴，以及家庭音乐会、社区合唱团和家庭乐队（雷厝乐队）等表演形式。政府采取“以奖代补”等方式加以鼓励，并引导家庭音乐会以恰当方式供外来游客领略。家庭音乐会现以音乐厅等公共场所作为表演场地，虽然表演者并不全是家庭成员，但表演方式仍具有家庭的亲切氛围，并让游客参与其中；从音乐文化的展演看，2017年鼓浪屿音乐厅的演出场次多达168场，大部分场次的表演者为本岛或本地艺术团队，如鼓浪屿音乐学校师生或社区演出团体，尽管本岛或本地团队不是最高水平，但他们的表演恰恰体现了本土文化的真实性和地域特色。此外，鼓浪屿钢琴节、外地（国）团体演出的音乐周等则颇具吸引眼球，而目前的问题是宣传力度不足，厦门本地人对鼓浪屿音乐文化的了解和参与还很不够，外来游客的音乐文化素养还有待强化；从音乐文化的教育来看，

图5.2-1 鼓浪屿拥有中国第一大管风琴卡莎翁

鼓浪屿上还保留音乐学校，并仍具较强吸引力，音乐学校的师生本身就是鼓浪屿音乐文化的表演者和传承人。随着鼓浪屿成为世界文化遗产，社会各界都认同应保持鼓浪屿的音乐教育特色并着力做强做精，这就需要提供音乐教育更好的办学条件，如增加教学与宿舍空间，但由于鼓浪屿不能再有新的建设，因此整合岛上既有的建筑空间资源，通过合理规划腾出鼓浪屿原有办公场所空间等，为音乐文化教育提供实质性支持。

遗产活化利用探索

鼓浪屿建筑状态与特点分析。鼓浪屿上受到保护的建筑，主要是依据出台于2000年并修订于2009年的《厦门经济特区鼓浪屿历史风貌建筑保护条例》，依次列入被保护的历史建筑。在联合国教科文遗产保护组织作出的鼓浪屿世界文化遗产决议报告中，特别指出鼓浪屿上现存的931栋历史建筑是遗产价值的重要组成部分，931栋历史建筑中有391栋已经厦门市政府正式公布、挂牌，其中公布的历史建筑中有150多处被列入各级文物保护单位。申遗文本选取的53组，包括历史建筑、历史道路和自然景观以及文化遗址，是鼓浪屿最具文化价值代表的核心要素，共涉及历史建筑70栋。这些不同保护等级的历史和文物建筑是鼓浪屿文化遗产最重要的部分。

统计分析看到，鼓浪屿被列入保护的历史建筑具有两个特点。一是建筑产权构成复杂。由于历史社区的形成主要集中在一百多年前，建筑的产权基本是私人所有，虽然在中华人民共和国成立后的一段时间，多数建筑由政府代管使用，但随着我国改革开放落实华侨私房政策的推行，大量历史建筑物归还原主，重新由私人业主拥有和使用，所以岛上的私有产权历史建筑占70%左右。同时，由于年代久远并有多数原产权人侨居海外，这些老建筑产权的后代继承人构成庞大、复杂并有下落不明等情况。研究发现，核心要素的70栋历史建筑中公有产权虽占多数，但其中有一部分建筑产权属于国家机关或部门，如国家海关、外交部以及部队等，还有一部分属于地方教会等，公房的构成也表

核心要素建筑权属分类统计（栋） 表5-4

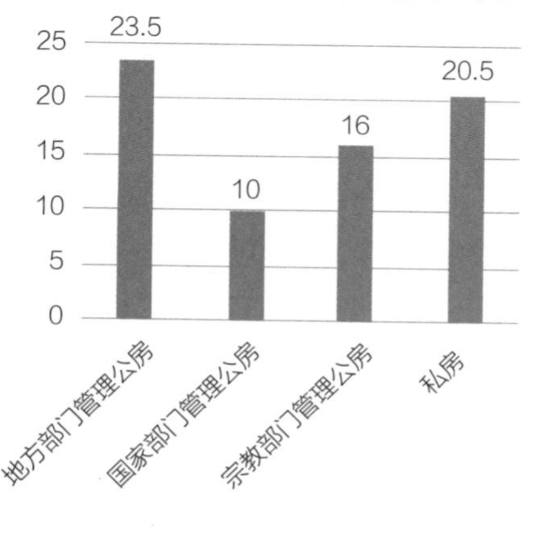

核心要素建筑规模统计（m^2） 表5-5

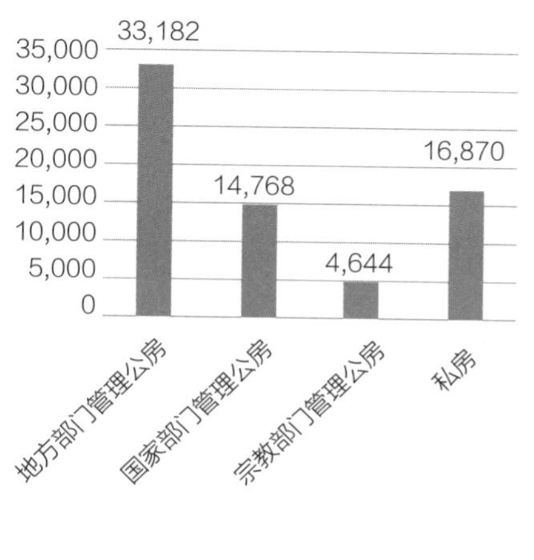

鼓浪屿遗产建筑产权构成统计　　表5-6

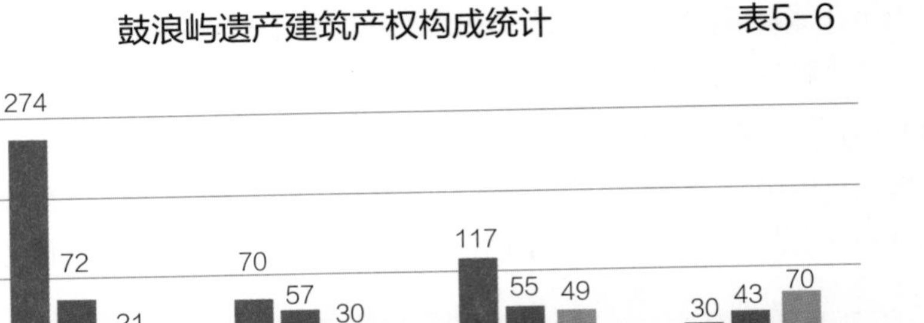

现出复杂性。产权构成的复杂对实施遗产的保护与利用增加了难度。二是建筑规模偏小。虽然数量只占全岛建筑的3%，但70栋核心要素历史建筑面积规模却占到全岛建筑的10%，说明列入核心要素的历史建筑多是鼓浪屿的大建筑。由于历史建筑多为居住功能建筑，所以除极少量当时作为公共建筑达到4000~5000m^{2}的单体规模外，基本都在1000m^{2}以下，建筑规模偏小的特点也会影响建筑活化利用的具体实施。此外，由于这些核心要素多分布在全岛的社区范围内，所以在空间上也显得略为分散，势必对整体利用产生一定影响。

文化遗产活化利用的政策支持。厦门市政府发布的《鼓浪屿文化遗产核心要素保护管理办法》，为核心要素的活化利用发挥重要政策指引作用。在保护利用原则上，提出全面贯彻“保护为主、抢救第一、合理利用、加强管理”的基本方针，确保鼓浪屿文化遗产的真实性和完整性，发挥文化遗产的公益性。核心要素的利用，要特别强调公益性，因为世界遗产是世界性财富，应为世界所有，哪怕遗产是私人财产，它的遗产价值也应为世人所认识和分享。德里宣言的理念是：保护和分享世界遗产也是人权的体现。《鼓浪屿文化遗产核心要素保护管理办法》对于国有产权的遗产要素，明确要求国有产权的文化遗产核心要素不得转让、抵押，而用于建立博物馆、保管所或者辟为参观游览场所的，不得作为企业资产经营。对于非国有产权的文化遗产核心要素用作其他用途的，以及涉及转让、抵押、合作、出租、出借的，由业主方向鼓浪屿文保机构报备，其中用作其他用途的，还应符合鼓浪屿文化遗产保护规划，坚持保护为主、合理利用的原则，对空置的申遗核心要素要加以利用，引进符合鼓浪屿业态扶持政策的优质项目入驻。这些都是对公、私产权核心要素保护和利用的限制性规定，确保公益性的体现。当然也有政府与私人在不同产权遗产要素之间互动的鼓励性规定。例如，经政府部门投资修缮、布展及管理的非国有产权的文化遗产核心要素，鼓浪屿文保机构与业主方通过签订协议的方式，明确权利让渡等有关事宜。业主方转让文化遗产核心要素产权的，需偿还政府部门前期投入文化遗产核心要素的修缮及布展资金，并报鼓浪屿文保机构及相应文物行政部门审批，同等条件下政府部门有优先购买权。鼓浪屿文保机构借用非国有产权的文化遗产核心要素作为申遗展馆的，经鼓浪屿文保机构与业主方或使用权人协商，签订租赁协议并支付相应租金，明确维护、修缮的责任、展品保存的义务及相关权利让渡等条款。对业主方自行管理的展馆，鼓浪屿文保机构按鼓浪屿申遗活动项目“以奖代补”，暂行规定及鼓励扶持文化产业发展的相关文件给予相应补贴。租赁协议期满后，由鼓浪屿文保机构按约定收回政府投入的各类资产等。这些规定实质上明确了政府可以出资用于私人建筑的保护与利用，以及资金奖励等形式，开创性地为各类权属遗产要素的活化利用提供了资金、责权等政策支持。

活化利用原则与多样方式。积极的使用、恰当的利用是对文物和历史建筑的最好保护。在切实做好保护的前提下，从建筑的层面开展活化利用工作，做到既展示鼓浪屿的历史文化及其遗产价值，又与当代的社区生活相辅相成，融合发展。通过制定核心要素和历史建筑保护利用导则和保护方案，确立文化遗产要素和历史建筑的三大利用原则，即真实性原则，按建筑原功能继续使用；文化性原则，展示建筑的历史文化价值或作为与鼓浪屿文化特色相呼应的文化性活动场所加以使用；公共性原则，世界遗产属于全人类所有，遗产核心要素应对公众开放、展示和使用。

为了实现有效保护和积极利用的目标，针对上述的建筑权属和建筑规模特点，依据《鼓浪屿文化遗产核心要素保护管理办法》，遗产地管理部门根据办法规定，采取多样灵活的方式与手段对历史建筑加以合理利用。

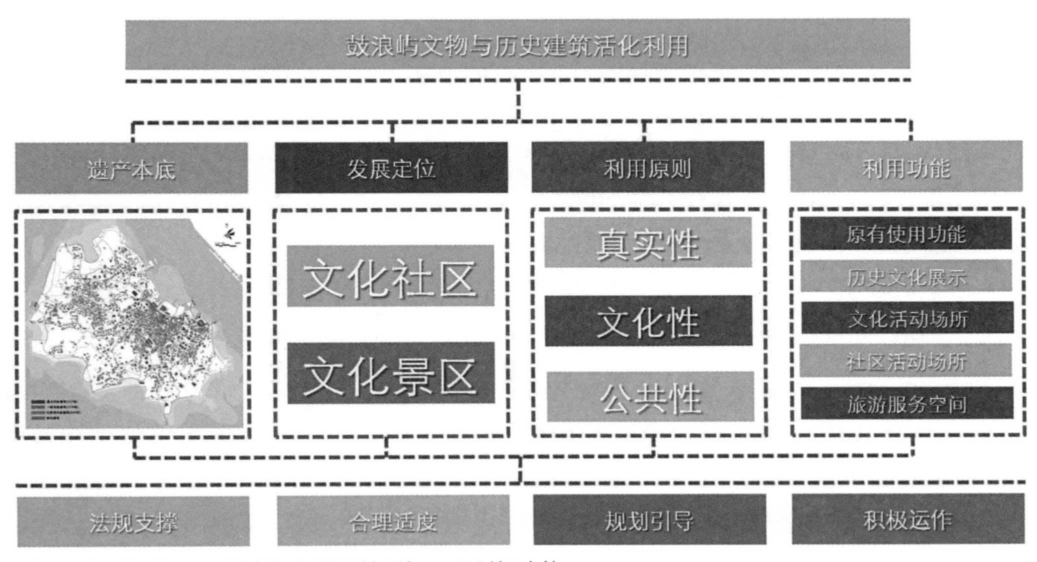

图5.2-2 鼓浪屿文化遗产活化利用的目标、原则与功能

一是地方政府直管公房。由于直管公房处置权掌握在遗产地管理部门手里，这类建筑相对易于保护与利用管理，例如早期的西林别墅在20世纪60年代就成为郑成功纪念馆，而八卦楼则成为厦门市博物馆和后来的风琴博物馆等。同时，直管公房也存在历史形成的多户共住问题，并影响历史建筑的保护要求。通过制定提供其他地区公房，加上搬迁奖励资金补贴的方式，出台了鼓励公房住户搬迁的政策，这对腾空后的遗产核心要素公房或历史风貌建筑公房加以修缮和利用就显得容易多了，例如汇丰银行公馆、宏宁医院等核心要素的处理方式。搬迁加奖励的方式也适用于遗产核心的私房部分，如黄氏小宗，通过搬迁政策将居住其中的多户原住民疏解到岛外地区，黄氏小宗仍归私人所有，而建筑修缮后则处于比较好的保存状态。这种类型的处理方式受到原住户的极大欢迎，因为政府除了按迁移人口数量提供相应标准的成套公租房改善其居住条件外，每户还可获得一笔多达五六十万元的搬迁综合补贴和奖励金。当然，政府实施这项政策需付出不小的财政负担。当然，以此政策为导向的最大好处，可以减轻历史建筑的超量负荷。比如有的老建筑内有多户人家，要把全部住户都搬出难度不小，而且搬空后也不见得都有做商业或其他功能的需要，因此可适当搬出有意愿的几户，腾挪出的空间可用于改善其他住户的厨房、卫生间等配套用房，达到了既改善居住条件也实现保护建筑的目标，因此活化利用也包含原有功能下的合理利用或优化利用的含义。

二是由国家部门管理的遗产核心要素公房。这种类型的文化遗产核心要素占总量的比例不小，因为新中国成立后岛上的外国领事馆多划归外交部；清政府时期的厦门海关用房，如大北电报公司、海关税务司官邸、海关关员公寓等在新中国成立后则交由厦门海关管理与使用；还有一些建筑则交由军区部队开办疗养院，如日本人建的博爱医院；再就是交由厦门大学使用管理的日本领事馆等，这些由国家部门管理的建筑大多是代表文化遗产的核心要素。通过地方政府与国家部门的积极沟通与协商，依据管理办法实施“公房托管”方式，即由国家部门将所属的核心要素历史建筑委托遗产地政府加以管理，根据相关要求实施保护与利用。如美国领事馆、英国领事官邸以及大北电报局等核心要素，经过地方政府的保护修缮，作为美术画廊、大师工作室以及共享遗产展览等使用，地方政府则提供相应的保障作为对房屋托管的反哺。

三是大部分公房权属的宗教建筑和部分私人建筑处于自用状态。根据管理办法规定，政府可以资助这些建筑的维修与展示，并通过“以奖代补”的方式鼓励业主对建筑加以一定形式的文化展示。岛上所有宗教建筑均归属厦门市民族宗教局管理下的各个宗教协会，处于正常使用中，它们在申报世界文化遗产中均得到政府出资实施不同程度的修缮与保养等。私人住宅方面如黄聚德堂家族、春草堂等，政府以“以奖代补”的形式，鼓励业主自行维护遗产要素，业主在建筑内的局部空间布置家族发展的文化历史展，并对外来访客作局部开放展示。早在十余年前，就有日本游客上岛后，专门寻访鼓浪屿的原住民进行访问和交流，了解岛上人们的生活和社区的历史文化等，相较于一般的走马看花，这种人文性的旅游体验或许更有深度与价值，这也是文化遗产价值的重要展示与传播方式。

四是私房的自营或出租利用。通过政府管理部门审查许可方式，允许私房业主或租用人根据历史建筑保护利用导则和保护方案要求，并依据政府出台的《鼓浪屿家庭旅馆管理办法》等，按相关程序开展经营利用。对建筑的恰当利用是有效保护的重要方式，同时允许私有建筑改变原有使用功能加以积极利用，在经济上也是对业主的一种实在的政策支持。当然，改变功能的利用也存在对遗产保护的影响等风险，这需要制定完善的管理规定并实施严格的管理，包括遗产的历史文化价值保护和消防安全等方面的妥善管理。岛上私房的利用多是经营家庭旅馆，其他还有用作咖啡馆、餐厅等。不过，在业主自营和出租经营方面，政策尚未出台分类管理办法。一般来说，业主自营，除了业主通过经营获得收益外，在对建筑利用时更会爱护自有物业，避免随意的改变或破坏，而建筑出租他人利用与经营时，容易出现对建筑利用产生过度干预的问题。所以，相关政策的制定应趋向鼓励房屋业主进行自主经营，也更能体现鼓浪屿社区的原真性，对出租他人经营的应在税收、业态上实施更为严苛的管理。政府管理部门在鼓浪屿家庭旅馆管理政策的制定上也存在误区，如规定经营者本人不得居住在旅馆内等，这是不合理的。其实，之所以允许私人业主经营家庭旅馆，就是因为私人住家有多余的空置房间，政府出于支持岛上居民有新的经济来源而设定的民生政策。家庭旅馆或民宿的最大特色就在于客人与主人共同生活起居，从而使客人获得老社区生活的真实体验。

五是私房转化为公房后实施保护利用。针对部分有特别文化价值的私有核心要素，政府通过征收或购买的方式，将私人产权转化为公有产权后再实施保护与利用。如原为私人产权的英商亚细亚火油公司旧址列入遗产要素后，本着业主有出让的意愿，经由政府与私人业主的沟通协商后，由政府管理部门购买。经过实施保护修缮后，作为厦门外文书店和社区文化沙龙场所使用。

遗产建筑活化利用多样化运作管理方式　　表5-7

序号	产权类型	管理形式	财务政策	规模	案例	备注
1	公房	自管	政府资金	大量	会审公堂等	
		托管	政府资金	适量	美国领事馆、英国领事公馆	外交部、海关
2	私房	自用	以奖代补	大量	春草堂、教堂	政府资金支持
		租用	支付租金	少量	黄氏小宗、黄荣远堂	政府、私人均有
3	私房转公房	征收购用	政府资金	少量	亚细亚火油公司	有价值核心要素

图5.2-3 保持建筑原有使用功能
（左为春草堂。岛上保持作为家庭居住使用的文化遗产核心要素，并开辟部分空间用于向公众展示家族发展历史）

鼓浪屿文化遗产活化利用实践与成效。在三大利用原则基础上，鼓浪屿遗产建筑的活化利用进一步具化为两大类和4种利用功能。第一类为保持原有使用功能，继续按建筑原有功能加以使用。第二类为改变建筑原有功能实施活化利用，包括4种利用功能，一是结合建筑自身历史文化开辟专题文化展示；二是作为社区活动或公益性办公场所；三是作为经营性文化展示活动场所；四是作为旅游服务加以利用。

通过制定积极的政策、采取灵活的措施和推进多方的协商，全岛的遗产核心要素建筑得到了较为全面和系统的合理利用，取得良好效果。

一是按建筑原功能加以使用，包括各个宗教场所，如协和礼拜堂、三一堂、天主堂、种德宫、日光岩寺等，继续由各种宗教协会组织管理，开展日常活动。如协和礼拜堂作为教会的唱诗活动场所并对外来游客开放，展示和介绍教堂的发展历程。供奉本土道家神明的种德宫，仍保持正月期间的“乞龟”和“神明巡游”等民俗传统，日光岩寺作为岛上唯一的佛教寺院，与日光岩、龙头山寨和延平文化等共同组成风景名胜，日起日落的佛家生活成为鼓浪屿文化遗产的独特人文景致。私家民宅如春草堂、大夫第等，仍由原业主后代居住使用，春草堂的后人还将老屋的客厅用作家族发展历史展览，供来访者参观了解。

二是结合历史上建筑曾经使用过的功能，向公众开放与展示建筑的历史文化，并作为展示建筑历史文化价值的专题展馆，这也是鼓浪屿社区型博物馆的计划安排，更是鼓浪屿作为世界文化遗产的重要展示部分。这其中包括了中南银行旧址展示银行创办发展历史；会审公堂旧址展示公共地界司法管理历史；毓德女学校旧址展示鼓浪屿教育历史；大北电报局旧址展示鼓浪屿电报通讯发展历史和私立宏宁医院旧址等。中南银行旧址除了做历史文化展示外，还将招商银行设置在该建筑内，部分恢复作为原有功能使用。其他的医疗、教育、法律和科技等专题展示，均代表性地成为鼓浪屿社区作为近代

图5.2-4 社区博物馆作为历史文化展示使用

图5.2-5 作为文化活动场所使用
（故宫博物院在鼓浪屿开办的故宫外国文物鼓浪屿分馆）

城市受到全球化浪潮发展的见证。

三是结合建筑有利的空间与环境条件，作为展示鼓浪屿音乐、艺术和文化的公共活动场所，包括博物馆、展览馆或艺术馆等。这一形式是历史建筑活化利用最常见、也是最主要的方向，同时也是鼓浪屿作为著名游览区典型文化与人文旅游的有机结合。作为岛上规模最大的私人住宅——八卦楼，在20世纪80年代就成为厦门市的博物馆被加以文化性利用，后随着厦门城市空间的发展壮大，博物馆外迁后成为风琴博物馆。馆内所有风琴来自于鼓浪屿的澳洲华侨胡友义先生的捐赠，现在已成为游客参观的热门景点。美国归正教会创办的救世医院，经过保护修缮后成为故宫鼓浪屿外国文物博物馆，救世医院内的护士楼则作为博物馆的办公楼使用。这个博物馆是正宗故宫出品，故宫博物院院长单霁翔先生小时候曾经在鼓浪屿生活过一段时间，对鼓浪屿有特别的情怀，非常支持将故宫里的外来文物放到鼓浪屿上，在文物建筑里展示文物，除了让更多的故宫文物活起来外，外国文物也契合了鼓浪屿的外来文化的特征，二者相得益彰。在黄荣远堂开办百年中国唱片博物馆，则为鼓浪屿增添了不少文化内涵和特色。中国唱片博物馆的布置，完整体现了建筑的原有格局与装饰特色，并专门开辟了一个展厅介绍该建筑的特色及其与音乐的不解之缘，较好地诠释了遗产本身的特色与价值。

四是结合建筑的自身特色，开辟成为外来游客体验鼓浪屿文化的旅游服务设施，包括民宿、咖啡馆等。最有名的当属黄家花园，是体验鼓浪屿老别墅风情的民宿典型代表。新中国成立后黄家花园由政府代管，用于鼓浪屿宾馆接待内外来宾，包括邓小平、尼克松等大人物，后来落实华侨政策，房屋归还业主的管理机构——黄聚德堂，并开办家庭旅馆对

图5.2-6 作为社区公益、办公等使用
（历史建筑被用作遗产监测中心、鼓浪屿国际研究中心和社区公共议事会、社区会客厅等使用）

图5.2-7 作为商业服务功能使用
（家族旅馆（民宿）、咖啡馆和旅游购物场所是鼓浪屿文化遗产活化利用的体现）

外服务。在利用作为旅游服务设施的同时，业主还在建筑群的中楼，即中德记的会客厅布置了家族历史展览，以展示文化遗产的历史与价值等。此外，如伦敦差会女传教士楼成为富有鼓浪屿宗教文化特色的喜林阁家庭旅馆；汇丰银行公馆成为观赏鼓浪屿和鹭江景色的咖啡馆；圣教书局成为咖啡阅读休闲场所等。这一类型的活化利用是结合旅游发展的必然结果，历史建筑开办家庭旅馆可以让游客感受和体验老别墅的情调和海岛的风情，其他的商业服务则以不影响建筑保护为前提，咖啡轻食、阅读书屋和旅游商品销售等都是在可接受的功能范围内，因为鼓浪屿的老建筑体量规模都较小，试图通过经营取得大规模的经济效益并不现实，加上文化遗产的公共性要求，就是作为商业用途也应避免成为小众群体私有化使用的倾向。例如汇丰银行公馆，由于相对独立位于笔架山摩崖石刻上，是观赏鹭江两岸景色的绝佳位置，因此作为向公众开放的小型咖啡馆是不错的选择，既可向公众开放展示文化遗产价值，又可成为旅游线路上的观景点和休憩处，一举多得。

五是为社区使用或作为公益性办公等。这个功能也是文化遗产或历史建筑活化利用的鼓励方向。一个典型的案例是：市场路闹市中的延平戏院，经过修整后作为鼓浪屿社区的公共活动场所，是老鼓浪屿人的会客厅，二楼戏院继续作为电影放映厅，供社区公共使用。一楼的保护利用计划是，一部分继续作为市场使用，即用作展示和销售鼓浪屿特色产品的市场，如鼓浪屿馅饼、黄金香肉松等特色产品；另一部分作为社区会客厅，也就是社区活动的公共场所或老鼓浪屿人回到鼓浪屿“化仙”（聊天）和聚会的场所。其他案例还有，会审公堂旧址除了展示鼓浪屿公共地界法律制度与管理历史外，还将部分空间作为社区公共议事会的办公与活动场所，赋予老建筑新的社会功能和意义；中南银行的三楼、四楼空间较为宽阔，被利用作为遗产地监测中心机构办公使用。此外，还在宏宁医院旧址的副楼开办鼓浪屿国际研究中心，开展鼓浪屿历史文化的国际研究与交流，在鹿礁路的小白楼历史风貌建筑内开设鼓浪屿历史风貌建筑保护研习基地等。

鼓浪屿遗产建筑活化利用统计　　表5-8

<table>
<tr><th colspan="4">文化遗产核心要素（文物建筑）使用类型</th><th>使用功能</th><th>项目</th><th>数量</th><th>比例（%）</th><th>备注</th></tr>
<tr><td rowspan="8">活化利用</td><td>1</td><td colspan="2">社区服务</td><td>文化活动议事会</td><td>会审公堂、延平戏院</td><td>2</td><td>3</td><td></td></tr>
<tr><td rowspan="2">2</td><td rowspan="2">文化展示</td><td>本体文化展示</td><td>遗产文化展示</td><td>大北电报公司（共享遗产展）、毓德女校（教育展）、中南银行（金融展）、会审公堂（司法展）、宏宁医院（医疗展）、汇丰银行职员公寓、美国领事馆（画展）、自来水公司、英国领事公馆、燕尾山午炮台、海关通讯塔、工部局遗址、和记洋行仓库遗址、汇丰银行公馆、海关副税务司住宅（2）、黄家花园（中德记）</td><td>17</td><td>22</td><td></td></tr>
<tr><td>文化活动场馆</td><td>博物馆纪念馆</td><td>救世医院（故宫外国馆）、黄荣远堂（唱片馆）、瞰青别墅（郑成功纪念馆）、西林别墅（郑成功纪念馆）、杨家园（鱼骨馆）、八卦楼（风琴馆）、海天堂构（2）</td><td>8</td><td>11</td><td></td></tr>
<tr><td>3</td><td colspan="2">参观游览</td><td>旅游景点</td><td>延平文化遗址（龙头山寨）、菽庄花园、海天堂构、三和宫摩崖石刻、三丘田码头</td><td>5</td><td>7</td><td></td></tr>
<tr><td rowspan="2">4</td><td rowspan="2">经营服务</td><td>文化服务</td><td>书店</td><td>番婆楼（外文书店）、海天堂构（晓学堂）、延平戏院</td><td>3</td><td>4</td><td></td></tr>
<tr><td>旅游服务</td><td>民宿、购物咖啡馆</td><td>黄家花园（2民宿）、吴添丁阁（片仔癀）、伦敦差会女传教士楼（民宿）、圣教书局（咖啡馆）、安献楼（疗养院）、四落大厝（旅游购物）、杨家园（2民宿）</td><td>9</td><td>12</td><td></td></tr>
<tr><td>5</td><td colspan="2">公益办公</td><td>研究机构遗产管理</td><td>中南银行（监测中心）、宏宁医院（鼓浪屿文化研究中心）、日本领事馆、日本警察署及宿舍（2）、救世医院护士楼（故宫办公）、海关理船厅公所、万国俱乐部（会场）</td><td>8</td><td>11</td><td></td></tr>
<tr><td>6</td><td colspan="2">其他</td><td></td><td>三落姑娘楼、博爱医院、廖宅</td><td>3</td><td>4</td><td>修缮中</td></tr>
<tr><td rowspan="3">原样使用</td><td>1</td><td colspan="2">住宅</td><td>私宅宿舍</td><td>大夫第、海天堂构（2）、春草堂、金瓜楼、四落大厝（3）、海关验税员公寓、杨家园</td><td>11</td><td>15</td><td></td></tr>
<tr><td>2</td><td colspan="2">宗教场所</td><td></td><td>协和堂、三一堂、天主堂、日光岩寺、种德宫</td><td>5</td><td>6</td><td></td></tr>
<tr><td>3</td><td colspan="2">其他</td><td></td><td>洋人球埔、华人牧师墓地、电话公司、黄氏小宗</td><td>4</td><td>5</td><td></td></tr>
<tr><td colspan="6">合计</td><td>75</td><td>100</td><td></td></tr>
</table>

根据核心要素历史建筑实施活化利用情况统计，保持原有使用功能的为26%，实施活化利用的为70%，少量的约为4%在维修中待用。活化利用的文化展示（含参观游览）、社区服务（含公益办公）和经营服务分别占40%、14%和16%，其分类利用比例结构趋于合理，既体现文化性、多样化，又达到适度、均衡的要求，特别是避免了过度商业化。另外，对全岛近400栋历史风貌建筑近几年利用功能的统计与对比分析也看出，作为居住使用（原功能）的建筑比例有所减少，而转变为商业等多样化各类用途有所增加。总体来看，鼓浪屿文化遗产核心要素与历史建筑的活化利用，是在确保符合按建筑保护等级要求的前提下，有机融合了文物保护、文化展示、合理使用（利用）和传承发展等多个方面的目标，取得了文化遗产发展的社会、环境和经济的综合效益。

3. 遗产活化利用的相关思考

文化遗产资源利用的公共性问题。成为世界文化遗产后，遗产本体在一定意义上就不再是私人专有的财产。在私人权益得到应有的保障或补偿的基础上，文化遗产资源就具备了明显的公共性或公益性，这也是国家对文物古迹的基本要求。对于鼓浪屿这种社区型文化遗产而言，遗产的构成具有广泛的开放性和复杂性，遗产本体既有公产也有私产，功能更是多样化。要想做好鼓浪屿的遗产保护，就需要把遗产保护与利用有机结合，这样才能使遗产保护具有可持续性。在遗产活化利用的实践中，坚持遗产保护与利用的公共性或公益性非常重要，因为世界文化遗产首先是属于世界的，因此要避免出于某种利用方式，使得文化遗产变成私人专有或小团体享有，从而失去向世界、大众展示和传播其突出普遍价值的意义。香港历史建筑活化利用的“合作伙伴计划”是很好的尝试，他们将历史建筑通过严格遴选机制交由非政府的公益组织加以利用与管理，评价标准就是保护状况和发挥社会公益效益的情况。将文化遗产的利用定位在公共性与公益性上，这无疑是正确和重要的。

图5.2-8 众多业主对家族祖业建筑的处置意见时常不统一

复杂建筑权属的有效管理问题。鼓浪屿文化遗产活化利用需要面对的首要问题，就是极其复杂的建筑权属与有效管理。鼓浪屿文化遗产的本体组成，主要是近千幢的文物和历史建筑。一方面，其中的私房占遗产建筑保护对象的3/4，量大面广，私房权属构成极其复杂并伴有大量历史遗留问题。主要表现为：建筑历经家族几代传承，通常拥有大量共有产权人；共有房产未及时析产，并伴有房屋权证资料缺失现象；产权人多为涉外华人，海外失联情况普遍；涉及房屋的人员包括产权人、代理人、管理人、租用人、占用人等，人群多样、关系复杂，同时为了保护既得利益，存在保护政策不通畅和信息不对称等；多数产权人经济能力弱，来自业主的保护动力不足；产权人多而导致对房屋处置意见和主张不能达成一致；此外，由于落实私房政策，还存在一栋建筑公、私混合管理与使用情形，客观上又增加了保护利用的难度。另一方面，其中的公房占遗产建筑保护对象的1/4，数量虽少，但多属重点保护对象（核心要素比例高）。公房的保护利用同样也存在不小难度：一是公房分属国家、地方各级多个部门，包括部队军区、国家海关、外交部、教育部（厦门大学）、海洋局等大单位，实行相对独立的使用管理，在遗产地日常管理中协调难度大；二是一些重点保护对象（如观海园内建筑群），由于早期租赁合同确定的出租年限较长（有的长达40年），使用管理权由承租人控制，形成历史遗留问题，难以实施有效利用和管理；三是早期作为居住使用的公房历史建筑，一般一栋建筑由多个住户共同使用，许多建筑处于超负荷不佳使用状态，亟待改善。

活化利用与“为我所有”的关系问题。文化遗产保护利用管理包括多层次目标和多方面工作，一般有“为我所管、为我所用、为我所有”等几个层面。为我所管是指对文化遗产实施有效管理，这是文化遗产保护管理的基本要求；为我所用是指符合遗产保护前提下的恰当使用，是文化遗产活态传承的基本目标；为我所有，广义上是指文化遗产属于全人类所有，具有公共、公益属性，但这并不意味着要把社区里的遗产建筑通过资本收购的方式，大量变成政府资产。国内近年有不少地方在实施历史街区或历史社区的保护与利用时，采取政府性质的国企或私人财团大规模收购方式，实现遗产本体为我所有，这样做虽然易于实施快速的保护和利用，但也将会使历史社区失去真实性和多样性，因为收购后的大量建筑根本上变成了单一业主，并且在使用功能上将出现大量的商业行为。所以，采取政府国企介入大规模收购，鼓浪屿将变成纯粹的博物馆和旅游区，从而失去鼓浪屿文化社区的多样性与真实性。从某种意义上说，鼓浪屿的各种人群，包括居民、部队、学生、信众、商家、游客等，他们都是社区生活的真实体现和活力所在。对于有重要价值的遗产核心要素，则可力求为我所用、为我所有，同时也不排斥私有产权遗产建筑的自由转让，因为市场的行为正是社区与社会多样化的基础，当然应对私有产权文化遗产建筑市场加以严格管理，包括建筑转让的报备制度以及对私人大规模收购行为的监控监管等。

其他值得关注的问题。一是在遗产保护“真实性”、“最小干预”的原则下，文物（历史）建筑如何适应当下生活的需求？如鼓浪屿大量庭院式洋楼，一般为主楼、副（陪）楼布局，最初建造时卫生间、厨房等设在副楼，而现代生活则需要主楼内设置厨房、卫生间等，这必然对建筑本体产生一定程度的“干预”；又如鼓浪屿建筑多为砖木结构，但业主希望改变结构形式，实现房屋的安全稳固和建筑日常维护的经济性等考量。二是保护与利用管理的精细化问题。如大量历史建筑开设民宿，或开辟为博物馆、陈列馆等的活化利用，建筑改变使用功能将带来消防安全问题，那么如何执行符合遗产保护前提下的消防安全标准与措施？又如针对文物（历史）建筑的保护利用，如何建立一套完善的集建筑工艺、材料供应和工匠队伍为一体的服务体系？三是活化利用的政策扶持问题。社区型文化遗产最重要的保护基础在于社区居民，特别是遗产建筑的业主。从客观角度看，遗产保护一定程度上制约了私人业主的发展权益，所以从公平角度看，遗产保护应反哺社区和遗产业者。鼓浪屿列入世界文化遗产后，政府表示要加大投入，坚持从景区门票收入中提取一定比例收益用于文化遗产保护和社区居民相关利益保护，因此，应加快制定具体扶持政策支持历史建筑的活化利用。

遗产地整体环境保护

2014年，鼓浪屿被国家文物局列入中国世界文化遗产预备名录。为了尽快成为中国正式申报世界文化遗产的候选项目，同时也针对旅游带来的严重冲击，以及改善社区宜居性的需要，厦门市委、市政府及时出台了《鼓浪屿整治提升总体方案》，集合全市各方面力量，对鼓浪屿展开全方位的综合整治提升与整体环境保护行动。

1. 综合整治目标与策略

首先，根据相关研究明确了鼓浪屿的发展定位、目标与策略，作为全岛治理目标的顶层设计。鼓浪屿全岛的发展定位为，着眼于鼓浪屿的基本特色和未来发展空间，按照“文化社区+文化景区”的定位，体现鼓浪屿典雅高尚的品位特质，突出文化与艺术的内涵、特性和人文社区特色，使社会保障及旅游发展与文化传承有机结合、互相促进，将鼓浪屿建设成高尚、优雅、精致的世界级文化名岛，并成为“美丽厦门”的精华版。确立鼓浪屿的发展目标包括：一是高尚的文化之岛。作为东西方文化融合发展的见证，鼓浪屿丰富的建筑景观、生活形态、遗迹文物等，是最为珍贵的唯一性与独特性文化遗产。在未来的发展中，通过申遗等系统工程，加以严格保护和丰富展示，把鼓浪屿建成高尚的文化之岛、世界级文化遗产地；二是优雅的宜居之岛。科学划定永久居民居住区，严格控制人口规模，合理配置社区生活的教育、医疗卫生等设施，构建开放、中和、唯美、仁爱的独特社区品格，推进生活艺术化、艺术生活化，把鼓浪屿建成兼具传统积淀与现代特征的中西交融的国际社区；三是精致的旅游之岛。以精品化、高端化为目标，严格保护自然风貌区，将鼓浪屿的人文历史遗迹作为体验型旅游产品的重要依托，实现旅游产业发展与文化遗产保护的有机融合。加强旅游监护与引导，推动旅游产品高端化，保护好鼓浪屿精致的旅游生态和环境，打造国际知名旅游目的地。

其次，提出综合整治提升策略包括：用发展的眼光看鼓浪屿，统一思想，明确目标，围绕“科学定位、理顺体制、综合整治，整合资源、完善功能、提升品位”，按照“整治、整合、提升”的战略步骤，实施美好环境与和谐社区共同缔造行动，达到共建共管共享的良性社会治理效果，走出一条鼓浪屿文化创意与旅游产业共荣、社区生活与景区管理共治的可持续发展之路。在科学合理定位的基础上，一是理顺体制，积极推进鼓浪屿管理体制改革和职能转变。成立专项工作组，制定整治提升总体方案，在机制上建立一个职责清晰、责权一致、相互合作、互为补充、运转高效的行政管理体制。二是综合整治，组织开展市容环境、市场秩序、旅游秩序、交通秩序等专项整治，还市民一个整洁、有序、文明的鼓浪屿。建立长效机制，完善网格化管理内容，加大行政管理和执法力度，彻底改善鼓浪屿的环境秩序。三是整合资源，整合各类可用于展示、经营的资源，调整旅游及商业的业态与布局，形成岛上、海上大循环的文化商业旅游大格局。

实行政企分开，成立统一的市场运营主体，按市场规则承担鼓浪屿国有资产的运营管理、景点的开发建设与维护、景区文化旅游产业的开发经营和商业业态提升等工作。四是完善功能，以建设生态居住功能与文化旅游高度融合的人文社区为目标，进一步调整充实现有的文化教育、卫生、市政等社区生活保障设施、文化艺术设施及旅游服务等配套设施，并通过综合交通改善，为居民提供生活优质、交通便利的生活环境，为游客提供高水平的服务。五是提升品位，积极推进鼓浪屿申遗，争取早日成为世界遗产保护地；大力引导、改造和提升商业业态，使其符合鼓浪屿的定位要求；突出发展文创产业，使鼓浪屿成为音乐家天堂、画家乐园，作家创作基地的特殊社区。

2. 真实与完整历史环境的保护与修复

当然，鼓浪屿要达到文化遗产地的目标，真实和完整的历史环境修复与再现尤为重要，这主要体现在全岛物质性景观与环境的改善，以及追求历史社区的和谐氛围。改善历史环境主要通过全岛环境整治加以实现，包括拆除不当构筑物、改良大型建筑物、改造道路与市政管线、强化交通特色与组织、优化公共空间环境以及自然生态环境修复等多个方面。

图6.2-1 遗产核心要素整体环境恢复
（左：博爱医院外围店面拆除；中：摩崖石刻旁民宅拆除；右：菽庄花园内公厕拆除）

拆除不当构筑物。拆除历史国际社区后期形成的建构筑物，主要是基于保护岛屿自然形态完整性的需要，自然形态主要体现在岛屿的生态岸线和山体绿化等。20世纪80年代建成的鼓浪别墅宾馆位于岛屿西侧的浪荡山海滨，为了方便游客进出宾馆，在海边修了专用旅游码头。由于水深条件不足而形成较长的栈桥，栈桥离旁边的鼓浪石景点较近，对海岛的自然景观和岸线形态造成明显影响，通过实施码头拆除，恢复了岸线自然形态。在山体部分，拆除了位于日光岩和琴园之间的索道以及琴园与引种园之间的百鸟园，这两个项目均是20世纪八九十年代间为了发展旅游新景点而建的，显然这对自然景点和岛屿的标志性天际线产生了较大干扰，其中索道站房的大体量与日光岩岩石景观极不相称，百鸟园的高大立柱与围网对天际线产生不良影响，并破坏了山体的自然植被，造成水土流失，进而引发山体滑坡等地质灾害等，这两处不当构筑物于2016年被拆除。影响天际线效果的还有无线电通讯铁塔等。现从厦门岛鹭江道一侧望鼓浪屿，会看到两个造型一致的铁塔，那是被列入保护的文化遗产核心要素之一的海关无线电通讯铁塔，于1920年代英国钢铁公司制造，作为当时厦门海关无线电通信使用。而在这一对铁塔旁还立了一座20世纪80年代建成的无线电移动通讯发射塔，主要服务于该区域的无线电移动通讯。因为体量大并位于保护要素的附近，影响了天际线的原真性，也于2016年被拆除。不过由于该铁塔原本发挥着通讯基站的作用，拆除后的通信基站功能需要多个分散的基站点加以替代，给鼓浪屿的通讯产生了一定的影响，这也是文化遗产保护中需付出的代价。

改良大型建筑物。改良大型建筑物是基于文化遗产地整体风貌和景观视觉和谐的要求。新中国成立后鼓浪屿进入城市社区阶段，由于改善社区服务功能需要，新改扩建了一些公共建筑，客观上形成了一些体量相对大的新建筑，如音乐厅、学校教学楼和部分部队、机构用房，这些建筑一定程度改变了历史社区的肌理并形成视觉上的反差。通过对遗产地主要景观视线和景观面、天际线等的综合分析，决定对这些大型建筑物进行改良，使得这些建筑与鼓浪屿整体环境相协调。改良主要包括对建筑采取降层、变暗、削顶加顶和增绿等措施。鼓浪屿新建公共建筑通常多达四、五层，建筑物的高度对周边环

图6.2-2 拆除不当构筑物
（从左到右：金带廊道、鼓浪别墅码头、日光岩缆车和百鸟园及电影院）

境形成压迫感，对天际线效果也造成影响，因此采取降层或局部改造的手法减小建筑体量，如靠近升旗山的钢琴学校教学楼就是采用降层。一些新建筑色彩鲜艳，甚至采用白色，在日光岩等主要观景点眺望时非常显眼，为了削弱新建筑的体量感和视觉的反差，对建筑的外立面采取了变暗变灰的做法，即降低色彩的明度和彩度，达到和谐视觉效果目的。如对鼓浪屿二中、音乐学校教学楼、音乐厅等建筑的改良即采取该手法。

老建筑带坡屋顶是鼓浪屿建筑景观风貌的一大特色，并形成了标志性的天际线形象，如八卦楼穹顶弧线。不过，20世纪八九十年代的建筑师在进行新建筑创作时，很喜欢给自己设计的建筑加上各种造型的尖顶，从建筑单体看或许是合理的，但放到整体历史环境中就会显得缺乏章法、打破秩序。如岛上的海上花园酒店建筑群，有一个穹顶加3个带亭子的尖顶，破坏了全岛的天际线景观，特别是沿港仔后一带的天际线。音乐学校教学楼也有一处尖顶，由于建筑本身所处的地势较高，尖顶显得特别突兀。这些尖顶在建筑改良中均被去除了，从整体效果看鼓浪屿岛上的大体量建筑还需得到进一步改造。与削顶的做法相反的，是给一些建筑加坡屋顶，如港仔后部队疗养院内的办公楼。从菽庄花园看部队疗养院，疗养院内有近10幢历史风貌建筑，或依山就势，或沿海与绿化掩映交错，表现为红瓦、绿树、蓝天的悦目景象，而平屋顶的办公楼穿插其中却显得格格不入，从日光岩上俯瞰，其屋顶效果也不佳。因此，对部队疗养院办公楼采取加设局部坡屋面和屋顶绿化的做法，同时对建筑立面进行尺度分解和色彩调整，取得沿海景观的和谐。从日光岩东瞰，音乐厅因其圆弧顶的造型和红、白立面色彩显得形式突兀，故采取减低建筑立面彩度和增加屋面绿化的做法加以改良。

改造道路和各类市政配套设施。改造道路市政设施是基于提升社区的市政配套服务水平，增强社区宜居性并美化社区与景区的景观面貌。道路系统是鼓浪屿历史环境的重要组成部分，也是历史的见证与印记。鼓浪屿道路走向随山就势，高低起伏，收放多

图6.2-3 不协调建筑立面整治
（左一为厦门二中教学楼整治与通讯塔拆除。主要整治措施为：协调建筑色彩、降低色彩明度和更换建筑材料）

图6.2-4 大型建筑物色彩和整体天际线优化
（左为拆除了海上花园酒店3个建筑物尖顶；中为降低音乐学校教学楼色彩明度；右为协调军营整体建筑风貌）

变，并由于小街小巷阡陌纵横，民政部门把一个片区的路都叫一个路名，如福州路、龙头路等都有好几条，而不是一条路一个名，这也使上岛串门的人和多数游客一头雾水，经常迷路，这也成了鼓浪屿道路空间的特色所在。鼓浪屿道路路面，在社区形成前大抵是土路和石头路，如四落大厝门前的中华路，其条石路面古朴自然。鼓浪屿国际社区建设时则有了柏油路面，这种路面也一直延续至今。改革开放初期，鼓浪屿商业街曾采用彩色地砖，这与鼓浪屿环境极不相称，多年前已被改造更换。在改造道路路面时，有专家认为石头路面有闽南地方特色，也符合历史环境要求，因此在鹿礁路、福建路历史街区的道路改造中采用柱状小块石加以铺设，形成了道路厚重的肌理与质感。不过，石块路面并不适合社区生活，光面的石材再加上道路多有坡度，雨天行路时极易滑倒，此外，毛面石材铺路，则路面局部高低起伏，老人们抱怨用手拉车运鸡蛋时时常会被颠破，再者，手拉车与粗糙路面摩擦时也会发出噪声，破坏了社区的宁静，特别是外卖的早餐车。而柏油路（沥青路面）则更适合鼓浪屿的社区生活，沥青路面平整且有摩擦力，如果道路坡度大也能适应步行，而且走路时脚感舒适，也不发出响声。沥青寿命虽不及石材，但易于施工、修补与翻新。因此，在社区内部生活性较强的道路多采用沥青路面，而在游览区人多路段或历史建筑集中街区，可以考虑采用石材路面，二者有机结合，相得益彰。

鼓浪屿社区形成较早，道路市政设施和管线建设是在后期发展形成的，虽然岛上常住人口逐步减少维持在一万余人，但随着游客每日多达三四万人次的进入，对给排水、用电等市政配套设施等提出了新的需求，如岛上大量开设家庭民宿，夏天旅游旺季时用水需求量大，民宿用户截留了大量用水，再加上管道老旧、管径不足等因素经常引发山

图6.2-5 架空线路地缆化与消防设施景观优化

上住户断水情况，因此岛上市政配套设施建设亟待提升改善。鼓浪屿道路狭窄，尺度亲切宜人，但也限制了各种市政配套设施布设和管线埋设的空间。社区生活所需的各种电力开闭所、变配电箱、水表箱、电表箱，加上家庭开办民宿增设的空气能热水器，以及各种架空缆线、监控摄像头等，充斥在有限的道路和公共空间内，对历史环境造成较大的影响。因此，整治的目标是要综合有序布置各类设施和管线，做到与历史环境的协调统一。其整治措施包括管线下地、多杆合一、设施整理和提升扩容。全面提升市政设施水平和扩大供应能力是补齐社区民生短板的基本要求。同时，鼓浪屿的市政设施整治坚持一次破路（改造）、配齐管线的投资与建设原则，除强电和给排水工程外，弱电型的通讯管道也一并入地施工，把路面以上各类凌乱的线路铺设于地下，既完善市政建设也改善道路景观。

这里特别需要说到历史街区环境景观整治的一个误区，就是遇到市政设施，如配电箱、垃圾桶一类的环境景观设计，设计师会动足脑筋给这些设施涂上迷彩、花草图案或干脆挂上绿色的塑料草皮，认为这就是美化环境。不想这些本来不需要被注意到的东西，反而被突兀展现出来了，结果是本来就嘈杂的街头景象更加纷乱。这类环境设施应通过色彩的弱化和更加简洁的造型来淡化，同时展示其作为市政设施的警示形象。鼓浪屿龙头路、福州路、泉州路和市场路等主要商业街、旅游道路及社区生活性道路经过改造，修缮了路面，更换和增加了地下管网，道路环境与景观得到极大改善。社区景观整治还有一项工作就是多杆合一。随着景区、社区安全管理的不断升级，电子监控设施随处可见，既有公安部门的监控摄像，也有景区管理需要的监控摄像，再加上岛上各级文物监测需要设置的大量摄像设备，以及社区管理设置的监控设备等，无疑给社区增加了许多监控设施，而采取多杆合一，可以把不同系统的监控设备集中安装在一根公用的立杆中，从而减少立杆数量。而且也可把摄像的数据发送给各个系统共享共用，这样可以大大减少设备的数量，既节约了资金又改善了景观，一举多得。

强化交通特色和交通组织。鼓浪屿最大的特色之一就是步行。20世纪80年代邓小平同志视察鼓浪屿时就是步行，他也没有搞特殊化，为世人所津津乐道。但随着旅游市场的不断扩大，游客需求与利益的驱动，岛上出现了不少电瓶车用于旅游服务，客观上满足了游客的需求，方便了行动不便的游客或居民。同时，岛上的公家单位也纷纷配置自用的车辆，有的因业务需要有一定必要性，如医院、消防等，此外，像环卫部门为了减少人力成本，也配备小型机动车辆。虽然有严格控制，但数量却在不断增加，尽管行车路线受到控制，特别是主要旅游线路仅少量道路允许通行，但它们仍大量挤占了本来就狭小的道路空间，与步行的人流产生拥挤、冲突，从而破坏了鼓浪屿的步行岛特色。基于保护历史社区特色真实性的需要，政府管理部门对车辆数量实施了严格的管控。

随着厦门沿海动车线路的开通，大量旅客进入厦门，到鼓浪屿的游客数量也达到了历史的最高峰。2014年全年游客数量达1400万人次，国庆期间一天最多人数近13万人，可谓人满为患，鼓浪屿所有的街巷空间几乎被人所占满。游客过量对旅游安全也构成了严峻的挑战，特别是傍晚时分的出岛高峰期，码头的拥挤随时都可能出现踩踏险情，如果遇到台风下雨等极端天气，人员滞留又将带来一系列问题。此外，旅游的大流量对遗产地的保护显然更是一种威胁。鼓浪屿成为世界文化遗产而被肯定的优点之一，就如世界遗产中心的评价所说：由于保持用渡船的形式进出鼓浪屿，使得对进出鼓浪屿的游客可以有效管控。轮渡伴随着鼓浪屿的发展，已成为鼓浪屿的特色之一。鼓浪屿人对轮渡有着一种特殊的感情，经常会说“赶船”，就是赶船班开船的时刻，也会因为天气的缘故而停航了，岛上人的生活节奏也随之发生短暂的改变，这是鼓浪屿海岛生活的趣味所在。政府于是决定把游客和居民的码头分开，接到厦门岛的航线也分开，这样做带来不少好处。鼓浪屿原住民们的过渡空间宽松了，过渡的愉悦感又回来了，并且用的是传统的钢琴码头，到码头和航线都是最便捷的。游客走专用的三丘田码头，可以实现游客进出的有效监控。再者，由于游客走的三丘田到邮轮码头的航线比居民的厦鼓航线要长得多，轮渡公司的票价也得以从8元提高到35元，船票的收入大幅度提高，游客观赏厦门海滨城市风光的体验也更加丰富多彩。

优化公共空间环境。鼓浪屿既是社区也是景区，不过鼓浪屿过去的规划建设似乎更着意于满足旅游的需要，公共环境的改善主要是针对码头和景区等场所，当然在服务游客的公共空间环境打造上也还有许多不足。至于社区方面，则有不少欠缺，因为鼓浪屿的整体环境虽然不错，但在人口密集的内厝澳、龙头路、福州路等区域，建筑密度太大并受游客的挤压，社区内部的生活环境并不令人满意。因此，结合历史社区环境的整治，优化和提升全岛的公共空间环境极有必要，这既是为游客同时也是为岛上居民。

种德宫大埕是文化遗产本体保护与社区环境整治有机结合的典型。种德宫相当于鼓浪屿内厝澳聚落的铺境神灵，反映鼓浪屿本土宗教文化传统并有着悠久的历史，被列入文化遗产的核心要素。共同的宗教信仰是维系社区稳定和凝聚民众的重要力量，不论是本土宗教还是外来的各种西方教派，在鼓浪屿都能和谐共存并在地发展，而且促成了鼓浪屿历史国际社区的形成。当下，宗教更是维系社区的重要因素。种德宫的道长经常说，最近来“写数”（即慈善捐款）的人又少了，那就是社区的人又外搬了。当然，除了本地人外，也有来自其他地方的信众，包括离开鼓浪屿的人，他们还继续来种德宫朝拜。另外，种德宫还保持着神明巡游和周期性节庆等民俗活动，传承着鼓浪屿的本土宗教文化传统。种德宫门前有一大块空地，闽南人称“大埕”，大埕具有多种功能，包括民俗节庆活动场所、办桌（即乡宴）、舞龙舞狮等。种德宫的正对面有一戏台，也是民俗节庆时播戏、看戏的露天表演场。大埕还是社区人流进出、聚散的交通空间，极具生活气息与活力。遗产保护本体包括种德宫和种德宫紧靠的岩石，岩石在靠近地面处局部悬空形成一狭小洞穴，岩石背后是民宅的挡土墙，整体造型独特。

对大埕的整治工作包括：对广场铺地重新铺装、修缮戏台并在整体景观上加以协调，对广场东侧具有西式风格的建筑进行立面整治。东侧建筑由两幢对称并且不长的骑楼建筑组成，通过对该历史建筑的实地考证，发现其是后来作为公有住房供多住户使用，住户为争取面积对骑楼加以封闭而掩盖了建筑的原貌，因此恢复骑楼有较大的难

图6.2-6 拆除种德宫石刻上搭盖的违章建筑
（种德宫周边环境整治前后对比）

图6.2-7 种德宫社区公共空间修复
（左图为种德宫前历史上的活动场景，改造提升后的宫前大埕成为社区文娱活动和居民泡茶化仙（聊天）的场所。历史照片来源：鼓浪屿文化遗产档案中心）

度。骑楼建筑整治措施采取通过区分立面的色彩与线条造型来凸显骑楼的特征，并对建筑立面的泥塑装饰部分加以修补与复原，基本展现了建筑原貌。具有西式风格的骑楼建筑与种德宫围合了大埕，体现了鼓浪屿社区风貌的混搭风格。基于保护真实性和完整性的目标要求，未来对恢复骑楼原貌工程还应该继续推进。大埕在靠近道路和戏台的位置，原来还有一棵歪脖子树，造型奇特并正对种德宫大门。但是在申遗期间，因为影响道路电瓶车通行和有倒伏的危险因素，歪脖子树被园林部门移走了，甚为遗憾。后来，在原址复植了一棵榕树，恢复了大埕的绿化景观和与种德宫的植物对景，只是树木的造型不再独特罢了。有意思的是，在大埕正中间显眼的位置摆放着一个烧金纸的焚炉，体量似乎压过种德宫，色彩也异常鲜艳，寓意着种德宫香火旺盛，画面有些乡村气息。

中华路1号广场，为兼具旅游服务和社区使用的历史性文化与自然公共展示空间。该广场位于中华路1号历史风貌建筑霍奇森住宅旁，也是正对海上花园酒店门口的一处新辟广场。它主要为旅游服务，因为该节点位于港仔后、菽庄花园等景点的主要旅游线路上，并结合展示了鼓浪屿的历史文化和自然变迁。首先说历史文化意义，该节点位于中华路头，中华路是国际社区形成时，从鼓浪屿居住密集区延伸到海边的一条主要道路，由于位处鼓浪屿中部，以前的当地人也称其为中路，紧邻该节点并形成空间围合的主要有两幢房子，一幢是荷兰领事馆；一幢是霍奇森住宅。这两幢房子除了大家知道其中一幢是原来的荷兰领事馆外，似乎没有其他更多特别之处。其实不然，从寻找到的鼓浪屿历史照片看，在1880年甚至更早之前，鼓浪屿岛上还没有多少洋房建筑时，这个片区就有了这两幢建筑。荷兰领事馆也是当时最早外国人共济会活动的场所，而霍奇森住宅则是典型的殖民地

图6.2-8 提升后的中华路1号广场夜景
（利用在台风中倒伏的树木，就地取材设计成为社区公共空间中的雕塑景观）

外廊式建筑，具有早期洋人自建自用建筑的特征。只可惜荷兰领事馆在20世纪90年代末期已被拆除重建，新的领事馆建筑虽大致模样照旧，但已失去历史价值。霍奇森住宅一直作为公有住房加以使用，现在还有多个住户居住其中，大家为了争取更多使用面积而封闭外廊，加上原有坡屋面后期改作平顶，建筑外观显得平淡无奇。其实早期的殖民地外廊式建筑就是这个特点，造型简洁多为矩形平面，立面除了四周连续的外廊外几乎没有其他装饰，如果把外廊封堵变为窗户形式，则建筑就成一个方盒子，毫不起眼。不过，如果仔细观察还是会看出其中的精彩之处，那就是架空层的外墙基础部分有收放的处理，以及建筑转角用大块石材砌筑，于是形成了建筑的坚实与厚重感。再就是上台阶后从居中大门进入，即可见楼梯和内走廊等，这符合殖民地外廊式建筑的特征和洋人的居住空间习惯。这些特征足以证明这幢建筑的真实性和历史价值，因为鼓浪屿上代表殖民地外廊式建筑本来就不多，能保留下来的这类早期建筑就更显得弥足珍贵。

中华路1号广场的周边集中了不少几百年树龄的古榕树，其中鼓浪屿上迄今树龄最长的一棵榕树就矗立在广场对面的顽石山房前，有近500年树龄，在历次的强台风中都屹立不倒。近广场旁还有几棵古榕树，其中正对海上花园酒店有两棵古榕树，其中一棵在几年前的一次台风中被吹倒，留下一个空树池；另一棵在2016年中秋节的莫兰蒂强台风中也被吹倒。古榕树树龄高了以后容易得上褐根病，是无法根治的“树癌”。树根感染后会空心化，树木容易被大风吹倒。基于保护树木历史记忆的理念，这棵被吹倒的榕树并没有被切除清理，而是被设计加工成古树雕塑，并设计为可发声的装置，播放鼓浪屿各种人群的声音，雕塑取名为“鼓浪留声”，成为广场的一景，引游客络绎不绝。在广场北侧不远靠近黄家花园南入口处，也有一棵得了褐根病的古榕树在莫兰蒂台风中被吹倒。鼓浪屿树木倒伏后，因为没有大型起吊设备，无法将树木重新扶植，于是采取去除感染病毒的树根部分，挖开地面的石板材砌筑树池，培上营养土，打吊瓶输入营养液，利用榕树的气生根继续培育树木，这棵倒伏的榕树躺在地上继续顽强生长，经过一年的培育，树枝发芽生长态势良好，成了鼓浪屿的一景。

商业街区公共空间改造提升。鼓浪屿街心公园（广场）位于主要游览线路与居民区中心的位置交叉重叠，周边又是人流如织的美食街，是典型的复合型公共活动场所。街心公园早晚是老百姓晨练和纳凉的地方，白天则是游客集散、休息和餐饮场所。街心广场改造提升中提供了较多的硬质铺地和休息座椅，满足了游客聚散和休息的需求。同

图6.2-9 鼓浪屿社区公共空间环境的改善
（提升社区道路路面质量，提供更多社区公共活动空间）

图6.2-10 鼓浪屿英雄山生态修复
（左图为治理山体地质灾害；中图、右图为修复山体生态植被）

时，广场保留了原有大叶榕树，并增加种植数量，形成密集的乔木林荫，夏天起到遮阳防晒的作用。广场四周的店面以特色小型餐饮为主，形成丰富多样的旅游业态，同时广场亲切宜人并富有活力。

自然生态环境修复。鼓浪屿作为世界文化遗产，海岛自然环境是重要生态本底，从20世纪80年代开始鼓浪屿风景名胜区就得到保护，岛屿的自然生态环境总体良好。但随着时间的推移，鼓浪屿也出现生态衰退的迹象，并面临环境灾害冲击的危险。在生态岸线方面，由于岛屿西侧海岸有部分由填海造地形成的，因此岸线的生态化不够，并造成附近沙滩的流失。厦门海洋科研部门通过海洋水动力研究，对部分沙滩进行人工补沙，在一定程度修复了岸线的生态性。在山体地质安全方面，英雄山、琴园等山体都出现了不同程度的山体滑坡等地质灾害，破坏了山体自然植被并严重影响了沿海交通线路的安全。鼓浪屿安全管理部门及时排查险情，针对灾害情况制定山体结构加固方案，并对加固后的结构采用边坡绿化复植，修复山体自然生态景观。此外，鼓浪屿还面临来自海洋方面的环境影响，包括海岛两侧航道船只的油污排放，以及来自九龙江上游的海漂垃圾等，这些风险的排除主要依靠海上环卫部门的巡查和拦截，确保鼓浪屿免受人为和自然之灾。

07 遗产地旅游协调发展

图7.1-1 鼓浪屿昔日幽静旅游环境（菽庄花园四十四桥）
（图片来源：吴永奇）

鼓浪屿是一个风景旖旎的小岛，从第一次鸦片战争西方人进入发展至今，已成为中国东南沿海享有国际知名度的旅游目的地。鼓浪屿2017年被联合国教科文组织列入世界文化遗产，作为“历史国际社区”，鼓浪屿确立了世界文化遗产的突出普遍价值。值得关注的是，在鼓浪屿申报世界文化遗产期间，国际古迹遗址理事会所作的评估报告和世界遗产委员会对鼓浪屿列入世界文化遗产作出的决议，均提及对鼓浪屿的游客进行限制与监控，定期开展有关到岛游客量可接受限值的研究，以确认目前的游客人数上限确实足以保护其“突出普遍价值”。在成为世界文化遗产之后，鼓浪屿的旅游发展无疑将面对新的机遇与挑战。

1. 鼓浪屿旅游发展历程与存在问题

近代的全球化浪潮使鼓浪屿在1840—1940年间发展成为具有多元文化的国际社区，新中国成立后鼓浪屿是厦门市下设的独立辖区，并成为厦门城市功能与体量的重要组成部分。由于兼具海岛风光与城市社区特点，鼓浪屿表现出“城景相依、城景相融”的特色，曾被中国国家地理杂志评选为中国最美城区第一名。1980年代鼓浪屿被列入国家级风景名胜区，地方政府开始着力发展鼓浪屿旅游。那时除了依托日光岩、菽庄花园、皓月园等以自然风光为主的传统景点外，旅游部门在岛上新建了海底世界、百鸟园、琴园电影院、钢琴博物馆等，用以吸引游客。统计显示，从1990年代到2010年代，每年上岛游客基本维持在400万~600万人次间。出于风景区保护需要，地方政府于1990年代开始实施部分功能外迁政策，包括外迁与风景区无关的工业，以及相应的人口只出不进等。随着厦门城市的不断发展，2003年国务院批准撤销鼓浪屿区，设立鼓浪屿风景区管理委员会，鼓浪屿街道社区归思明区管辖，鼓浪屿开始有了景区和社区双重身份管理体制的存在，社会上也出现了对鼓浪屿不同价值取向与发展定位的讨论。

受管理体制与相关政策的影响，一方面，2007年鼓浪屿成为5A级旅游区，管理部门大力扶持旅游发展，出台了鼓浪屿家庭旅馆管理办法，鼓励岛上业主利用自家房屋开办家庭旅馆，以及开辟夜间航线以吸引更多游客上岛等；另一方面，从2000年起政府开始立法保护鼓浪屿上的历史建筑，注重鼓浪屿人文价值的挖掘与保护。2008

年厦门市委市政府正式启动鼓浪屿申报世界文化遗产工作，巧合的是启动鼓浪屿申遗的同时，在2010年却迎来沿海铁路动车的开通，中国东南沿海地区交通条件得到极大改善，全国各地大量人潮迅速涌入各个旅游景区，鼓浪屿更是首当其冲。2010年福厦动车开通，2011年进入鼓浪屿的游客量猛增为近900万人；2013年厦深动车开通，2014年进入鼓浪屿的游客量进一步增加到将近1350万人。其中，2012年国庆长假期间，鼓浪屿日游客量达到历史最高纪录12.8万人。大量游客的涌入使鼓浪屿面临严峻的挑战，相应的旅游质量与体验也急剧下降。与世界遗产组织担心的问题情况不同的是，在还没有列入世界文化遗产前，鼓浪屿的旅游已是客满为患，并不需要通过列入世界文化遗产来提高旅游的知名度。鼓浪屿申报世界文化遗产的目的是，通过认识文化价值，明确保护目标，抑制和平衡过渡的旅游开发，维护社区的持续发展。

过去几年，到鼓浪屿游览的人普遍反映的旅游体验主要是人多嘈杂、商业过度，以及听不到琴声的文化缺失。人多嘈杂、商业过度，主要在于上岛人数多而鼓浪屿的空间规模有限；其次是关键卡口的游览体验与感受。在鼓浪屿作为风景旅游区的相关规划中，原来人流的卡口主要是码头和日光岩，但随着码头及配套设施的扩建和航班数量的增加，码头运力已不是问题。日光岩是鼓浪屿的标志性景点，因为受顶部水操台场地和楼梯空间的限制，日光岩的合理瞬时容量仅为25人，因此，日光岩成为鼓浪屿客流量的明显卡口。不过统计数据显示，每年仅有30%~40%上岛游客进入国有景点，不是所有人都会选择购票进入该景点。事实上，随着鼓浪屿人文价值的不断凸显和人文景点的不断增加，鼓浪屿的游览方式发生了变化而出现了新的卡口，这新卡口就是历史街区内部的道路与公共空间。现在访问老建筑、游历老街区已成为游览鼓浪屿的新形式，在老街区内的“吃、购、住和游”更是旅游的新体验。因此，历史街区内的道路与公共空间成为新的卡口，因为这些节点也是旅游体验的主要空间场所。同时，大量人流上岛后的吃喝拉撒等直接给鼓浪屿旅游带来巨大压力，这是岛上过度商业的根源所在，这其中的旅游餐饮问题更是突出。由于鼓浪屿的店租极高，加上店面很小，餐饮方式趋向于当街零

图7.1-2 码头、日光岩景点和龙头路商业街是鼓浪屿旅游的主要容量卡口
（图片来源：网络）

售小吃类，而小吃类餐饮又有多样、快捷、低消费和在地风味等特点，如此一来游客在各个店家门口当街排起长队，把街道、广场当成露天餐厅，同时，街区餐饮烹调产生的大量油烟、气味等，也严重影响了社区浏览的环境质量，游客的旅游体验便可想而知。

由此，岛上各种空间的过度商业化明显对旅游体验、景观风貌和遗产保护产生诸多不良影响。听不到鼓浪屿的琴声，反映了鼓浪屿社区的难以维系和传统文化传承的缺失。20世纪七八十年代甚至更早时候到过鼓浪屿的人，无不对鼓浪屿的清幽环境和悠扬琴声记忆深刻。后来由于实施人口只出不进的政策，导致岛内人口不断随着工作岗位的外迁而离岛，再加上进出岛交通不便、岛内人口规模小，而且生活配套不足，还有生活成本偏高等诸多因素，留岛居住人口不足原来最多时候的1/4，再者岛内诸如配钥匙、割玻璃等日常生活所需都难以提供，著名诗人舒婷就抱怨岛上没有干洗店，文人墨客也纷纷外迁，留下多是老弱病残。与此同时，居民外迁换来游客涌入，环境变得更加嘈杂，走在路上也难得听见岛上人家传来的钢琴声，重返鼓浪屿的人每每回想起当年的美好印象就不免唏嘘。客观上看，社会发展与历史变迁不以人的意志而转移，鼓浪屿也是如此，由于厦门的其他地区发展得更方便、更宜居，人们自然选择离开鼓浪屿，人的迁移自然就带走了原来社区里的传统与文化，如以往原汁原味的家庭音乐会就变得少了，原来岛上传统的音乐、美术教育特色等，也随着办学转移而日渐衰弱。

2. 鼓浪屿的文化价值及与旅游发展的关系

世界遗产组织对鼓浪屿文化价值的评价是：鼓浪屿是鸦片战争之后多元文化交融发展形成的历史国际社区。岛上现留存有 931座风格多样的历史建筑及园林、自然有机的历史道路网络以及内涵丰富的自然景观，体现了现代人居理念与当地传统文化的融合，形成具有鲜明地域建筑特色的“厦门装饰风格”；鼓浪屿是中国在全球化发展的早期阶段实现现代化的一个见证，具有显著的文化多样性特征和19世纪中叶至20世纪中叶的现代生活品质；鼓浪屿见证了世界不同文化和价值追求之间的相互了解和共同发展的历史，为中国和其他地区不同文化的融合发展提供了参考。由此可以看出，保护鼓浪屿的文化价值毋庸置疑，但更高的意义在于这种文化价值需要得到传播和延续。从我国当前的文化和旅游发展关系看，旅游作为人民美好生活的重要体现，在社会发展和未来产业格局中将有越来越重要的作用。文化是旅游的灵魂，旅游是文化的载体，旅游业也是大文化的一部分。统计数据显示，1950年全球全年仅有2500万游客，到2012年这个数字增长到超过10亿人。世界旅游组织预测，到2030年全球旅游人数将达到18亿人。旅游业目前占全球GDP的9%，也是超过食品和汽车而仅次于燃料和化学物品的第三大出口型行业。联合国曾将2017年指定为可持续旅游发展国际年，国际年的指定是旅游业对2030年可持续发展议程潜在贡献的明确承认，旅游业将在可持续经济发展、社会包容和减少贫困人口、节能减排和环境保护、文化价值多样性和遗产保护，以及互相理解、安全与和平等多方面发挥积极作用。旅游业是文化遗产地的重要产业，对世界文化遗产地鼓浪屿而言，同样需要正确理解和把握好两者的关系。

3. 鼓浪屿旅游发展的“空间限量”与“文化提质”

从以上的问题和相关分析可以看出，未来鼓浪屿的旅游发展，一方面基于严格保护世界遗产的要求，上岛游客数量需要得到合理控制，而这主要和鼓浪屿空间体量极为有限有密切关系，需要实行“空间限量”策略；另一方面随着鼓浪屿历史国际社区的文化价值被挖掘并确立作为世界遗产，这对鼓浪屿文化的保护与传承意义重大。文化回归与复兴是鼓浪屿遗产保护的灵魂，而文化展示和文化体验则是鼓浪屿未来旅游发展的重要内涵。因此，需要实行“文化提质”策略，实现鼓浪屿旅游从先前的以领略自然风光为主的方式，转向未来以体验人文历史为主的方式转型。

“空间限量”策略

鼓浪屿很小，曾经是中国城市行政建置中最小的区。鼓浪屿有限空间的特征具体表现在：一是岛屿面积小。鼓浪屿全岛仅有1.88km^2，可供游客游赏的空间包括道路、沙滩、绿地和部分街区庭院，空间总量占全岛还不到一半，不足1km^2，而岛上还有一定量闲置的资源，如华侨引种园、观海园等未对外开放的景点，使得鼓浪屿的开放空间显得更为紧张；二是街区尺度小。鼓浪屿2015年被列入我国第一批正式公布的国家级历史文化街区。20世纪二三十年代鼓浪屿就是一个功能齐全、配套完整的社区，有较完整的街道（商业街）、街坊和街区格局，这与一般历史城区的特点相似，如龙头路、福

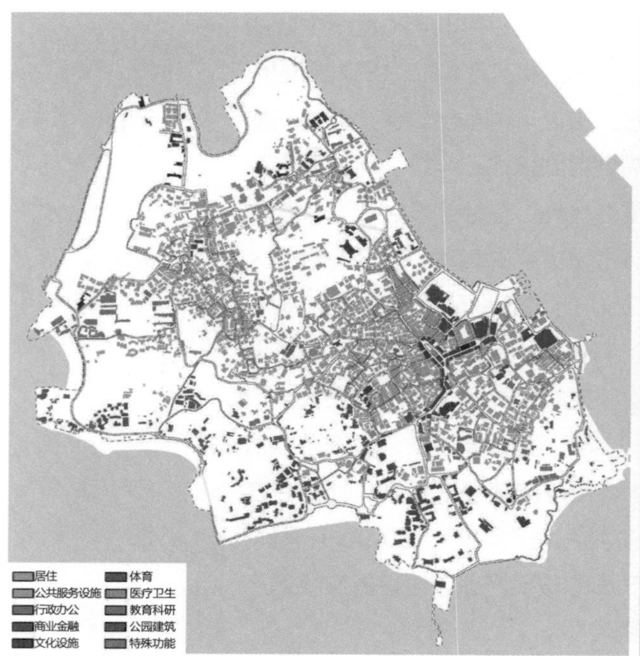

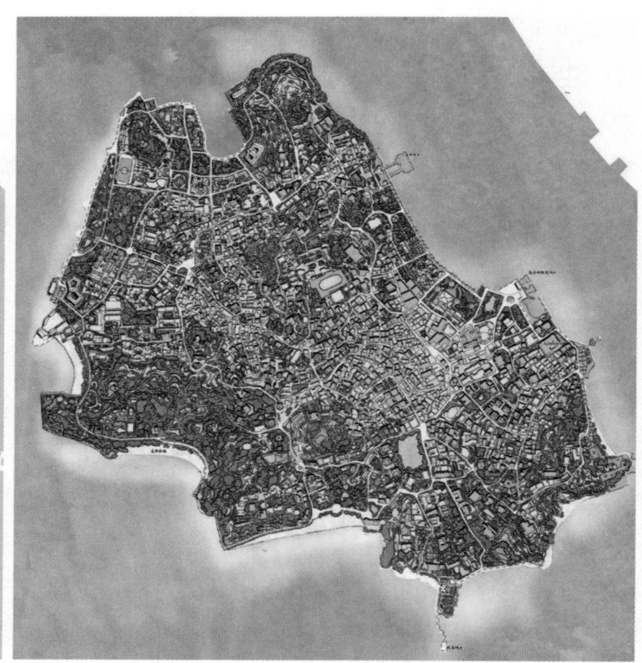

图7.3-1 鼓浪屿建筑功能与空间环境分布
（图片来源：厦门市城市规划设计研究院）

州路、福建路一带，街区尺度与岛屿尺度相得益彰，表现为小巧玲珑、亲切宜人。同时由于鼓浪屿是多山丘陵地貌，大量带有花园庭院的洋楼住宅，多建筑在海边或山上，表现出与山和海的环境融为一体的自由布局，菽庄花园的藏海园林和瞰青别墅的围山筑院就是其典型代表。建筑、庭院与海岛自然环境要素的高度融合，是鼓浪屿与一般历史街区不同的空间环境特色；三是建筑体量小。鼓浪屿上有2000多栋建筑，高密度分布在岛的东部、中部和西北部，分属龙头、内厝澳两个社区，西南部、东北部多为山林风景区，建筑零星分布。统计显示，岛上具有完整庭院的华侨洋楼建筑面积多为几百平方米，面积上千平方米的公共建筑屈指可数，这主要与建筑多为住宅和岛上人口规模小有关。岛屿面积小、街区尺度小和建筑空间小的特点，决定了鼓浪屿遗产地作为旅游区必须要有严格的容量限制为前提。

合理调控游客容量

一是用政策调减日人流量。世界遗产组织首要关注的是每日上岛人流量的控制问题。根据鼓浪屿可以游览的空间要素（景点、景区、建筑、道路和沙滩等）的规模采取面积法测算，鼓浪屿全岛瞬时人流合理容量约为3万人。鼓浪屿管理部门于2014年底开始启动每日上岛人数的限制政策，按半日游测算，游客日周转率为2，确定了每日上岛最高人数为6.5万人（含居民与游客）。采取限客措施后，2015年全年上岛人数迅速从2014年的1250万人次回落到1000万人次左右。鼓浪屿申报世界文化遗产期间，挖掘保护形成的人文游览景点增加，游客在鼓浪屿游览逗留时间具有增长的趋势，测算游客的日周转率下降为1.7，2017年6月管理部门进一步将每日上岛最高人数下调为5万人。通过客流量的政策性限制，快速地取得了管控的效果，交通拥挤、旅游安全和各种配套的压力也大大减轻。通过实际观察，人流量在接近5万人次时，部分节点和卡口仍表现出不适应性，还存在旅游体验不佳的问题，亟须进一步评估和采取相应措施加以解决。

二是动态监控客流分布。根据测算得出的每日上岛人流最大值，只是理论上的理想状态值，因为它是假设游客在时间和空间上的分布是均质的，但实际上游客的行为轨迹是动态和随机的，尽管随机的背后有一定的活动规律可循。实际上游客半日游的集中时间段为10:00-16:00，而不是平均分布在全天当中的两个半日，而12:00-13:00又是人流最为密集时段，这时岛上的瞬时人流量要远远大于理论上的合理容量，所以会出现在每日限客的情况下，也有拥挤、嘈杂的时候。因此，对岛上游客的总量和时空分布，实行动态监控就显得十分必要了。不过，由于受到船票预订和船班安排，以及游览时间长短不可控制等因素的制约，在瞬时容量超过合理值时，要对客流实行有出才有进的动态监控尚有一定难度。但在游客的空间有序分布方面，依托大数据技术可以实现游客分布的跟踪定位，进而发布引导信息则是可行的，同时还可进一步统计在岛上过夜逗留的游客数量，从而实现进出岛客流的精细化管控。

三是削峰填谷提升总量。对于旅游行业而言，游客量是其重要指标。由于对每日上岛人数的限制，势必影响全年游客的总量，这也是旅游业者的担心之所在。通过对2016年统计数据分析可知，全年每日游客超过5万人的天数约为80天，也就是说每年有280天左右的游客量是在2-4万人之间，这说明如果通过相关调控，把280天的游客量加以提高，则每年的游客总量还有不小的上升空间。简单而言，就是设法提升旅游淡季的游客吸引力，其中经济杠杆的调节作用最为明显，如降低船票、门票价格，以及免费开放一些收费场馆等，而其他旅游业态如家庭旅馆等，则通过市场需求的反应再作主动的调整，总体上通过削峰填谷来提高全年游客总量。

平衡客居构成比例

文化遗产真实性要求遗产地保持有原住民，而不能全部是外来游客，鼓浪屿的居民与游客应形成合理构成。作为文化社区和文化景区，鼓浪屿的人群构成主要包括居民和游客，此外，还有小部分的管理和服务人员。居民包括有户口的常住居民和在岛上居住半年以上而没有户口的暂住人口两种类型，暂住人口主要是在岛上从事旅游服务的人群。游客也包括两种类型，一种是一日游的游客；另一种是多日游、住在岛上的游客。对比历史数据，1980年代鼓浪屿全岛总建筑面积约为71万m^2，其中住宅约为44万m^2，

图7.3-2 合理控制居民与游客数量可持续发展鼓浪屿民宿业

居住有2.4万人，人均居住建筑面积约为18m^2，客观反映了当时鼓浪屿作为厦门城区组成部分人满为患、住房短缺的真实状态。改革开放以来的40年，鼓浪屿历经发展工业、新建宿舍、实施风景区保护、搬迁工厂和外迁人口等，目前全岛总建筑面积约为87万m^2，其中作为居住的建筑约为55万m^2，实际居住人口约为1.2万人。基于鼓浪屿现有可以作为居住使用的建筑总量约为55万m^2，按人均居住面积35m^2~40m^{2}计算，全岛居住建筑可容纳的人口规模约为1.5万人~1.8万人，这个规模与鼓浪屿风景区总体规划与控制性详细规划提出的人口规模1.5万人~2万人基本一致。为了合理引导鼓浪屿家庭旅馆业的有序发展，管理部门编制了家庭旅馆专项规划，对全岛家庭旅馆床位数实行总量控制。通过对游客数量和需求以及建筑条件的综合分析，规划按4500张床控制家庭旅馆规模，加上岛上疗养院和正规酒店约1500张床，总计鼓浪屿的住宿接待量约为6000张床。统计近年来每年上鼓浪屿岛过夜住宿的人次为200万左右，每日平均为6000人，这部分游客可以视同流动的暂住人口，加上鼓浪屿的实际居住人口1.2万人，全岛的总居住人口约为1.8万人，基本符合规划提出的合理人口容量，同时数据反映常住居民与动态化的常住游客的比例约为2：1。未来还可对该数据作动态跟踪分析，并形成相应政策加以引导与调控。

集约拓展游览空间

一是平衡景区空间分布。鼓浪屿自然景点和历史建筑、历史街区的分布，主要集中于岛的中部和南部，北部几乎没有吸引游客的景点。北部原来是岛上的工业区，如造船厂、玻璃厂和灯泡厂，随着20世纪90年代工厂搬迁，这里作为收储用地一直由厦门市政府控制而未被开发，现作为开放的公共绿地。不容忽视的是，这片区域的土地面积占全岛土地面积的20%，除了作为婚纱摄影的背景外，少有游客进入该区域。因此，如何赋予该区域比较恰当的旅游功能，并成为吸引游客的新去处，这对于释放全岛游客过于集中的环境与遗产保护压力将是十分重要的。

二是打开围墙扩大景区。鼓浪屿虽然很小，却有不少用地大单位，这与鼓浪屿的近现代发展历史有关。目前岛上的大单位有部队的疗养院、现隶属厦门市的原福建省鼓浪屿华侨引种园和现隶属福州大学的原福建省工艺美术学校，以及包含多处遗产核心要素，诸如长期闲置未加利用的观海园等。如何盘活这些存量用地，开辟用作新的游览空间，对于缓解空间压力具有积极的意义。部队疗养院因担负特殊作用仍将继续保持存在，但引种园和工艺美校校区合计面积占全岛的10%，其土地空间具有极高的利用价值。华侨引种园为科研单位，在建国早期华侨引进物种的驯化方面发挥了重要作用，随着农业科技的不断进步，引种园时下的科研作用明显减弱，但园区内大面积的优良植被和大量的名贵栽植乃是重要的优质资源，长期为科研单位使用与管理，并未发挥应有的积极作用。园林植物景观本身也是鼓浪屿遗产地的重要有机组成，如何将华侨的引种历史文化，与鼓浪屿建筑庭院的园林景观艺术加以总结和提升，结合引种园内的历史建筑

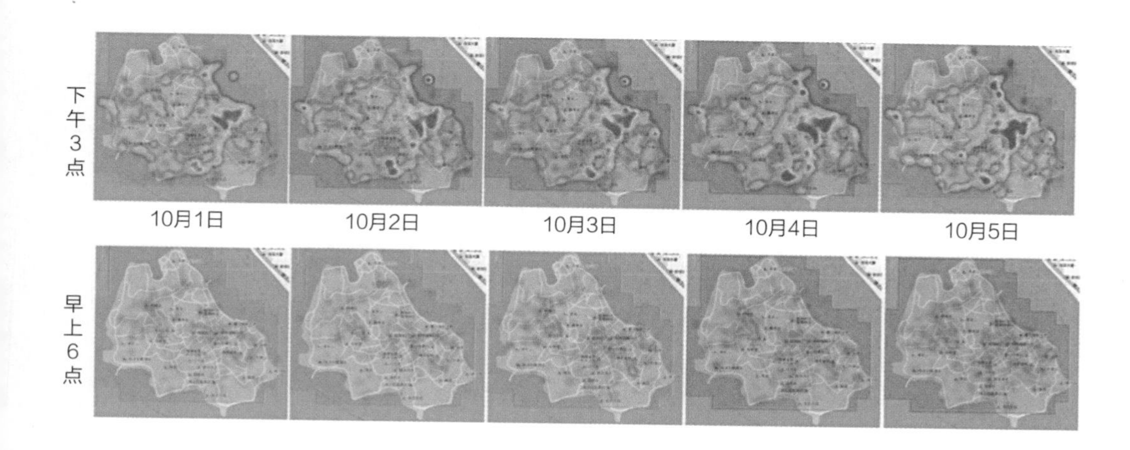

图7.3-3 百度热力图显示：2015年国庆节期间鼓浪屿游客分布的不平衡特征
（图片来源：李渊）

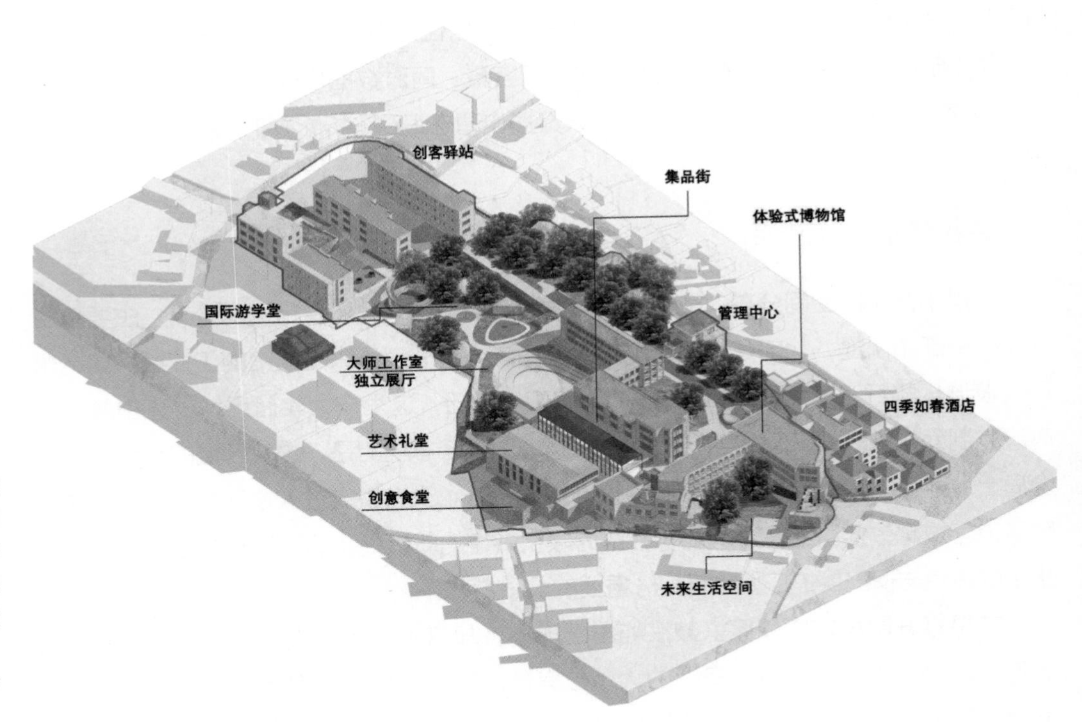

图7.3-4 利用鼓浪屿岛上闲置空间（鼓浪屿工艺美术学校）积极实施文化复兴计划，有效拓展旅游空间
（图片来源：厦门市联发集团有限公司）

加以布置展示，可望成为具有本土特色的新景点。观海园内有毓德女校、三落姑娘楼、万国俱乐部以及海关副税务司公馆等多处遗产核心要素，加上园区地形高低起伏、依山傍海、植被茂盛，具有人文与自然景观多样的特点，有望成为游客体验鼓浪屿人文历史与自然景色的绝佳场所。此外，鼓浪屿工艺美校校区由于校方办学空间的转移而长期被闲置，其土地面积不小，而且既有建筑空间也可被改造利用，并作为鼓浪屿发展文化创意和文化旅游的重要载体。

三是充分活化利用历史建筑。活化利用老建筑是拓展鼓浪屿游览空间的重要途径，尽管空间规模有限，但可以丰富文化旅游内涵。鼓浪屿上列入保护的老建筑有近1000栋，虽然建筑体量较小，但为数可观。历史建筑是展示鼓浪屿文化价值的重要载体，活态使用老建筑既可以保护建筑，同时也可以展示与演绎鼓浪屿社区生活和文化。其中，代表历史国际社区突出文化价值的核心建筑，可以作为“社区博物馆”，并加以利用与展示，其他历史建筑则可作民宿（家庭旅馆）、咖啡馆或旅游商店等。此外，更多的历史建筑则仍作为原有功能居家使用，以保持鼓浪屿社区的真实状态。保持遗产地的真实性是未来鼓浪屿作为旅游目的地的最大吸引力。早在十多年前，就有日本游客专门到访鼓浪屿老房子，并与房子主人交流建筑、家族以及生活状况，这种深度文化旅游与体验的形式，应成为鼓浪屿未来旅游发展的重要方向之一。

优化旅游设施布局

一是优化对外交通布局。为方便本地居民进出岛，同时也便于管控游客进出岛的数量，2014年鼓浪屿开始实行游客和居民不同的进出码头和航线的做法，居民走传统的轮渡-钢琴码头和厦鼓航线，游客则走邮轮—三丘田码头和西海域新航线，这样做的好处是：一方面厦门本地居民和鼓浪屿本岛居民都很欢迎；另一方面大大缓解了厦门岛鹭江道轮渡码头的交通组织压力。当然，这样做也存在诸多问题：一是鼓浪屿传统钢琴码头的趸船泊位吞吐量规模和码头广场空间疏解客流的能力远远大于三丘田码头，而周围疏解空间明显不足的三丘田码头却要承担3倍于钢琴码头的客流，显然码头的客流分配不合理；二是切断了厦门本岛旧城中山路与鼓浪屿作为厦门旧城旅游体验的整体性。原来游客可以在游览完鼓浪屿后通过轮渡码头便捷轮渡，进入厦门本岛旧城的中山路步行商业街继续其旅游与购物活动（或两者倒过来的行为），但码头功能调整后，鼓浪屿与中山路这两个实际非常紧密的空间关系，由于码头交通的限制而割裂了其本来可以整体、连续的活动行为，这在一定程度影响了旅游的便捷和感受，同时鼓浪屿龙头路、厦门本岛的中山路步行街的旅游商业也受到一定的影响。因此，可以考虑有条件地开放一部分钢琴-轮渡码头和厦鼓航线通道，如开辟高端定位渡轮，允许一定量的游客走“中山路-鼓浪屿”旧城风貌旅游的完整体验线路。

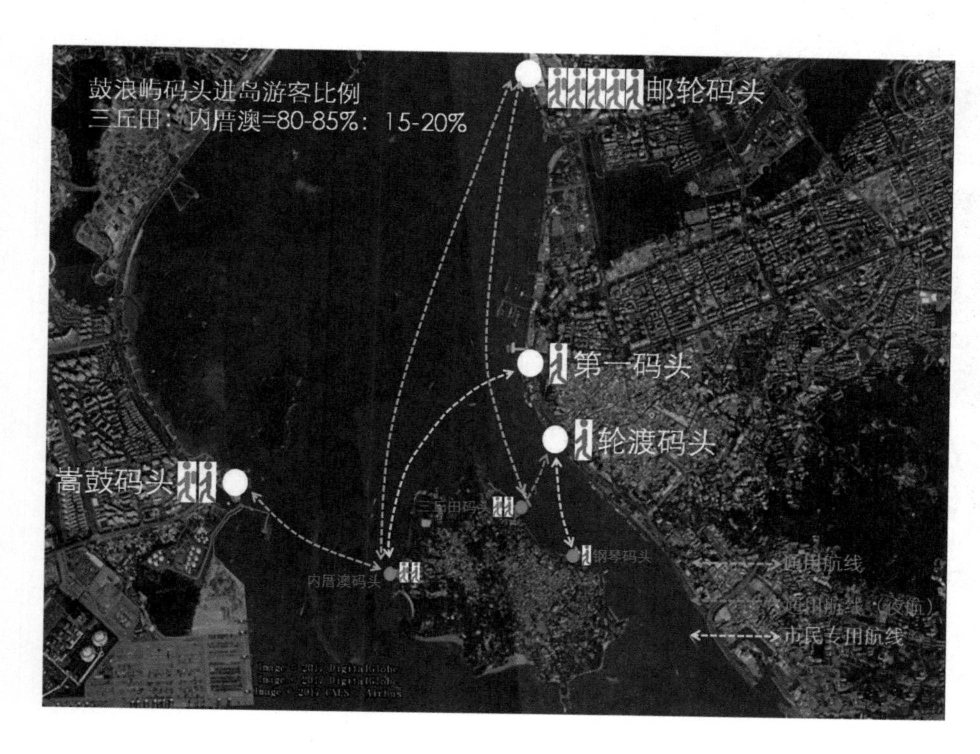

图7.3-5 科学规划、有序组织鼓浪屿居民与游客的进出航线

二是优化餐饮设施布局。由于鼓浪屿旅游餐饮过于集中分布在龙头路、福州路等历史街区内，使得旅游秩序嘈杂喧闹，旅游体验效果差强人意。根据规划鼓浪屿已建成东、西、北三个进出岛码头，以解决餐饮和购物过于集中的问题。在岛屿西部和内厝澳码头周边结合旅游线路，布局建设餐饮与购物集中区，这样可以有效分流和缓解历史街区游人过于密集以及餐饮影响环境等问题。餐饮集中区的建设方式有二种：一是改造和利用内厝澳码头旁闲置的原福建省水产研究所老建筑群。该建筑群具有一定规模，并延伸至海中，有着绝佳海景，可以作为旅游服务配套设施加以利用；二是在靠近原福建省工艺美术学校附近，采用紧凑的建筑空间形式，新的建筑应尽量做到节约用地和减少建筑的体量感，以便和鼓浪屿整体环境协调统一。在龙头路、福州路等传统历史街区，为避免过多的沿街商业（餐饮业）影响景观和环境，也应适当形成相对集中的餐饮与购物场所，像街心公园广场、福州路上废弃的破败建筑（如原来的豆干厂等），加以有机更新和改造利用，这样就可以减少沿街过度商业氛围，从而改善历史街区的游览体验。

“文化提质”策略

图7.3-6 社区生活是鼓浪屿文化遗产旅游的重要体验

按照遗产保护真实性和完整性原则，以及新时代中国文化发展的要求，社区型文化遗产地的保护，就是要做到“见物、见人、见生活”。“见物”，就是要做好以建筑物为主的遗产保护；“见人和见生活”，则要求鼓浪屿延续社区生活和传承社区文化。鼓浪屿文化社区和文化景区的双重身份，在过去的发展中两者是分离的，即文化景区主要体现在以自然资源为主的部分，如山体、岩石、绿化、沙滩等；而文化社区则体现在街道社区。随着社区文化的挖掘和回归，社区本身也将成为文化的载体，社区文化的展示使得社区也变成景区。所以，鼓浪屿的文化景区和文化社区在空间上是融为一体的，只是分属两个不同的价值体现。文化社区也是文化景区，鼓浪屿旅游发展所依托的文化景区，其核心实质就在于文化社区，而文化社区通过营造“社区博物馆+社区生活馆”展现完整的文化内涵。“社区博物馆”主要以代表文化遗产价值的核心要素的文化展示为主，“社区生活馆”则是社区生活的真实存在和社区文化的回归，两者融合成为文化景区的有机整体，共同成为旅游体验的载体，即通过社区的文化回归和品质提升，实现文化遗产的保护，并促进旅游业发展。

一是精心展示历史国际社区。鼓浪屿作为世界文化遗产，其核心要素包括以53个历史建筑为主体、约70幢的建筑群，作为遗产地的文化遗存和见证，核心要素本身就是一百年前历史国际社区发展演变的重要载体，因此，游览遗产地的核心要素应成为鼓浪屿未来旅游发展的重头戏。作为核心要素的老建筑一部分保持原来的功能继续使用，如各类宗教建筑和住宅等；另一部分则作为遗址或历史国际社区文化的展示，即鼓浪屿“社区博物馆”。由于这些建筑分散在岛上的各个区域，其空间分布具有集中与分散的特点，因此可组织形成贯穿全部要素的多条文化游览线路，此外，还可根据游览时间的长短，形成半日游、一日游和两日游等不同组合线路，供游客领略鼓浪屿的全部遗产文化。在文化展示方面，除了结合老建筑的线路外，还可规划建设专题文化展示，从涉及的文化范畴看，鼓浪屿至少包含了建筑、宗教、音乐、华侨、外侨等多元文化，这些文化主题都可成为鼓浪屿对外展示的重要内容。

图7.3-7 强化鼓浪屿文化遗产旅游线路组织与引导
（图片来源：厦门市鼓浪屿-万石山风景名胜区管理委员会）

二是全面营造当代社区生活。除了核心要素外，鼓浪屿的文化遗产还包括岛上一百多处各级文物建筑和占全岛一半近千幢的历史建筑，这些建筑也是文化社区的主要载体。鼓浪屿的文化社区和文化景区不是割裂的整体，如果说过去的鼓浪屿景区概念多停留于山体、绿化等自然要素资源的话，那么成为世界文化遗产后，以历史建筑为主体的文化社区，则自然成为未来旅游转型与提升发展的依托。文化社区也是文化景区，鼓浪屿的文化旅游除了上述的“社区博物馆”外，让外来游客体验现存真实、活态的社区，则更具有文化遗产的保护价值与展示意义。活化利用岛上的老建筑也是深度展现文化社区内涵的重要方式。近年来，在政府鼓励与引导下发展起来的鼓浪屿家庭旅馆民宿业就是其中的代表，鼓浪屿家庭旅馆的定位特色为体验老别墅风情，也就是在保护好整体环境和遗产建筑的前提下，让外来游客客居在岛上的老建筑内，体验和品味老建筑的历史和文化，这也是鼓浪屿民宿业的发展方向。此外，鼓浪屿的突出普遍价值之一是不同文化融合发展的见证，中、西并存的鼓浪屿社区宗教文化中，现存有佛教、道教、基督教、天主教等宗教组织，它们仍发挥着服务民间信仰的积极作用，同时也是维系鼓浪屿社区生活的重要纽带。保护好宗教建筑等遗产要素，积极支持开展活态的各类民间宗教活动，也可成为对外来游客富有吸引力的文化体验。

三是重点强化音乐文化体验。鼓浪屿有“琴岛”美誉，曾经是中国钢琴密度最高的地方，这主要是鼓浪屿早期发展受西方文化和教育影响形成，从鼓浪屿走出的知名音乐家数量之众就可见一斑，而这也成了厦门本地人引以为豪和多数游客对鼓浪屿的美好记忆。随着鼓浪屿人口的不断外迁，鼓浪屿的音乐文化特色日渐消失。从鼓浪屿未来发展看，不管是旅游吸引力的需求，还是文化遗产真实性的追求，保持并传承好鼓浪屿音乐文化特色是亟待通过各方努力做好的一件大事，事实上鼓浪屿也具备这样的潜力和优势。从音乐文化的展示看，鼓浪屿现有全国最早设立的钢琴博物馆、风琴博物馆等，以及新近利用老别墅黄荣远堂开设的中国百年唱片博物馆，还有已建成的中国大陆地区最大、亚洲第三的单体管风琴演出与展示馆等；从音乐文化的传承看，社区中仍有200多台钢琴，以及家庭音乐会、社区合唱团和家庭乐队（雷厝乐队）等表演形式，政府采取“以奖代补”等方式加以鼓励，并引导家庭音乐会以恰当方式供外来游客领略。家庭音乐会现在以音乐厅等公共场所表演的形式出现，虽然表演者的组成并不全是家庭成员，

图7.3-8 深度挖掘历史文化资源，发展鼓浪屿人文旅游

但节目形式和表演方式仍具有家庭的亲切氛围，并可让外来游客参与其中；从音乐文化的展演看，2017年鼓浪屿音乐厅的演出场次就高达168场，虽然大部分场次的表演者多为本岛或本地艺术团队，如鼓浪屿音乐学校师生或社区演出团体，尽管本岛或本地团队不是最高水平，但他们的表演恰恰体现了本土文化的真实性和地域性特色。此外，鼓浪屿钢琴节、外地（国）团体演出的音乐周等都相当吸引眼球，但目前的问题是宣传力度不足，厦门本地人对鼓浪屿音乐文化的了解和参与还不多，外来游客的音乐文化体感还有待强化；从音乐文化的教育看，鼓浪屿仍保留开办音乐学校，并具较强吸引力，音乐学校的师生本身就是鼓浪屿音乐文化的表演者和传承人。随着鼓浪屿成为世界文化遗产，社会各界都认同保持鼓浪屿的音乐教育特色并着力做强做精，这就亟须提供更好的音乐教育办学条件，如增加教学与宿舍空间等。由于鼓浪屿不能再有新的建设，因此，整合岛上既有的建筑空间资源，通过合理规划已搬离鼓浪屿机构的原有办公场所空间等，为音乐文化教育提供实质性支持。

四是稳步提升文化景区品位。遗产核心要素之一的原救世医院旧址，在鼓浪屿申遗成功的同时开办了故宫第一家分馆——鼓浪屿外国文物馆，但数据显示国宝级的文物展示实际上并没有吸引多少游客，这说明上岛的游客并不见得都对文化感兴趣，或者说没有到达规划的高端定位，但这却是目前旅游消费市场的客观反映。另一情形则是旅游消费市场的结构问题。由于只需购买船票就可进入鼓浪屿，并可免费游览鼓浪屿岛上的大部分风光，包括游历老街区、观赏老建筑等，造成旅游消费门槛过低，低端市场的大量存在一定程度排挤了高端市场，加剧了低品位问题。现实的低端市场与规划的高端定位有错位，想从低端一跃到高端并不现实，实现规划的目标需要一个以经济为支撑的发展过程，同时还有游客的人文素养培育等，但引导旅游市场从低端向中高端稳步提升则属必然。一方面，随着对鼓浪屿文化遗产的深入挖掘和丰富展示，引导文化消费和优化消费结构是我们的努力方向，可以充分利用对上岛游客实行总量控制的契机，调节经济杠杆，出台消费政策，如对自愿消费大门票、上岛住宿过夜和有文化项目消费（如考察遗产要素线路）的游客，实行绿色通道，保证优先上岛，从而优化旅游消费结构；另一方面，亟须规范管理旅游消费市场。对“煎炸烧烤”等严重影响遗产地环境质量的旅游餐饮业态等严加限制，通过精细化的旅游商业业态规划加以引导和管理，既要保护好遗产地环境质量，又要改善旅游体验。意大利威尼斯旅游局就因比萨饼的大量制作严重影响环境而规定不得开设比萨饼店。对违规在公寓楼内开办家庭旅馆的要严加清理，对合法取得手续在历史建筑内开办民宿的家庭旅馆进行评比，对保护和利用好老建筑的业主或业者实行“以奖代补”，借以提升鼓浪屿家庭旅馆的特色和品位。

遗产监测与风险管理

1. 遗产保护的防灾减灾原则

灾害是造成文物古迹破坏的重要原因，防灾减灾是遗产地及文物古迹保护的重要基本原则之一。防灾减灾要求及时认识并消除可能引发灾害的危险因素，预防灾害的发生；要求充分评估各类灾害对文物古迹和人员可能造成的危害，制定应对突发灾害的应急预案，把灾害发生后可能出现的损失减到最低程度。灾害的损失可以通过预防以及灾后及时、妥当的应对措施，从而降低到最低程度。预防是指在灾害发生之前，根据专业机构对可能发生的灾害进行评估及相关的专项设计，并采取必要措施，消除潜在威胁，如清除或加固危岩、滑坡体等；对文物古迹进行加固、防护，避免或减轻自然灾害或次生灾害对文物古迹可能造成的破坏；完善必要的预防性设施，如防雷、防火设施。对于可能由人类活动引发的灾害，则应通过建立和落实相关规章制度，完善监控措施，加强教育，避免或及时制止人为破坏。文物古迹管理者应制定应对灾害的预案。相关人员，无论是文物古迹保护管理人员，还是周围社区的居民，或是进入文物古迹参观的游客，都应了解预案的相关内容，并定期进行应急预案的演练，以及对相关人员进行应急预案培训。

2. 遗产监测管理

遗产监测管理是国际ICOMOS组织专家检查遗产地保护管理工作的重点。中国国家文物局历来非常重视世界文化遗产保护与监测工作，初步建立了中国世界文化遗产监测预警体系，其目的在于规范和指导遗产地监测工作，同时可以有效监管遗产地监测工作。

鼓浪屿遗产监测的任务目标，一是对遗产核心建筑进行本体勘察，明确遗产本体保存现状以及主要病害情况，为遗产本体保护以及监测指标设计提供科学依据；二是编制鼓浪屿监测预警系统建设方案，重点建立起鼓浪屿监测预警指标体系，用于指导鼓浪屿监测工作开展，并围绕监测指标的实现，从业务、规范管理、技术实现等方面进行设计；三是生产、处理与整合鼓浪屿数据，形成规范、统一的监测数据与资料，有效支撑遗产监测信息化工作；四是搭建监测预警平台，构建监测预警系统框架，实现集动态监测、实时预警工作管理、分析评估于一体的监测工作管理平台，辅助遗产监测管理工作的开展，提高监测管理工作的效率；五是建设鼓浪屿监测支撑环境，提供监测必要的机房、设备、网络等环境。

鼓浪屿遗产监测的重点内容包括，旅游游客、建设控制、自然环境、本体特征、本体病害、保护工程、社会环境、日常巡查以及综合监测等9个子系统。在游客总量监测方面，调研发现全岛3个区域和部分景点存在游客过度密集的问题。整岛游客量和景点游客量通过接入渡轮和景点的门票系统进行监测，3个游客密集区通过视频观察的方法，定时填报游客密集程度。在本体病害方面，经勘察得到鼓浪屿遗产本体主要为钢筋锈蚀、白蚁、脱落、植物根系以及结构稳定性等病害。对于结构稳定性较差的4处本体，如美国领事馆、毓德女学堂等布设沉降、位移等设备，其他病害如植物根系，主要采用移动平板电脑定期采集，并定期动态对比其变化。建设控制方面，是对鼓浪屿遗产区内建设情况进行监测，监测的内容包括新建项目监测、建筑第五立面监测以及鼓浪屿岛天际线变化监测。新建项目通过日常巡查的方式进行监测，建筑第五立面采用无人机进行监测，全岛天际线采用岛外架设远景相机定点拍摄的方式进行监测 。保护工程方面，是对鼓浪屿遗产区内所有的保护展示与环境整治工程进行统一监测，监测内容包括工程项目范围、批复方案和施工过程照片等。监测方式主要通过移动平板电脑现场采集、用岛外架设的远景相机定点拍摄等方式进行监测。自然环境方面，是对鼓浪屿遗产影响较为明显的因素，如台风、地震和酸雨等，采用接入互利网共享服务数据的方式获取，同时在鼓浪屿岛上架设4台噪音设备，监测岛内噪音污染，并布设小型气象站监测微环境的数据。社会环境方面，是对鼓浪屿遗产地影响较为明显的因素，如商业业态分布等进行监测。社会环境监测内容，主要包括商业业态、土地利用等。数据的监测主要采用从相关部门获取后再加以处理，并导入系统进行分析。本体特征方面，是为保护好鼓浪屿每

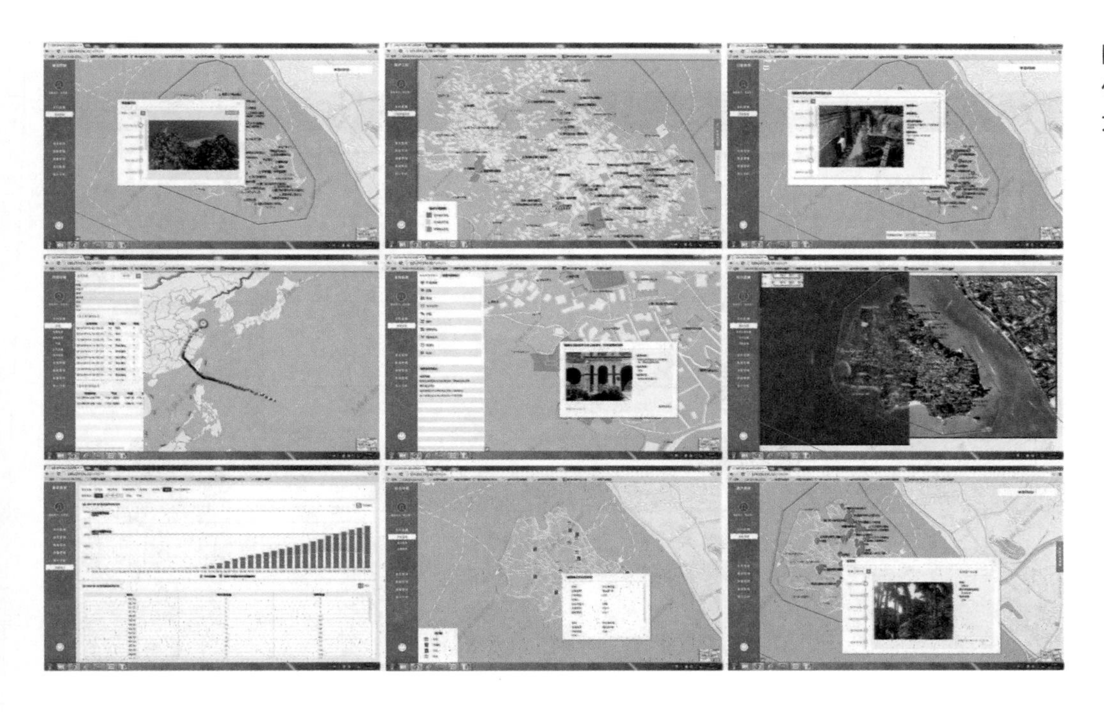

图8.2-1 鼓浪屿文化遗产监测中心九大监测子系统

个遗产核心要素建筑的价值特征，对遗产核心要素建筑的每个立面进行定期监测，监测内容包括建筑的立面照片以及图纸，用移动终端数据采集的方式结合摄像机截图的方式进行监测。日常巡查方面，是遗产保护的一项重要手段，对全部核心要素以及核心区进行日常的巡查工作，做到三日一查的频度，并采用移动平板电脑进行采集。综合监测方面，主要是监测影响遗产地的其他相关因素，包括整个遗产地的机构变化、总体格局变化、使用功能变化等，监测方法是从各职能部门获取数据后再进行分析统计。

监测指标根据监测数据自动生成，除了满足国家总平台规定的37项外，监测方案还根据鼓浪屿的特点，设计了满足鼓浪屿监测需求的特定监测指标。各子系统涉及的预警阈值设定，是根据现有的研究资料设定的建议阈值，对于不能在该阶段制定预警阈值的，通过专项课题深化研究，逐步明确各项监测数据的预警阈值。例如，对于游客量等对鼓浪屿遗产管理比较关键的数据指标，设置了较为细致的预警阀值。全岛日游客量控制值为5万人，瞬时游客量控制值为3万人。预警分级为：瞬时游客量≥30000为I级预警；30000≤瞬时游客量＜29000为II级预警；29000≤瞬时游客量＜28000为III级预警；28000≤瞬时游客量＜27000为IV级预警。预警处置方式为启动应急预案，疏散游客。又如，传统旅游卡口日光岩顶，瞬时游客量限定50人。预警分级，瞬时游客量≥50为I级预警；50≤瞬时游客量<45为II级预警；45≤瞬时游客量≤40为III级预警；40≤瞬时游客量＜35为IV级预警。预警处置为启动应急预案。

移动采集系统是监测系统获取数据的主要方式之一。移动采集系统通过平板电脑进行日常巡查工作，采集病害、要素的单体立面照片等监测数据，发现异常信息及时上报监测预警系统。移动采集系统的主要功能有：采集任务、日常巡查、一键报警、历史数

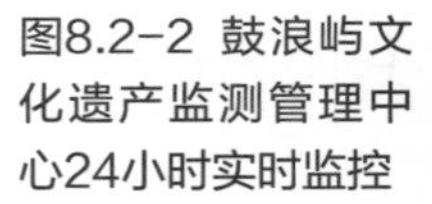

图8.2-2 鼓浪屿文化遗产监测管理中心24小时实时监控

据、地图定位、系统消息等。同时，监测系统还建立了档案管理系统。档案管理系统依据鼓浪屿文化遗产档案管理标准规范，以及档案来源、时间、内容和形式特征的异同点，对档案进行有层次的区分，并形成相应的体系。文化遗产档案的日常管理，为遗产和文物的保护管理、利用和研究提供了资料和档案数据，从而提升了遗产档案管理的整体信息化水平。

为进一步做好遗产监测，厦门市政府还专门成立了鼓浪屿世界文化遗产监测管理中心，为厦门市鼓浪屿－万石山风景名胜区管理委员会所属正科级全民事业单位。鼓浪屿世界文化遗产监测管理中心的主要职责是，协调开展鼓浪屿世界文化遗产的监测工作；建设和实施鼓浪屿文化景观遗产的监测和预警体系；建立遗产区的档案库和数据库；参与草拟鼓浪屿世界文化遗产保护管理监测报告，配合做好世界遗产中心对遗产地的复查等工作；开展世界文化遗产保护管理的科学研究；做好信息化建设的规划、项目建设、系统平台的维护等。遗产监测管理中心无疑是看护好世界文化遗产的关键部门和重要保障。

监测中心利用监测预警系统平台，通过系统平台和移动采集端人工录入、前端设备自动获取及外部系统集成接入等手段，实现了对鼓浪屿遗产本体、环境、影响因素、保护管理工作的监控，形成了以遗产价值为核心、本体安全性为抓手的遗产监测体系，有效推动了遗产地的保护管理工作。监测中心围绕遗产要素，实行周巡查、月报告、定期反馈和处理结果存档的循环工作模式，对遗产要素进行周期性人工勘察、客观记录与评估，并将相关情况及时反馈给遗产管理部门，并与各部门建立密切沟通，实现遗产管理的联动、共管机制。

为完善监测管理系统，监测中心制定了《鼓浪屿文化遗产地巡视巡检制度》、《鼓浪屿世界文化遗产保护监测预警联动处置机制》、《鼓浪屿世界文化遗产监测管理中心安全管理规章制度》和《鼓浪屿世界文化遗产监测管理中心值班规章制度》，确保监测工作顺利开展。通过形成监测中心、遗产保护管理相关部门联动机制和工作模式，避免核心要素的使用功能产生破坏性改变。落实日常巡查和人工勘察制度，加强核心要素的监测及人工勘察，做到发现病害立即处理，确保核心要素本体病害的控制，以及按计划逐步去除各类病害。已有监测数据显示，自然环境的影响主要来自台风、暴雨、白蚁等因素。近年的台风并未对遗产地造成过多影响，但台风带来的暴雨导致部分建筑出现渗漏水的情况。另外，由于鼓浪屿绿化环境特征明显，加上气候湿润，导致白蚁蛀蚀情况较为严重，遗产本体的白蚁防治工作应成为常态化工作之一。

鼓浪屿监测系统在国家文物局的指导下，形成了一套具有鼓浪屿特色的监测指标体系。通过网格化管理，监测系统初步实现了基于地理信息技术、物联网技术和互联网技术，对遗产监测大数据的有效集成以及对监测业务的指挥管理，并实现监测信息的整合、分析和展现，实现与国家监测总平台的有效对接和信息共享。

3. 遗产监测工作思考

笔者负责鼓浪屿遗产监测系统的方案设计和系统建设的全过程，也考察过一些遗产地的遗产监测工作。为实现鼓浪屿遗产地和文化景区、文化社区的智慧管理，还需进一步完善遗产监测管理的思路与方法。高科技、数字化固然是发展的必然趋势，不过针对鼓浪屿这样一种开放型的遗产社区，其遗产本体多样、分散，并归属于不同人群，所以管理方式也必然是多样和复杂的。单纯依靠高科技设施、设备等硬件来发挥监测功能，这并不完全现实和可靠。一是如果要实现遗产监测无死角、全覆盖，其投入必然极大；二是完全依赖设施设备并不可靠，通信信号故障、通信设备故障等因素也不可小觑；三是在环境尺度极小的鼓浪屿，投设了大量仪器、设备，这本身对遗产地和遗产要素的景观、环境就产生不小的影响，如街头巷尾成堆的监控摄像头等。

鼓浪屿的遗产监测应充分发挥人的主观能动作用，一是加强监测工作，做好人工日常现场巡查，这已形成工作制度并发挥作用；二是充分发挥建筑类遗产本体主体责任人的自查、监管作用，建立相应鼓励性机制，以取得建筑内人员（包括私人业主）的积极响应，从而实现遗产的积极、有效监控。

为了实现遗产地规划、建设的数字化管理，有关部门建立了鼓浪屿全岛建筑与环境的数字三维模型。但鼓浪屿是弹丸之地，如果需要开展建筑或景观保护工作，完全可以到实地进行调查、研究或实景比较等，无需在办公室里闭门造车、纸上谈兵。因此，在

图8.3 多样化终端形式（手机等）可以实现多角度、便捷的实时监控

改进遗产监测的科学、实用方面，相关工作还需不断改进和完善。至于监测系统自身完善方面，定期评估鼓浪屿文化遗产核心要素监测管理体系，按照遗产核心要素及历史风貌建筑监测风险等级分类，健全完善人工巡查、平台预警和处置反馈相结合的有效机制等。此外，还要做好消防、安防设施的日常排查与监测，以及极端天气的预警工作；和组织对监测预警数据的研究分析，探索监测数据的规律特点，为深化监测工作、管理决策等提供参考；以及针对采集积累的大数据开展相关课题研究等。

4. 遗产“三防”工作

鼓浪屿各级文物保护单位，乃至鼓浪屿全岛的社区、建筑和相关遗存等，都需要切实做好“三防”（防火、防雷和安防）的工作。鼓浪屿作为开放型社区遗产地，其面临的最大安全隐患是火灾。鼓浪屿消防部门的统计数据显示：2008—2018年十年间，鼓浪屿消防部门共接火警82起，其中到场处置62起，到场未处置20起。接警中，办公场所火灾1起，住宅宿舍火灾16起，压缩气体和液化气体8起，带电设备火灾5起，娱乐场所火灾1起，易燃固体、自燃物品火灾1起，露天堆垛火灾1起，船舶火灾1起，宾馆饭店火灾3起，学校医院火灾1起，油、气储罐火灾1起，物资仓库火灾1起，其他类型火灾42起。其中，绝大部分的火灾与社区日常生活有关，这也是鼓浪屿防火安全的难点和重点所在。

鼓浪屿历史社区具有近200年的历史，绝大部分建筑老旧，其内部的电线、电器设备也多为老化，加上社区空心化、老龄化等人为因素影响，存在大量不可小觑的火灾隐患。长期以来，鼓浪屿岛上已建立比较成型的消防体系，对于火患可以起到快速反应和及时消除作用。成为文化遗产地后，重点需加强老旧社区和老旧建筑的电器线路等改造提升和电器设备使用的安全管理，遗产管理部门和电力部门应加强协作，有计划地实施社区电力安全的改造与提升。社区用户可设置高灵敏性能的过电保护装置等，避免由于电器和线路老化引发的火灾，特别是社区中的半空置房屋和老人独居的房屋，应重点加以防患和监管。

针对社区部分通达性不畅的区域，可以采取社区微型消防站和加设消火栓、消防水池等实用措施加以防范和应对。此外，还应对夜间的火患加强有针对性的巡查和应急措施。

鼓浪屿发生雷击导致损坏建筑或文物古迹的情况并不多见。在文物建筑的保护修缮中，同步实施防雷工程，基本可以满足遗产本体保护的防雷要求。鼓浪屿遗产地缓冲区外围的高层建筑，如位于海边的世茂双塔建筑，可一定程度消解遗产地遭雷击的威胁。

鼓浪屿世界遗产地的岛屿形态对遗产地的防盗安全是有力的保障，加上遗产地的文物古迹和遗产核心要素多为不可移动文物，所以，鼓浪屿文化遗产的安防难度并不太大。但随着鼓浪屿社区博物馆的不断建设，岛上可移动文物数量的不断增加，如救世医院旧址开办了故宫鼓浪屿外国文物博物馆等，这对文物安防工作提出了新的挑战，须加以认真对待。

5. 台风与绿化管理

鼓浪屿的古树名木。古树名木是指在人类发展历史中保存下来的年代久远或具有重要科研或文化价值的树木。其中，古树是指树龄为100年及以上的树木，名木是指具有重要影响的中外历代名人、领袖人物所植的具有纪念意义的树木，或是具有重要科研与文化价值的树木。显然，名木未必是古树，古树也未必是名木。古树分为国家一、二、三级。其中，一级古树的树龄不低于500年，二级古树的树龄为300~499年，三级古树的树龄为100－299年。国家级名木不受树龄限制，也不分级。

从历史照片可以看到，一百多年前的鼓浪屿岛上并没有过多的绿化，其地貌特征多为花岗岩山体和少量农田。随着国际历史社区人居环境的形成，特别是在社区内部和建筑庭院部分，由于居家和遮阳等生活、休闲的需要，岛上的绿化环境发生巨变，今日鼓浪屿的绿化覆盖率已超过50%，这与岛上大量和高密植的古树名木不无关系。调查统计，鼓浪屿的古树名木曾有189株，共计18个品种。名木古树中以榕树居多，达150株，其他有香樟、重阳木、芒果和龙眼等。古树方面以三级古树居多，占90%，其他为二级，登记在册名木2株。古树名木具有多元价值性、不可再生性、特定时机性和动态性等四大特征，以及生态、经济、景观、文化、历史、科研、开发、旅游等八大价值。对鼓浪屿文化遗产地来说，古树名木的景观、文化、历史和旅游价值则更为突出和重要。古树名木的多元价值与不可再生性决定了对其保护的必要性和重要性。

古树名木的病虫害包括常见病虫害和检疫性病虫害。常见病虫害中的白蚁蛀蚀可导致树木死亡或树木茎干倒伏，这是为害鼓浪屿古树的头号害虫，其他病虫害则不易导致古树名木死亡。鼓浪屿古树直接致死的检疫性病虫害主要是木层孔褐根腐病，此病已危害鼓浪屿的榕树、高山榕等榕属植物，并呈蔓延之势。受害植物首先表现为不正常的落叶，随着落叶的加速，植株逐步死亡。植株从落叶到死亡，持续时间为3个月到3年。由于木层孔褐根腐病菌是通过菌丝体传播，且为害植物的根部，故在植物受害初期不容易被发现，此病的有效防治方法仍在进一步探索之中。

莫兰蒂台风对遗产地绿化保护的启示。莫兰蒂台风发生于2016年9月15日凌晨，也就是农历八月十五的凌晨。当时，鼓浪屿计划于2016年9月18日接受联合国教科文组织委派的ICOMOS日本专家苅谷勇雅先生的现场检查评估，这应该是对鼓浪屿申遗最大

图8.5-1 2016年9月15日莫兰蒂台风灾害后鼓浪屿街区树木和建筑受损场景
（左图来源：乔森）

的一次考验。天气预报台风风力达15级，局部实际达到17级，而且正面袭击厦门。莫兰蒂台风是当年世界最强台风，也是新中国成立后厦门市遭遇到的最强台风，台风登陆厦门的路径则从鼓浪屿上方通过。台风发生在凌晨时分，通过建立的鼓浪屿遗产监测系统可以清晰地看到当晚到凌晨台风狂虐小岛的情形。

台风过后，鼓浪屿几乎所有的道路均被两侧倒伏的大小树木所阻拦。显然，台风对岛上树木造成极大的破坏。据统计，有3000多棵树木倒伏或折枝，有20余棵名木古树倒伏，倒伏的树木多为榕树，少数为根系较浅的木棉树等。倒伏的名木古树树龄都在

图8.5-2 莫兰蒂台风倒伏后的树木再生，形成鼓浪屿独特自然景观

二三百年，有的甚至400多年。鼓浪屿管理委员会迅速组织文化遗产专家和园林绿化专家到现场实地进行踏勘、调查，快速研究制定灾后树木救治和再生的具体措施。

通过调查分析，树木特别是树龄大的名木古树倒伏的主要原因，一是台风风力极大，其自然破坏力也大；二是榕树树龄高了后，容易染上木层孔褐根腐病，导致树根部分感染后空心化，受台风强力冲击后就容易倒伏。鼓浪屿岛上的绿化，特别是名木古树，无疑是鼓浪屿自然景观的重要组成部分，也是建筑庭院景观的重要特色。对遗产地的保护除了历史建筑外，还应保护与岛屿、社区相辅相成的自然绿化环境。

对倒伏的树木如何救治，专家们给出了积极而有效的建议和措施，多管齐下分类实施。除对倒伏的古树名木做好枝干修剪和加固支撑工作外，还采取“不挪移、砌花池、堆肥土、破路面、引须根、补幼苗、喷雾生、挂吊瓶、灭菌虫、加艺术”等措施。其中，保证安全、尽量救治是做好倒伏古树名木的基本原则，在此基础上再进行景观、艺术处理。不挪移是对已做好支撑的古树名木不再加以二次抬高，以免对树木造成二次伤害；砌花池、堆肥土是对倒伏古树名木裸露的根部用养分丰富的土壤进行覆盖，并在周边砌筑花池，以避免水土流失；破路面、引须根是须根较多的部位可以局部破开路面，引须根下地，促根复壮；补幼苗是在倒伏榕树旁补种小苗，利用榕树自然融合的特性，使新老榕树连生在一起；喷雾生、挂吊瓶是要保证水分和营养的供给，促使树木的蒸发量和吸收量达到平衡，确保树木正常生长；灭菌虫是对倒伏树木做处理时，将断裂的主根和侧根斜切修平，并用杀菌剂消毒，做好相应处理以避免雨水的渗入和病虫的危害；加艺术则是以“保护性创作”为原则，对倒伏古树名木的再生进行艺术处理。

鼓浪屿面积1.88km^2，其空间尺度亲切宜人，对古树名木的景观要求也需更加精致化。鼓浪屿上很多古树名木距离风貌建筑较近，需综合考虑抢救措施，要将周边的建筑环境统筹起来，并结合建筑的材质、色彩和文化，做好古树名木保护设计方案。在做艺术设计的同时，需对植物的生长习性有一定的了解和预判，把文化结合在造景中，并将倒伏的古树名木串联起来，打造古树名木特色旅游线路。另外，对绿化保护与处理进行记录存档，并作为珍贵的历史资料。经过紧张而积极的灾后重建，倒伏的每一株古树均得到相应的保护性处置。如今，在日本领事馆庭院、黄家花园南门、自来水公司门口、港仔后、干部疗养院门口的道路上以及社区内的庭院里，都可以看到因受莫兰蒂台风影响倒伏后继续生长的古树，这成了鼓浪屿独特的绿化景观，同时也是鼓浪屿遗产地园林植物的历史文化展现。

鼓浪屿大树密度高，与建筑物的距离近，有的树木的根系对建筑的基础已形成危害，树干则受台风影响，导致树枝对建筑外墙或构件产生破坏。台风中倒伏的树木形成对建筑巨大的冲击力，可以压垮建筑的局部。幸运的是，莫兰蒂台风中树木并未对建筑造成过多的破坏。但是鼓浪屿上的这种威胁普遍存在，在一些持续时间较长的小雨中，也曾出现树木倒伏而压坏建筑的现象，这些都需要在日常管理中得到高度的重视与积极应对。

图8.5-3 艺术展现树木再生新景观
（左为鼓浪屿干部疗养院门口倒伏复壮树木新景观；右为鼓浪屿海上花园酒店门口倒伏古榕树雕塑，主题为："鼓浪留声"）

鼓浪屿的"树楼一体"特色景观与管理应对。鼓浪屿还有一个特色景观，就是"树楼一体"。由于古榕树的根系生长发达，经常渗入建筑的墙体或裂缝中，也有植物种子落在建筑屋顶，出现植物嵌入建筑体内生长的情形，形成植物与建筑融为一体的景象。因此，对植物及时加以整理与动态维护，以及对建筑病害的跟踪监测等，应是一种积极而稳妥的方法，还需加以大量实践探索与不断研究总结。

6. 鼓浪屿绿化保护与管理思考

对于岛上与历史社区相辅相成的古树名木，应作为遗产地的重要组成部分并实施相应保护。古树名木以及高大树木的保护主要有5个方面。一是加强树木病害防治。鼓浪屿古树多，得白蚁或其他病虫害的机会大，因此加大病害防治应成为遗产地园林绿化管理部门的一项重要工作；二是加强树木修剪维护。作为历史社区的有机组成部分，树木应定期得到修剪和维护，才能避免树木受风倒伏，并营造更好的绿化景观；三是加强名木古树支护。鼓浪屿地形高低起伏，一些榕树根系外凸而造成树木倾斜生长，有的位于路旁，有的位于有高差的台地边，这对道路通行存在安全隐患。考虑台风和下雨等破坏因素，加强树木的日常支护与加固就很有必要；四是加强树木日常监测。对于"树楼一体"的景观则需通过遗产监测系统加强日常监测，并同步跟踪树木的生长状况和建筑的裂缝变化；五是适当降低树木密度。鼓浪屿树木密度大，导致建筑与树木距离过近，当树木受到外力影响时，容易对建筑形成一定程度的破坏。因此，对于核心要素历史建筑有可能产生影响的一般种类树木应及时移除，绿化种植不宜过密，要做到绿化疏密有致，并与建筑布局相得益彰。

除了古树名木保护外，鼓浪屿的绿化还有自身特色，需要正确认识并采取相应措施。随着鼓浪屿社区的形成，岛上绿化相应发展，特别是随着岛上住宅和庭院的增加，社区的绿化环境不断完善，以风水树和庭院绿化为主的社区绿化是鼓浪屿的主要特征之一。20世纪80年代后，鼓浪屿成为国家级风景名胜区，海上花园的美誉强化了鼓浪屿岛上的园林绿化建设。鼓浪屿风景区总体规划要求岛上的绿地率要超过50%，随后岛上多数山体的林相、绿化得以改造提升，北部几个大型工厂搬迁后其用地做成大片绿地。同时，由于旅游景区、景点的建设，码头区、广场区和滨海绿带等满足公众旅游需要的，于是鼓浪屿形成了多样化的绿化形式。

7. 其他风险管理

由于鼓浪屿位处福建南部沿海九龙江出海口，存在遭遇海漂垃圾侵袭的风险。每年九龙江发大水的汛期，流域上游的垃圾会随江水涌入厦门西海域，造成对鼓浪屿周边海域甚至是海岸沙滩的直接污染。厦门市环卫部门设有海上环卫队，在海域上游对海漂垃圾等进行拦截、收集，以净化海域环境，保护遗产地免受污染。因此，加强流域的区域协同治理，对保护鼓浪屿遗产地具有重要意义。

此外，鼓浪屿东侧海域为鹭江，这是厦门传统的港区和航道。随着港口向东渡港区和海沧嵩屿港区迁移，大型船舶和集装箱货轮等的航线也随之西移，不过鹭江上仍有频繁的城市公交和旅游客运航线等。大量的大型船只在鼓浪屿周边通航，这对鼓浪屿形成了明显和潜在的环境影响，一是船只排放的尾气，对鼓浪屿空气质量产生了直接的不良影响，这一点从鼓浪屿上的环境监测点显示的数据可以得到证实；二是海域附近船舶的油污排放和突发性泄漏等，将对鼓浪屿周边的海洋环境直接造成污染，从而影响遗产地环境安全。这些问题在遗产地未来的风险应对中，都需要得到进一步的认真研究和化解。

遗产地精细化管理

现有的规划和建设管理方式不能满足鼓浪屿保护发展的需要。由于保护遗产地的要求，新的建设受到严格限制，因此，鼓浪屿已有建筑的再利用与建筑功能的更新等将成为鼓浪屿遗产地保护、特色化发展和精细化管理的重点。其中，旅游引发的过渡商业化问题、老建筑适度利用和岛上危房的规划建设等是遗产地精细化管理的主要内容。

1. 商业如何管控?

商业类型与发展状况。鼓浪屿既是社区也是景区，鼓浪屿的商业类型也相应分为社区商业和旅游商业。旅游商业是历史社区直接面向游客的商业活动，主要以零售、餐饮、旅宿、体验和展览为主，是以游客为主要服务对象。社区商业是以社区为载体，以提高居民生活质量、满足居民综合消费为目标，并提供日常生活需要的商品和服务的属地型商业。社区商业按需求分为两类，一是必备性商业业态，满足居民日常生活最基本需求；二是指引性商业业态，属于发展型的配置，主要满足居民多元化、高层次的物质消费需求。

旅游商业的过度化和低端化。2010年随着区域交通条件的快速改善与提升，到厦门旅游的人数剧增，上鼓浪屿的游客也相应增加。2014年全年上岛游客量近1300万人次，大大超过鼓浪屿最大游客合理容量。调查发现，过量游客给鼓浪屿带来了过度的商业及种种问题。旅游商业在市场的刺激下迅猛发展，但存在经营档次低、规模小、产品单一老化和文化内涵不足等问题，而且以购物为主体的传统方式已不能适应现代旅游个性化、多样化的需求，同时还存在缺乏特色、综合服务效益低和管理缺位等问题。一是占道经营。商家占用道路进行商品展示，如大排档、水果摊等的占道经营，或传统老字号商铺前的街道，游客慕名而来，高峰期排队长龙对道路通畅和街道氛围造成不良影响。二是靠墙经营。即利用建筑围墙、街道围墙挂卖饰品、纪念品等，影响建筑风貌，破坏街道景观，是过度商业化的典型表现。三是破墙经营。这是街区中比较常见的临街非商业建筑改造为商业店铺，其中以居住建筑改造为主。四是庭院经营。利

图9.1-1 鼓浪屿过度化和低端化商业一度充斥街头

用临街的庭院空间擅自进行商业经营，这对街道秩序和社区环境造成影响。五是门口经营。利用临街建筑的大门门洞作为经营空间，严重影响建筑、街道景观，违反历史风貌建筑保护要求等。六是露天经营。利用街头广场、开阔地、沙滩等公共空间作为场所进行商业经营，尤其是在海滨摆摊设点的，由于缺乏管理，严重侵占公共空间，对交通、景观均造成不良影响。七是流动经营。采用小推车等形式，在道路等公共空间进行兜售，形成过度商业的不良影响。八是叫卖经营。以商铺门口大声叫卖招揽顾客，对社区环境造成不良影响。九是夜间经营。专门在夜间开展的商业经营行为，包括夜市、夜间排挡、小吃、地摊等，它们一定程度上满足了民众和游客的夜间生活需求，但由于缺乏管理，对公共场所秩序、社区夜间环境等造成一定影响。总之，面对飞速增长的人流，鼓浪屿整体经营环境面临巨大考验。一方面，交通设施、公共空间、街道家具等休憩设施、无障碍设施、绿化等建设滞后，城市公共品质有待提升；另一方面，城市公共环境管理与经营，缺乏先进的理念和模式，缺乏优秀的管理人才。作为一个兼具生活、文化、旅游于一体的岛屿，由于地理环境特殊，需要面对交通条件制约、气候条件影响、生态环境保护、风貌建筑保护、居民生活环境改善等多重现实问题，因此，设置适度的商业配套并合理配置和布局是非常重要的规划工作。

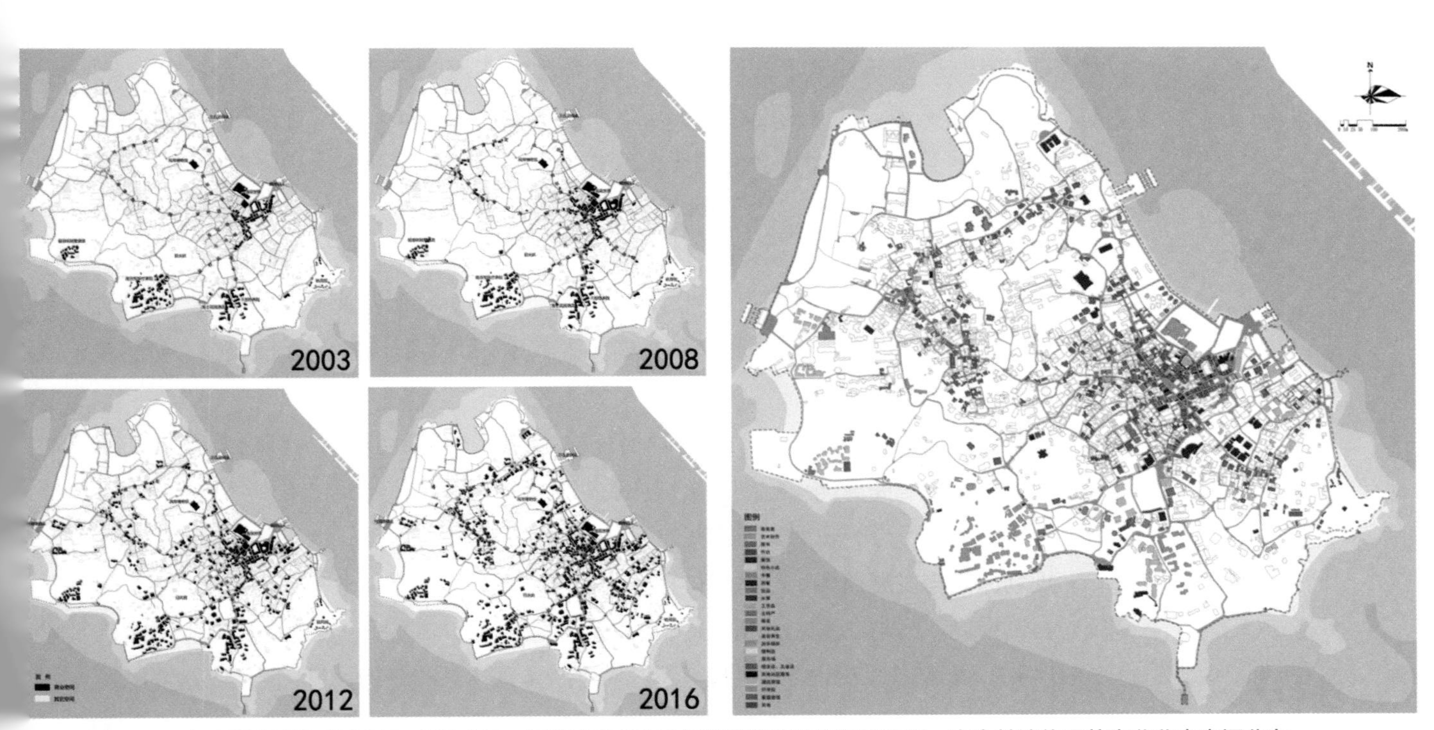

图9.1-2 左四图分别为2003年、2008年、2012年和2016年鼓浪屿商业空间扩张图；右为鼓浪屿现状商业业态空间分布
（左图来源：欧阳帮；右图来源：鼓浪屿商业网点布局专项规划）

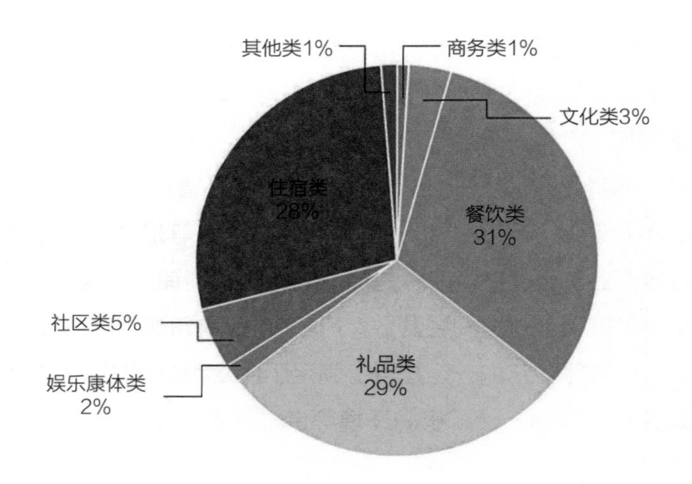

图9.1-3 鼓浪屿现状商业业态构成
（数据来源：鼓浪屿商业网点布局专项规划）

社区商业的单一化与缺失化。通过对岛上龙头和内厝澳两个社区的现状调查，鼓浪屿整体社区商业的配置勉强能满足居民日常生活的基本需要，但明显存在部分配套设施缺失。社区业态较为单一，零售品种不齐全，且价格偏高。商业业态是市场经营者的自主选择，这种选择导致的结果是居民需求与社区商业供给的不匹配，有的商品过剩，有的商品缺失，当地居民的日常生活需求没有得到充分满足。鼓浪屿人口规模较小，实际居住人口仅1万余人，一些日常配套，如衣服干洗店、面包店、玻璃店或配钥匙等的服务，市场缺乏提供，导致了鼓浪屿日常生活的不便。此外，现有商业服务网点功能单一，传统经营形式占多数，作为零售业主流的连锁经营涉及行业不广、规模不大、门店不多，社区商业配置的层次不多，水平也不高。由于社区可供作商业的物业通常是小型店面，而且多半属于家庭式经营管理，社区商业网点多数硬件设施落后。社区商业呈散点分布，社区商业点分散于沿街道路的店面或民宅中，商业与居民区混在一起，这不利于“一站式”购物的便利方式。据统计，鼓浪屿社区商业面积为0.73万m^2，人均社区商业面积仅为0.58m^2，标准偏低。社区商业分布不均衡，位于龙头社区的商业空间交通方便，商品种类多，人气足，而内厝澳社区人口较少，社区商业配套与服务均不足。

因此，为保障鼓浪屿申遗工作的顺利开展，政府管理部门在加大整治力度的同时，及时编制了鼓浪屿商业网点规划，围绕申遗对商业业态及空间布局的要求等展开规划研究，并提出合理可行的规划实施方案。

规划原则与发展目标。一是总体把握。通过对游客量的整体分析，商业用地的总量相应得到控制，同时加强社区商业建设和旅游商业改善，商业开发以控制为主，避免商业过度化、低端化。二是结构完整。通过对旅游要素体系的分析，打造结构完整的社区商业与旅游商业体系，为居民与游客提供良好的消费购物环境。三是分区控制。通过对景区、居住区和商业区的划分，提出各分区内的商业开发控制策略。四是严格管理。一

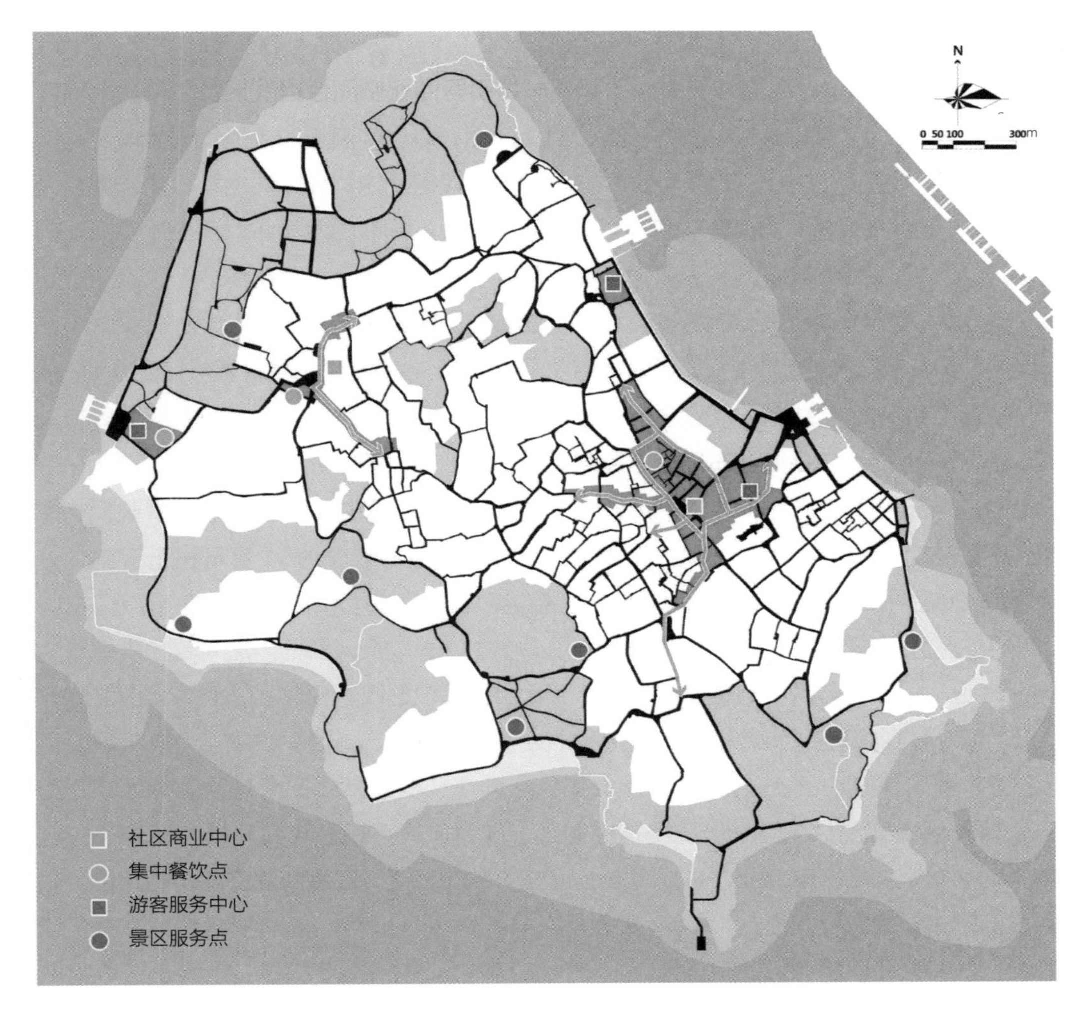

图9.1-4 鼓浪屿商业空间布局规划
（资料来源：厦门市鼓浪屿-万石山风景名胜区管理委员会）

方面加强对商业的总量控制；另一方面注意风貌建筑的功能转换、庭院经营的业态限制以及广告牌的设置形式等，加强管理并出台实施细则。五是合理利用。对现有风貌建筑合理利用，在不破坏原有建筑风貌和环境的条件下，控制功能转换的业态并起到保护的作用。六是有效补充。一方面对本地居民的社区商业进行有效补充；另一方面对旅游商业业态加以改善，以满足本地居民与游客的需求。七是分期实施。商业网点规划采取分期分批实施进行，分整治、整改和建设等三种类型。整治是对现状的环境进行治理，整改是对业态进行调整，建设则是有效地完善商业网点。八是彰显特色。商业网点的规划建设，主要是彰显鼓浪屿阳光、沙滩、海洋、人文、音乐等特色。规划目标是通过控制与引导，形成既满足外来游客需求、又方便岛上居民使用，且布局合理、功能完善、与环境相适应的、具有鼓浪屿特色的商业服务体系。

商业空间与规划引导。据鼓浪屿全岛空间容量测算，全岛的瞬时合理容量约为3万人~3.5万人。按照人均商业面积配置标准每人1m^{2}计，全岛商业空间最大限量约为

3.5万m^2，而现状商业包括社区商业和旅游商业（不含酒店和家庭旅馆）为2.7万m^2，仅有8000m^2的增量，故规划应有效引导。**一是引导商业空间合理发展。**随着西北部内厝澳旅游码头的启用和游客码头向三丘田码头迁移，进出鼓浪屿的人流将逐步向西北部内厝澳码头和三丘田码头分流，但在未来相当长一段时间内，鼓浪屿钢琴码头还将作为鼓浪屿与厦门本岛之间的主要交通码头，因此，鼓浪屿商业的发展将以东部龙头商贸街区为中心向西部和北部延伸。通过对游客、居民的出行、生活行为路线分析，商业空间向西发展主要以龙头路-泉州路-笔山洞-内厝澳路-康泰路延伸至内厝旅游码头，因此可在内厝澳码头设置旅游商业购物集中区。未来商业空间向北发展主要依托龙头路-福州路-延平路沿海边向北延伸至三丘田码头，可以利用现有的街区道路空间形成具有滨海特色的商业街。**二是商业布局分区控制。**为了避免商业空间过度化，必须对商业在空间上的分布实行分区控制。将遗产保护相关控制范围进行叠加分析，在充分掌握现状商业空间分布和未来商业空间发展方向的基础上，全岛空间划分为3个区域进行管制，分别是商业集中设置区、控制引导区和严格控制区三类。商业集中区是商业重点分布区域，主要位于东部的龙头路至未来的三丘田码头之间，以及西部的内厝澳路和内厝旅游码头附近。控制引导区不鼓励发展大量商业，但可以根据政府和居民意愿将区内的商业业态、布局要求等进行有效引导。区内可以设置家庭旅馆、中西式饮品店、咖啡吧、精品店等，它们主要位于东部和西部商业集中区向遗产保护核心要素延伸的地区，还有未来拟拓展的北部休闲旅游区。严格控制区主要为风景区景点和遗产核心要素保护区等，区内严格控制开设商业，并提高商业设施的准入门槛。**三是商业空间功能定位。**对鼓浪屿的主要商业空间进行功能定位，以利引导各商业空间形成富有特色的业态分工和组合。龙头路商业购物街区定位为一个具有鼓浪屿历史文化气息的精品商业区，以特产商品、旅游纪念品、文化创意产品等零售业态。从街心公园至龙头路可提升为特色餐饮街，泉州路商业街可定位以咖啡、小酒吧为特色的精品休闲街；福州路商业街定位为集中餐饮购物街，而分散在其他街道的摊点则可集中于此，这里以特色小吃、大排档、露天餐饮、海鲜酒楼等业态为主。内厝澳路商业街可定位为满足游客及本地居民生活所需要的购物街，以旅游纪念品、土特产为主，辅以社区便利店等商业业态。**四是优化社区商业业态与布局。**根据鼓浪屿社区的特点，结合实际情况对社区商业业态进行引导。社区商业配置属性划分为必备性和指引性，其中必备性社区商业是不以市场为转移的必须配置，政府采取鼓励措施引导市场配置，如市场配置不了则由政府投入建设，以确保本地居民日常生活。而指引性社区商业是为社区居民提供多样化、高质量服务的商业业态，政府可对此类业态进行市场招商。规划在龙头社区与内厝社区形成两个社区商业中心。龙头社区商业中心以现有农贸市场为中心，根据服务半径，龙头片设置3处便利店；内厝澳社区商业中心以现有集贸市场为中心，结合服务半径设置4处便利店。社区必备性业态结合社区商业中心进行布置，做到设施齐备。社区商业的发展，如果完全依赖市场，势必造成短缺，需要政府给予一定的支持，保证必备性商业的齐备，但仍要以市场的经营模式为主，整合好投资方、经营方及终端消费者的关系，引入具有多方面专业经验及资源的经营管理团队或知名品牌连锁商。这类商家与团队有着丰富的运营经验，经营管理更加规范，服务也更有保障，这是社区商业可持续发展的重要保证。政府可适度提供优惠政策，以吸引商家，同时要求商家备齐社区所需业态，并在此基础上向专业化、完备化看齐，以推进社区商业健康发展。

商业管理的几个问题。尽管有好的规划思路和一套完整的要求，但鼓浪屿的商业管理实际难度很大，毕竟商业是历史社区或遗产地发展维系的重要依托。**一是业态细分问题。**经常有人批评鼓浪屿商业业态过于低端，实际上，业态是由游客的消费需求和消费水平所决定的。因为国内游客占绝大多数，所以咖啡店就少；由于旅游时间有限，所以外卖型餐饮更受游客欢迎。不过，有些业态如煎炸烧烤类，在整个城市已经因环保要求而被全面禁止，鼓浪屿上更是严格管控。因此，细分业态，把需要严格禁止的业态分别列出，实行严格规范的管理，其他则交由供需双方市场选择。**二是改变建筑使用的功能问题。**鼓浪屿岛上大多数的商业空间是由非商业建筑改变使用功能形成的，并有一定历史。根据规划，某些区域可以用作商业经营，这对全岛其他区域而言似有不公："凭什么他们家可以经营，而我们家就不可以"？这个问题并不是规划师所能回答，这也是困扰政府部门正式开展商业经营管理的主要顾虑。有些问题还需要客观、历史的地看待和实事求是地解决。**三是露天集市问题。**在国外的老城中心广场，经常会有富有生活情趣的早市或跳蚤市场一类。而在鼓浪屿的路上，则经常有受城市管理执法部门驱逐的摆摊

图9.1-5 鼓浪屿商业区公房业态规划布局
（资料来源：厦门市鼓浪屿-万石山风景名胜区管理委员会）

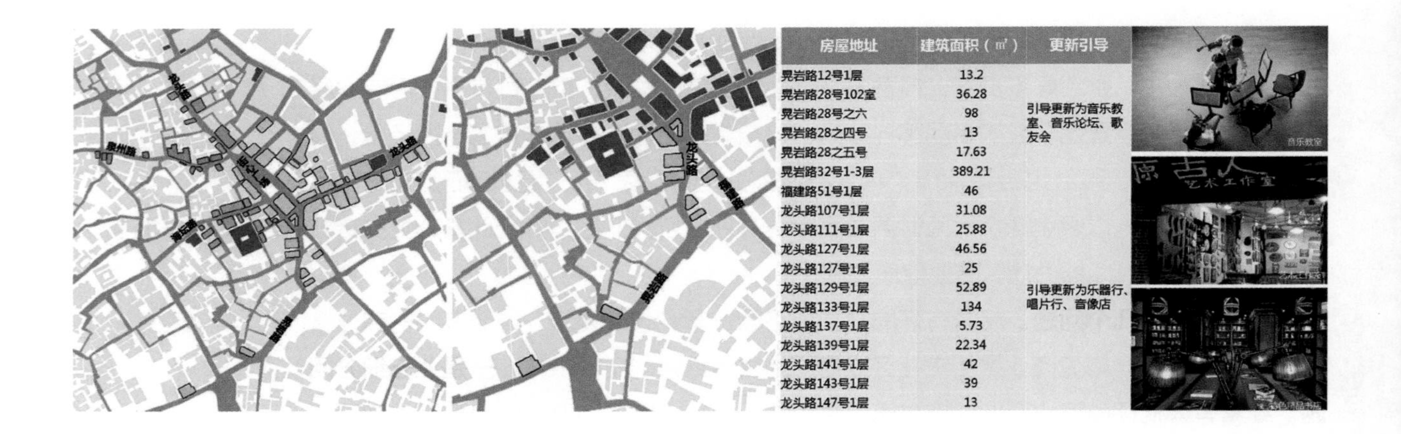

房屋地址	建筑面积（㎡）	更新引导
晃岩路12号1层	13.2	
晃岩路28号102室	36.28	
晃岩路28号之六	98	引导更新为音乐教室、音乐论坛、歌友会
晃岩路28之四号	13	
晃岩路28之五号	17.63	
晃岩路32号1-3层	389.21	
福建路51号1层	46	
龙头路107号1层	31.08	
龙头路111号1层	25.88	
龙头路127号1层	46.56	
龙头路127号1层	25	
龙头路129号1层	52.89	引导更新为乐器行、唱片行、音像店
龙头路133号1层	134	
龙头路137号1层	5.73	
龙头路139号1层	22.34	
龙头路141号1层	42	
龙头路143号1层	39	
龙头路147号1层	13	

图9.1-6 鼓浪屿公房商业业态导则
（资料来源：厦门市鼓浪屿-万石山风景名胜区管理委员会）

设点流动商贩，这成了遗产地不和谐的尴尬场景。流动商贩的摊点是有一定的市场需求的，可以考虑采取疏堵结合的办法，在规定的地点或时间允许社区的露天集市或夜市，以满足游客需求当然这需要配套的行政、登记、卫生等精细化管理规定。**四是“门前三包”问题。**遗产地过度商业化的表征通常是占道经营、广告杂乱和人流无序等，一旦大规模形成似乎就难以管理，其实不然。中国社区治理历来就有“门前三包”的约法三章，只是在店家实际的经营中相关部门疏于管理所致，采取社区共同缔造和商家自律管理相结合的做法应可改变这种状况。**五是营业税收问题。**鼓浪屿的遗产资源给旅游发展带来大量商机，但同时也带来了对社区生活与环境等的相关影响，因此应对岛上的公、私经营者一律加以严格的税收管理，用税收收入反哺全岛的公平与和谐发展。同时，加强岛上商业经营的税收调控，也是平衡和调控遗产地商业发展的重要手段。

2. 家庭旅馆如何管理？

家庭旅馆发展状况。鼓浪屿作为著名风景旅游区，在旅游业发展不景气的时候，政府曾出台政策鼓励当地居民开办家庭旅馆，以吸引游客发展旅游经济，这种做法在国内外的历史街区或遗产地颇为常见。2007年鼓浪屿取得5A级旅游景区称号，那时的鼓浪屿游客量并不多，旅游经济发展也停滞不前。于是政府出台相关举措试图振兴鼓浪屿旅游经济，包括开通24小时轮渡、增加新的旅游景点等。此外，还引导岛上居民开办家庭旅馆，希望游客可以多停留在岛上游览、消费等。2008年，厦门市委市政府转发思明区政府制订的《厦门市鼓浪屿家庭旅馆管理办法（试行）》，正式启动了鼓浪屿家庭旅馆业的蓬勃发展。家庭旅馆也称作民宿，2008年年底就登记注册成立全国首家民宿行业协会——鼓浪屿家庭旅馆商家协会。在相关政策的指引下，鼓浪屿的民宿业健康发展，为建筑活化利用和社区经济发展作出贡献。民宿业从2008年的12家发展至今约300家，有4000间客房，每年接待下榻约200万宾客。据鼓浪屿家庭旅馆协会统计，民宿的从业人员约1500人，目前年平均营业总收入约3.5亿人民币，其中房租约占1.5亿元。因为完整办理证照的比例较低，所以税收仅有400余万元。当然，鼓浪屿民宿业发展中也遇到不少尴尬和波折。早期的民宿发展即使有政府的鼓励，发展速度相对缓慢，但随着中国东南沿海动车线路的开通，大量游客蜂拥而至，民宿业市场迅速火爆，小长假出现了“一房难求”，甚至是“天价房”，引发岛上民宿数量大增，这也形成了对历史社区的负面效应，比如对历史建筑改造的破坏、市政水电供给的短缺和污水、垃圾处理压力大增等。而其时正值鼓浪屿提出申报世界文化遗产，为配合厦门市委市政府开展鼓浪屿申遗的全面整治，从2011年起思明区政府一度暂停民宿的申报。2015年厦门市政府出台了相对完善的《厦门市鼓浪屿家庭旅馆管理办法》，进一步改进和提升了民宿业的健康发展，并于2016年重新开放申办民宿工作。

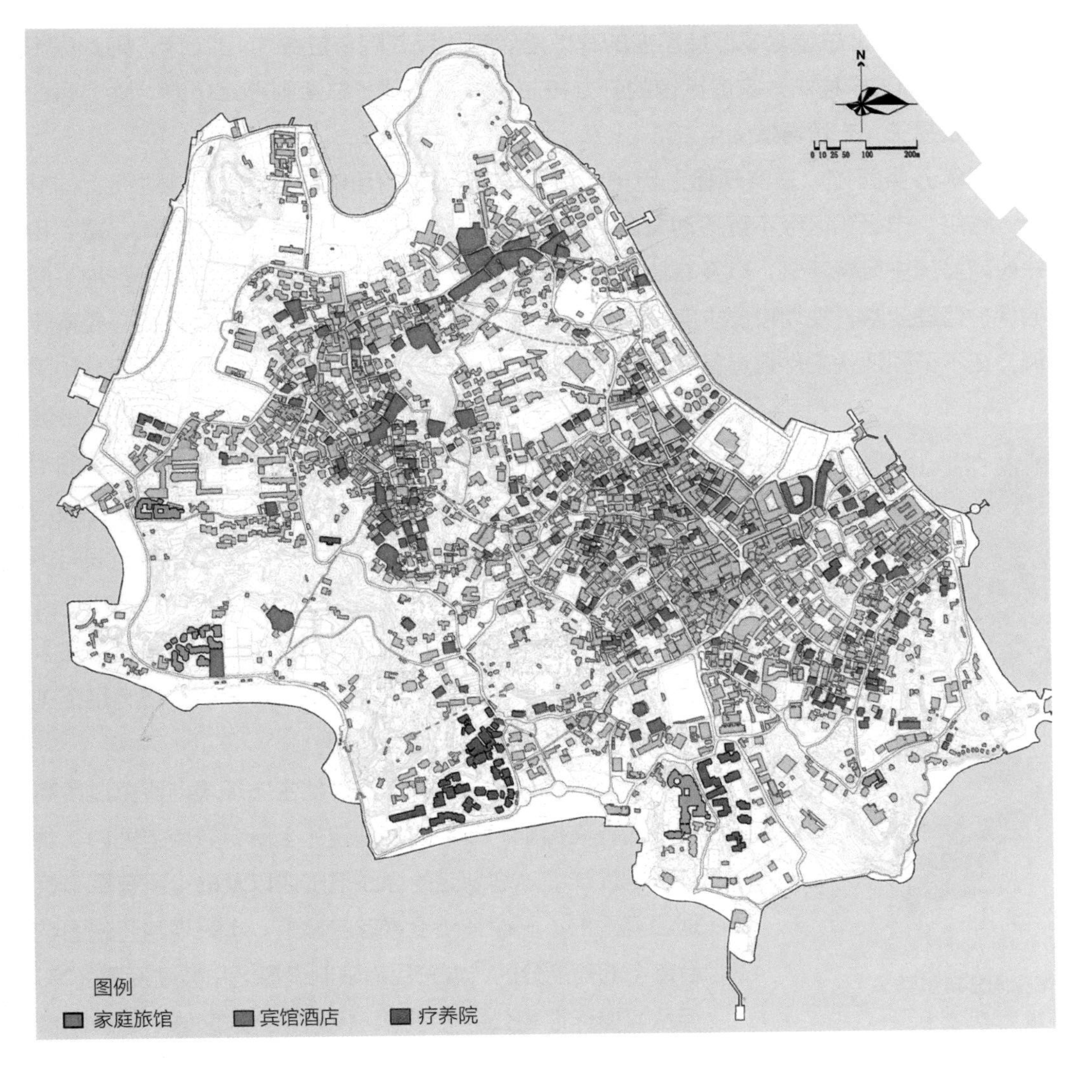

图9.2-1 鼓浪屿家庭旅馆分布
（资料来源：鼓浪屿家庭旅馆专项规划）

家庭旅馆规划引导。科学制定规划是引导社会、经济与环境健康发展的重要保证。鼓浪屿民宿业一开始的发展并没有得到规划的指引，只有管理办法的条文规定而没有空间的指引和控制的相关要求等。2012年针对鼓浪屿民宿业快速发展的势头，编制了专项规划，2016年政府部门又开展专项规划的修编，旨在实现鼓浪屿家庭旅馆与遗产地保护相适应的精细化管理。

家庭旅馆床位总量管控，是管理办法的核心要求，也是规划控制的重要指标。总量计算采用风景名胜区计算办法，即总床位数=（全年游人量×住宿率×平均停留天数）÷（全年可游天数×床位平均利用率）。鼓浪屿全年游人量按《鼓浪屿游客承载量测算与流量管控方案》取1300万人，住宿率根据历年住宿量200万人次取0.15，平均停留天数参考历年来厦游客一日游占比70%，平均停留天数取1天，全年可游天数参考鼓浪屿淡、旺季数据和台风、大雾等天气因素取300天，床位平均利用率参考厦门历年统计数据取80%，则总床位数=（1300万×0.15×1）÷（300×0.8）=5686个床位，取5700个床位。扣除岛上总量基本保持不变的宾馆酒店和休疗养院床位数约1200床，则家庭旅馆总量按4500床控制。家庭旅馆的开办按总量控制，到了总量则停止申办，除非有业主退出或易主，方可再接受申办。

建筑分类管控，是实现岛上历史建筑保护与合理利用的重要手段。针对岛上国家级、省级、市级和区级不可移动文保单位的文物建筑，遗产核心要素历史建筑，重点和一般两类历史风貌建筑，以及其他一般建筑等，对开办家庭旅馆的管理应符合各种不同的保护管理要求，规划按要求实施建筑分类管控。对于各级文物建筑和遗产核心要素建筑，在不干预现状条件且具备家庭旅馆营业条件申请开办的，应符合《中华人民共和国文物保护法》、《福建省文物保护管理条例》、《厦门市涉台文物古迹保护管理暂行办法》或申遗核心要素保护的相关规定。对于历史风貌建筑申请开办的，应当符合《厦门经济特区历史风貌保护条例》和《厦门经济特区鼓浪屿历史风貌建筑保护条例》的相关规定。其他一般建筑申请开办的，则应当符合《厦门市鼓浪屿家庭旅馆管理办法》（2015年）的相关规定。这样，确保各类建筑在满足相关保护要求的基础上加以合理利用。

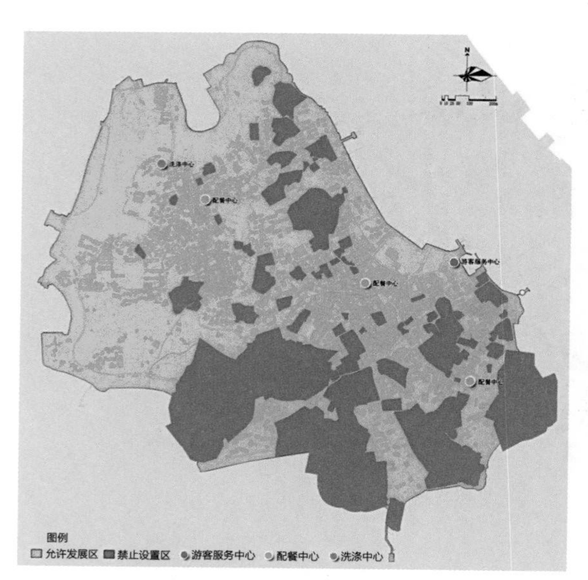

图9.2-2 鼓浪屿家庭旅馆空间分布引导
（资料来源：鼓浪屿家庭旅馆专项规划）

特定区域管控，是保护遗产地生态环境与避免过度商业化的补充措施。专项规划划定岛上所有景点范围内、城市控制性详细规划划定的绿线范围内以及岛上所有军事管理区范围内，一律禁止设置家庭旅馆。本来规划还试图结合岛上的功能分区，划分民宿限制设置区和鼓励设置区等，但从可操作性和公平性考虑，仅划定特定区域实施限制管控。对于开办民宿的建筑和场所，则在管理办法中以通则的形式加以规定。对于违章建筑或临时搭盖的设施、住宅单元楼、地下室或半地下室，禁止用于开设家庭旅馆。经营场所的服务设施要求：独立式安全建筑，或者具有独立通道门户，房屋产权明晰，使用权属合法取得。营业楼层在3层以下，建筑面积不超过1000m²。客房数不超过25间，床位数不超过50个（宽1.8m以上的大床计为2个床位），单床位的客房内实际使用面积应在7m²以上。通风及照明条件良好，配有必要的生活用品、生活设施、服务设施。经营场所的安全防范条件，应符合《厦门市思明区鼓浪屿家庭旅馆消防安全基本标准》的要求，并取得消防安全检查合格文件。符合公安部门对家庭旅馆安全监控防盗设施的配备要求，依法取得旅馆业《特种行业许可证》，安装“一键式报警系统”，投保公众责任险、火灾财产险、旅客意外险等。经营者还需委托有资质的房屋结构安全检测（或鉴定）机构对经营用房的结构安全进行检测（或鉴定），并取得家庭旅馆经营性用房的检测（或鉴定）合格报告。

家庭旅馆优化管理思考。鼓浪屿家庭旅馆的优化管理，主要在于“体验老别墅风情”的定位和落实可操作消防安全措施。管理办法规定，鼓浪屿符合条件的各类建筑都可开办民宿，这其实有待商榷。笔者以为，应以历史风貌建筑为主开办家庭旅馆，各级文物建筑则有条件谨慎许可，一般建筑则不予许可。基于公共性和开放性需要，文化遗产核心要素的历史建筑则应尽量少用于经营民宿，否则就会出现遗产资源“私用化”问题。再者，大量历史风貌建筑总体上的利用功能也应以居住为主，包括提供给游客作短期居住使用，因为客观上也没有大量商业性或文化性的利用需求。因此，开办民宿应重点引导在历史风貌建筑这一类型，一方面可以让游客获得鼓浪屿老别墅风情的文化体验与感受；另一方面历史风貌建筑在内部结构和装饰上，不像文保单位那样受严格限制，更易于开办民宿的操作与管理。

总之，将历史建筑作为家庭旅馆加以使用，一方面使得建筑有人用，就会有日常的保养与维护，不至缺管失修

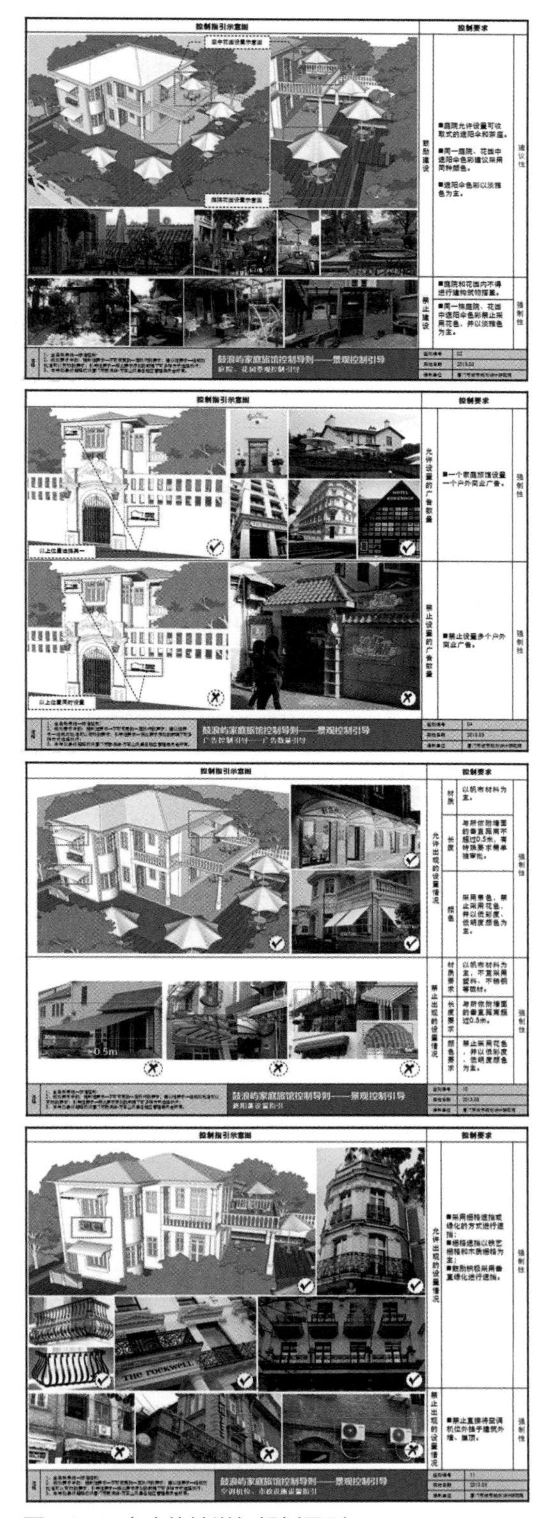

图9.2-3 家庭旅馆详细规划导则
（资料来源：厦门市城市规划设计研究院）

等，同时也给了历史社区原住民一定的经济发展特许政策，是对社区发展的反哺；另一方面，历史建筑或文保建筑的利用应以保护为前提，切实做到保护与利用的有机结合。

3. 危房如何对待?

按房屋质量管理规定，危房分为A、B、C、D不同等级，C级为局部危险，D级为最严重的整体危险。危房的管理处置一般分为两种情况，一是在整体不拆除的情况下，采用维修或局部翻建解危；二是建筑整体拆除，拆除后是否重建以及如何重建则需要做深入分析研究，因为这将直接影响鼓浪屿作为遗产地的整体景观与风貌特色。

调查显示，2006年鼓浪屿有256个门牌计6.92万m^2的建筑为损坏程度不同的危房，另外，还有各种原因已灭失的建筑门牌41处。经过十余年的保护和修缮，包括一定量的重建，大部分建筑的安全性得到了不同程度的改善。随着时间的推移，一些历史建筑也会因为自身结构老化或外在气候等因素的影响而逐渐成为危房。截至2018年，鼓浪屿有108个门牌号的建筑计3.76万m^2，存在安全隐患，其中绝大部分为私房。通过采取保护、维修和重建等不同方式，可以有效减少鼓浪屿上危房的数量，提高遗产地的建筑安全性。

鼓浪屿危房中有一部分风貌特色较好的，已列入法定保护的历史风貌建筑；有一部分虽具备一定风貌特色的建筑，但尚未列入法定保护；其他后期建造的平房或空置建筑则不具风貌特色。危房分布总体较为无序，多位于鼓浪屿的中部，外围地区较少，较为集中的有龙头路、内厝澳、鹿礁路3个区域。除了部分位于历史风貌建筑或文物建筑保护范围内，还有一部分危房在空间上与历史风貌建筑很靠近，处于需要与风貌建筑相协调的范围内，这类危房拆除与否？或者改造方式的选择都至关重要，将直接影响历史社区的风貌特色。危房重建或修缮分为3类，一是早期房管部门为解除危险开展的危房翻建；二是以私人业主为主体开展的危房翻建；三是近几年以政府为主体开展的历史风貌建筑保护修缮工作。从实施效果看，除了第三类有鼓浪屿历史风貌建筑保护条例的规范和保护规划的指导外，前两类的改造多数因缺乏有力的约束和指导，效果差强人意，对鼓浪屿历史街区的风貌特色有一定影响。

基于文化遗产地保护要求，鼓浪屿危房更新与改造的目标是，以维护和加强鼓浪屿建筑与环境整体风貌为主导，以落实“宜小不宜大、宜低不宜高”的原则为依据，形成危房分类改造发展对策，并提出分类改造模式的相关技术要求。具体规划原则为：一是维修加固、翻改建要严格遵循原性质、原基地、原规模、原层数、原高度的“五原”原则；二是危房的翻改建应有利于加强鼓浪屿的整体风貌特色，包括天际线效果等；三是危房翻改建不得影响相邻权益。

按照鼓浪屿整体风貌保护要求及整体发展的需要，规划引导根据危房所处的区位、建筑风貌等提出分类改造模式，形成4种改造模式，并分别提出相应的技术要求。这包括A类改造方式，即拆除后不再重；B类改造方式，即按照或参照历史风貌建筑保护要求加以修缮；C类改造方式，即以协调整体建筑环境为主的改造；D类改造方式，即兼顾协调整体建筑环境和赋予建筑形象多样化的改造。

危房的不同改造模式与要求。A类改造方式，即拆除后不再重建。这种情况主要是危房与历史风貌建筑或文物建筑在空间上过于靠近，建筑属于后期建设并对原有历史建筑和环境形成真实性与完整性的破坏，要求拆除后不得重建。需要指出的是，这一规定实际是在落实历史风貌建筑保护条例的相关要求，这类建筑如具有合法产权，那么规划要求拆除就需要与业主协商，取得同意后给予相应的补偿。B类改造方式，即按照或参照历史风貌建筑保护要求加以修缮。此类改造方式的对象主要是列入《鼓浪屿历史风貌建筑保护规划》的重点或一般保护建筑以及风貌特色较好，或已列入保护名录，但尚未正式法定挂牌公布的历史建筑。已列入法定保护的，应按照历史风貌建筑保护条例及保护规划相关要求加以保护性修缮，未正式公布的则可参照历史风貌建筑保护条例要求进行修缮更新。C类改造方式，即以协调整体建筑环境为主的改造。此类改造方式的对象主要为历史风貌建筑集中区内的建筑，自身具有一定建筑风貌特色或者需要与周边建筑风格相互协调，按照与风貌建筑和整体环境相协调的基本原则进行改造，并在建筑的体量、高度、色彩、材质、风格等方面取得协调统一。由于此类危房所占的比例较大，改造重点是度的把握，宜以协调、衬托历史风貌建筑为主，其自身的建筑风格不应过于现代化，要以低色调为主，形成与老建筑的相互协调。由于此类危房独幢的较少，多是密集街区内连片或沿街的连排建筑，形式较为多样复杂，因而在改造中应认真加以对待。D类改造方式，即兼顾协调和变化的改造。此类改造方式的对象主要是在历史风貌建筑集中区之外的建筑，对于这部分危房的改造应注意其比例、尺度和色彩的基本协调。修缮或改造后的建筑形象可作适当多样的变化，包括整体造型、立面风格、材质运用等，以反映鼓浪屿的时代发展特征。这部分危房主要集中于龙头路、市场路和内厝澳等片区。龙头路、市场路片区靠近轮渡，是鼓浪屿的入口地区，其形象较为突出反映鼓浪屿的建筑风貌。由于集中了较多的店铺等商业设施，具有较为浓厚的商业气氛，因而在改造中既要考虑与鼓浪屿整体风格的统一，也要适当引入现代建筑的元素，使新老建筑在对比中产生对对，同时要适应现代建筑使用功能的要求。内厝澳片区位于鼓浪屿的西北部，与其他片区比较，其建筑质量较差，且多以住宅为主。由于区位原因游人较少，可以在体量和高度控制的基础上，适当采取现代手法更新老建筑，尤其是拆除后新建的建筑，在立面风格和材料使用上可以有所创新。

危房改造的规划控制主要体现在“原功能、原基地、原规模、原层数、原高度”这五个方面。就改造本身，建筑的使用性质不得变更，包括建筑局部也不得随意变更功

图9.3-1 鼓浪屿危房改造导则
（资料来源：厦门市城市规划设计研究院）

危房基本情况	
建筑编号	A6-14
建筑地址及门牌	福建路 46 号
危房鉴定等级	整危
产别	私房
层数	2
建筑面积（m²）	612.35
改造方式	B 类
现状照片	
整体照片	
建筑局部及构筑物照片	
总平面图	

危房改建控制导则	
建筑形式与风格 1、建筑按原貌修复，如经有关部门鉴定确实无法修复而需拆除重建的，应按原貌（外观）重建。 2、建筑风格为古典折衷风格（南洋风格），讲究整体的协调和施工精细的特点，注重回廊的运用。	
建筑高度 建筑高度与原建筑高度一致，包括檐口和坡顶的高度一致，檐口高度控制在 10.85m，坡顶高度控制 13.25m。	
宽度和比例 建筑的长宽和比例与原建筑一致。	
材料与色彩控制 浅灰色抹灰和石材相结合。 浅灰色墙身，稳重暖色屋顶。	
屋顶形式 屋顶采用四面缓坡屋顶，隔热层的色彩和屋面的色彩应一致。	
立面形式 立面应简洁大方，在方向性表达、虚实关系、门窗开洞比例、细部和回廊的控制等方面应与现建筑一致。 避免出现将现状立面进行简单化或复杂化的倾向。	
附属构筑物 保留庭院内三棵榕树，庭院内的铺地和草地的比例与现状应大致相当。 保留水刷石实体围墙和大门，围墙与树根结合的部分应保留。	
备注	红色线框为建筑外轮廓线，紫色线框为院落范围线，蓝色线框为周边其他危房。

能，如建筑底层原为住宅，改造后不得改为商店等。原基地，是指在危房改造过程中，如无特殊规定，建筑主体、构筑物的位置不得改变，其外墙轮廓线范围也不得突破。原规模（原建筑面积），是指危房的建筑面积以危房鉴定部门统计的面积为准，在危房改造过程中原则上不得改变，可减少但不得增加。原层数，是指在危房改造过程中，建筑的层数不得改变，不得随意增加或减少层数。原高度，则是指地面到建筑屋顶最高点的垂直距离，在危房改造过程中建筑高度不得提高。危房中如有地下室应予以保留，在不突破建筑总体高度的前提下，地下室高度可适当调整。建筑风格则主要为古典折中式。从年代上看，鼓浪屿的建筑历经多个时代，其中部分年代较久远的历史建筑风格多以古

典折中主义为主，因而在危房改造中，无论是维修或者重建，对那些原本风貌特色较好的危房仍应保持这一风格特点。而列入《鼓浪屿历史风貌建筑保护规划》的历史风貌建筑，其风格大多也体现了古典折中的特点。建筑色彩的控制是危房改造的另一个重点，建筑物和构筑物主要应体现材料的本色。鼓浪屿上的建筑多以砖砌、石砌以及水洗石为主，因而应以砖红色和灰色调为主，避免使用过于张扬和鲜亮的色彩。建筑第五立面的控制主要强调多样化的坡屋面形式。从高处眺望鼓浪屿，给人的强烈印象就是建筑屋顶，作为建筑的第五立面，屋顶形式更加丰富了鼓浪屿的景观面貌。规划明确要求危房翻建采用坡屋面，以延续鼓浪屿的景观风貌特色，此外，民宅建筑在保持平实风格的基础上还可适度多样化。建筑的比例与尺度的控制，主要体现在模数控制。比例是与建筑高度、建筑尺度相辅相成的，是在两者的基础上对建筑更为详细的规定。规划导则通过对不同类型建筑建立网格模数，将建筑的平面、立面包含在相应比例中，从而达到对建筑层高、开间和立面等细部尺度的控制目的。

文化自信与永续传承

1. 从文化自觉到文化自信

长期以来对鼓浪屿的爱护与保护，是文化自觉的生动体现。所谓“文化自觉”，借用中国著名社会学家费孝通先生的观点，是指生活在一定文化历史圈子的人对其文化有自知之明，并对其发展历程和未来有充分的认识。换言之，是文化的自我觉醒，自我反省，自我创建。费先生曾说，“文化自觉是一个艰巨的过程，只有在认识自己的文化，理解并接触到多种文化的基础上，才有条件在这个正在形成的多元文化的世界里确立自己的位置，然后经过自主的适应，和其他文化一起，取长补短，共同建立一个有共同认可的基本秩序和一套多种文化都能和平共处、各抒所长、连手发展的共处原则”。事实上，在鼓浪屿历史国际社区的文化发展历程中，本身就展现了“各美其美，美人之美，美美与共，天下大同”的文化自觉。以当今的发展眼光来看，文化自觉包括了对自身文明和他人文明的反思，对自身的反思往往有助于理解不同文明之间的关系。因为世界上不论哪种文明，无不由多个族群的不同文化融会而成。尽管我们在这些族群的远古神话里，可以看到他们不约而同地在强调自己文化的“纯正性”，但严肃的学术研究表明各种文明几乎无一例外是以“多元一体”这样一个基本形态构建而成的，古代的中国人究竟是怀有怎样开放的一种人文价值和心态，才能包容四海之内如此众多的族群和观念迥异的不同文化建立起一个“多元一体格局”的中国。这些都是值得我们深刻思考的问题。而鼓浪屿，则无疑为我们提供了一个立体、丰富而极有价值的文化自觉案例。

党的十八大以来，习近平总书记曾在多个场合提到文化自信，并指出“我们要坚定中国特色社会主义道路自信、理论自信、制度自信，说到底是要坚持文化自信”。只有对自己的文化有坚定的信心，才能获得坚持坚守的从容，鼓起奋发进取的勇气，焕发创新创造的活力。文化立世，文化兴邦。坚定文化自信，大力推动中国文化走出去，为中国经济、外交和安全影响力的扩展提供更加有效的软保护，构筑更有利的软环境，为我们的强国自信提供更基本更深沉更持久的力量。

如果说鼓浪屿的保护与坚守体现了文化自觉，那么鼓浪屿被联合国教科文组织正式列入世界文化遗产，则体现了我们的文化自信。可以说，鼓浪屿从历史社区到世界遗产，正是文化自觉到文化自信的生动实践与真实展现。

2. 社区型文化遗产保护的多面性思考

立法保护的重要性。鼓浪屿的保护得益于立法保护或者说列入法定保护。从最初的国家级风景名胜区，到地方立法保护岛上历史风貌建筑，以及在广泛保护历史风貌建筑的基础上，充分挖掘建筑所蕴含的历史文化价值，并得以升级成为国家、省级文物保护单位，进而全岛还成为国家级历史文化街区，后再立法作为文化遗产加以整体保护，这一系列过程都以法定保护为前提。因为列入法定保护后，政府就会出台相应的标准、规划和政策等加以综合实施，也才有资金和各部门职责的综合保障，更重要的是还有人大机构对执行法律的检查和监督。依法保护才不会使保护停留在专家和学者的研究层面，也不会由于发展思路的改变和随不同的人和事而改变。成为世界文化遗产后，厦门市地方人大加紧立法修订原文化遗产保护条例，出台正式的鼓浪屿世界文化遗产保护法规，这将进一步为遗产保护确立完整的和有针对性的法律规范。这些无不说明了依法保护和依法管理才是鼓浪屿得以成为世界文化遗产的最根本和最重要的保证，也印证了依法治国和依法行政的重要性。

产权归属的复杂性。社区型遗产以建筑为主，这些建筑多处于正常使用状态，但建筑的权属从私产变公房，又从公房回到私产，几经变化，极其复杂，这是遗产保护最大难点之所在。前文已对鼓浪屿私有建筑的构成有所叙述，产权人、代理人、租用人、占用人和使用人等情况复杂，产权人构成庞大、关系复杂，并常伴有海内外家族纠纷或矛盾等，要实施保护须协调众多关系。而对于公房部分也不容乐观，不单厦门鼓浪屿，上海的石库门、北京的四合院等的公房管理均存在历史遗留问题，保护与使用的状况有待改进。由国家部门管理使用的历史建筑等，由于历史原因如早期就长期出让使用权，因此，收回管理的难度不小。历史建筑的遗留问题，加上历史档案、历史资料缺失等，使得保护工作变得极为复杂和困难，需要得到认真对待。

政策细化的必要性。国内很多城市划定历史文化街区后，实施单体的保护修缮比较普遍，但实施整体的保护更新似乎成效不足，主要原因是缺乏历史文化街区的分类施策。一般而言，历史文化街区至少有3种类型建筑，分别是文物建筑、历史建筑和一般建筑。文物建筑和历史建筑的保护一般都有较为完善的规定。值得注意的是，历史建筑的保护要求和文物建筑的保护要求应有所不同。历史建筑的保护按住房和城乡建设部出台的规定看，主要还是强调外观的保护。对于一般建筑的管控，则更是缺少相应的管理政策。在整体保护前，街区就经历部分的改变，一些新的建筑（甚至是违法建筑）穿插其中，使得街区的整体面貌乏善可陈。为了实施所谓的保护反而采取简单处理，政府有关部门对一般建筑采取冬眠或冻结疗法，一概不动，就是倒了也不许重建。久而久之，历史街区就失去自我更新的内生动力，社区衰败的趋势也就难以避免了。因此，积极、细化与合理的分类管理政策，将有助于历史街区或遗产地的有机更新和活力保持。

保护文化的真实性。真实性和完整性是遗产保护的最基本原则。由于时代的变迁和科技的进步，试图保持历史社区的原真性变得愈发困难。尽管如此，保护文化遗产的真实性仍是保护的根本目标。建筑和街区等物质性元素属于硬件保护，只要有技术和资金保障就可以实现保护目标。而留屋留人、见屋见生活，则是遗产地真实性的更高要求。

鼓浪屿不仅是社区博物馆，更应是社区生活馆。只有社区的真实生活，鼓浪屿的遗产价值才得以全面和真实的体现。但是，要保护社区生活并不容易，因为人口规模、交通便利、社区配套、生活成本等成了人们选择去留遗产地的考量因素，政府为此需付出更多的努力。遗产地的文化真实性还在于凸显当地的传统文化与特色，其中鼓浪屿的建筑、音乐、宗教、华侨等类型文化是传承的重点，这些真实性生活与文化的传承应成为遗产地文化展示的重要内容。遗产是旅游发展的资源，旅游是遗产价值的传播方式，让更多的人了解和接受遗产的价值也是遗产保护的目标之一。

活化利用的多样性。时代变迁与社会发展决定了建筑遗产在保护的前提下需要被活化利用，恰当的利用就是最好的保护。真实性、文化性和公益性是利用的主要原则。真实性看似与活化利用无关，其实不然，因为许多历史建筑在时代变迁中处于不良的使用状态或改作其他不恰当的使用，而及时纠正并加以妥善保护，恢复建筑的原有功能，即复原建筑遗产的原真性。文化性则是遗产本体文化价值的体现。公益性体现遗产建筑利用的基本原则，遗产为世界共有文化财富，应为更多人服务。对于鼓浪屿这一类型的社区型遗产地，则应当提倡遗产建筑更多地为社区服务，真正让遗产回归社会。

技术指导的可行性。实施遗产地建筑与整体风貌的保护和利用，需要得到多方面相应技术的支持。鼓浪屿建筑风格有自身特定的建筑材料和施工工艺等，但随着时间的推移，面临相应材料和建筑工艺的不断缺失。一方面，建筑材料如砖、瓦和建筑配件等的供应没有专门化支持；另一方面，建筑施工工艺的传承出现断档，懂得水刷石工艺的工匠愈发减少。此外，世界遗产中心要求鼓浪屿的建筑应加强砖石结构的保护研究，以及建筑内部的保护等。尽管政府管理部门专门成立历史风貌建筑保护研习基地，并已开展一系列相关课题研究，旨在加强相关技术的支撑与运用，但仍面临诸多挑战。在建筑利用方面，老建筑新功能的消防标准与技术措施等存在空缺，民宿业、社区博物馆等存在的消防安全隐患亟须得到相关技术的解决。在社区整体风貌保护方面，是强调统一的风貌还是体现不同时代的可识别性？是维护社区肌理还是改善社区环境？还有倒塌或排险的建筑能否重建等？至于历史风貌和文物建筑的保护与修缮，更有一些技术问题须得到准确把握：如一些文物建筑在后期有不同程度的改变或加建，从展现历史文化的原则加以保留，但对于影响遗产价值的部分则应予以去除，这需要得到专业技术性的指导。总之，遗产地的价值不仅需要讲好故事，而且更需要得到强有力的技术支撑保障。

反哺保护的公平性。鼓浪屿成为世界文化遗产后，政府对岛上的生活条件进行了多方面的改善，更多游客上岛旅游带来了极大的商机，岛上历史建筑或文物建筑的保护和修缮获得政府的资助等。当然，成为遗产地也给岛上的生活和发展带来一定的约束。比如交通，作为遗产地，按照世界遗产中心的评价，其最大的价值和特色就是保持轮渡的交通方式，这也成了管控上岛游客量的最有效措施。旅游给轮渡公司、景区管理部门和岛上的商家带来了收益，但对于居住在岛上的一般住家，特别是有老建筑的住家而言，似乎有失公平。自家的老房子成了游客免费观光景点，居住环境受到了一定程度的干扰。旅游景区还提高了社区的商品价格和生活成本，这对鼓浪屿住民显然不公平。因此，从公平的角度看，旅游收入等应反哺社区生活和遗产保护。厦门市政府已出台相关规定，承诺从旅游收入包括景区门票和轮渡船票中提取一定比例用于遗产保护和社区补贴。当然除了门票、船票外，岛上旅游产业的其他税收，包括民宿、餐饮、购物等所得税，均应反哺社区。

保护管理的统一性。鼓浪屿的保护管理虽取得显著成效，但管理体制仍不适应更高的保护与发展要求。鼓浪屿虽小，但构成多样、复杂，同时具有遗产地、风景区、旅游区和街道社区等多样身份，理应实行统一管理。自从行政区划调整后，政府以派出机构即管委会形式驻岛监管，各项职能以市、区两级部门分工实施管理的模式完成。实践表明，这种分而治之的模式并不利于遗产地的有效管理，容易出现“看得见、管不着”和“管得着、看不见”等的问题。特别是社区和景区的分离管理做法，实际割裂了鼓浪屿资源及其管理的整体性。每日几万游客涌入鼓浪屿后，社区也就变成了景区。鼓浪屿亟须实施包括景区与社区在内的遗产地一体化管理。鼓浪屿成为世界文化遗产地后，厦门市成立了鼓浪屿世界文化遗产保护委员会，市委书记和市长分别担任委员会正副主任，这体现了保护文化遗产的决心与力度，也回应了世界遗产中心所担心的“重申报、轻管理”的顾虑。有了好的顶层设计，还必须在实施保护的过程中匹配好长效的体制与机制，这样才能实现习近平总书记的指示，把老祖宗的遗产保护好、传承好。

3. 鼓浪屿的“五大发展”

鼓浪屿成功列入世界文化遗产后，习近平总书记作重要指示：“申遗是为了更好地保护利用，要总结成功经验，借鉴国际理念，健全长效机制，把老祖宗留下的文化遗产精心守护好，让历史文脉更好传承下去”。成为世界文化遗产后，鼓浪屿的发展仍面临诸多挑战，一是要克服“重申报、轻管理”的通病；二是要按照习近平总书记的要求，运用创新发展的理念和做法，确实把文化遗产保护好、传承好。

发展理念是发展行动的先导。发展理念从根本上决定了发展的成功与否。在党的十八届五中全会上，习近平总书记系统论述了“创新、协调、绿色、开放、共享”的五大发展理念。创新发展注重的是解决发展动力问题。把创新摆在国家发展全局的核心位置，让创新贯穿党和国家一切工作，使创新成为引领发展的第一动力、人才成为支撑发展的第一资源，实现发展动力转换，提高发展质量和效益。协调发展注重的是解决发展不平衡的问题。牢牢把握中国特色社会主义事业的总体布局，正确处理发展中的重大关系，在协调发展中拓展发展空间，在加强薄弱领域中增强发展后劲，形成平衡发展的新结构。绿色发展注重的是解决人与自然的和谐问题。加快形成人与自然和谐发展的新格局，推进美丽中国建设，既要绿水青山，也要金山银山，从根本上解决资源环境问题，为全球生态安全作出新贡献。开放发展注重的是解决发展内外的联动问题。发展更高层次的开放型经济，积极参与全球经济治理和公共产品供给，构建广泛的利益共同体，形成深度融合的互利合作格局，实现中国发展与世界发展地更好互动。共享发展注重的是解决社会公平正义问题。坚持发展为了人民、发展依靠人民、发展成果由人民共享的理念，让全体人民在共建共享中有更多获得感，同时，国家的发展也获得了深厚的力量。“五大发展”对于文化遗产的保护同样具有重要现实指导意义。

创新发展。对于文化遗产保护，创新就是“守旧”。这里的守旧指的是通过吸收和运用国内外历史文化保护的先进理念和做法，实现对文化遗产价值的完整保护和真实体现。在保护与利用方面，应该通过更为全面的系统分析，整体构建鼓浪屿可持续发展的保护与利用体系。保护要素系统包括水井、草木、建筑、院落、围墙、道路、广场、街区、山体、沙滩、海岸、海域、区域等；活化利用重点是展现和传播鼓浪屿的遗产价值，实现文化保护和传承。目前涉及鼓浪屿管理的法律法规，有风景名胜区条例、城乡规划法、文物保护法以及地方性的文化遗产保护条例和历史风貌建筑保护条例等，如何制定一部涵盖鼓浪屿遗产地各项管理的法律条文是极为必要的，因为法律法规是保障文化遗产保护长效机制的重要手段。

协调发展。鼓浪屿虽小，却有很多关系问题需要协调。文化景区和文化社区如何在遗产保护的前提下取得协调？鼓浪屿岛上需要多少居民？又能够容纳多少游客？因为没有居民就没有真实性，没有游客也就没有文化价值的传播，所以居民与游客两者之间没有矛盾，只有协调发展。鼓浪屿上还有部队、海关、外交和高校等单位，如何协调是一件不容易的事。地方管委会、区政府和市直部门，如何团结协作也需要协调。历史建筑如何保护与利用需要平衡好，光保护不利用是保不久的，光利用而轻保护则是不可取的。协调发展是社区型遗产地的关键政策之一。

绿色发展。鼓浪屿素有“海上花园”的美誉，园林绿化是遗产地的重要特色之一。在保持社区园林绿化的基础上，优化旅游景区园林绿化的多样化，保持岛上绿化覆盖率超过50%，进一步强化“海上花园”特色。除了高标准保护鼓浪屿岛上绿化外，还应消除山体地质灾害，优化山体林相，修复山体生态环境，保护海岛岸线和沙滩的生态特征。发展“绿色旅游”，减轻旅游发展对遗产地的压力，如采取无声导览的旅游方式，鼓励垃圾分类和垃圾减量等。绿色发展还包括坚持遗产地的传统交通方式，秉持“步行岛”特色。除消防车和急救车外，应严格控制岛上机动车辆的配置，特别是控制旅游需求引发的交通机动化倾向。继续对游客与遗产地人口总量和构成比例的实施监控，动态平衡遗产地的宜居性和宜游度。此外，社区生活和旅游服务可推广电力等清洁能源，以取代传统燃气能源，减少岛上污染的排放。此外，还需要加强外来风险因素的评估和防治，包括九龙江上游的海漂以及航船可能造成的海域水体污染和大气环境污染等。

开放发展。鼓浪屿的最初发展来自于国门的对外开放，而开放后的多元文化融合对鼓浪屿产生了积极的影响。在开放发展的新形势下，鼓浪屿作为具有多元文化价值的世界文化遗产，有着重要的节点和纽带作用。对鼓浪屿而言，复兴多元文化，展示文化价值，以文化为纽带对外合作交流并不断带动提高厦门城市的国际化程度。鼓浪屿自身的发展，应避免“小岛意识”。历史的变迁是不以人的意志为转移的，如今的政府、社会和当地人都需要有开放、包容的心态，对于后来和新来鼓浪屿的人群，我们不应以外乡人的眼光去看待。以闽南地区为主的老鼓浪屿人和来自安徽、漳州等地的新鼓浪屿人，都是鼓浪屿人，大家来自于他乡异地，融入鼓浪屿社会与文化而成了鼓浪屿人。所以，遗产地需要继续开放发展。

共享发展。遗产保护要让遗产地居民有获得感，才能让遗产保护获得永久的可持续性。遗产保护的特殊要求让遗产地居民一定程度上失去其应有的发展权。因此，如何补偿发展权益，是体现社会发展公平的重要考量。社区型遗产的价值在社区，保护的重点和难度也在于社区及其业主，而一旦建立起好的机制，社区将成为遗产保护的最重要力量。安徽黄山脚下的西递宏村，也是世界文化遗产。笔者曾经调查，每户村民每年可以从门票收入中获得人头分红，同时根据自家宅院的等级、规模还可获得一笔不等的奖励资金。村民们会自觉把自家庭院打扫干净、维护好古村风貌，并主动向到访的游客介绍自家的历史，以吸引更多游客的关注。这就是遗产地直接的反哺机制带来的遗产保护效应。共享发展还可以有更好的机制，比如“以奖代补”，以普遍有补政策为基础，对保护好的建筑业主、对没有不良行为的业主等实行不同程度的资金奖励，以调动社区业主保护的积极性和自觉性。对利用遗产地资源进行旅游或商业经营的，则应课以严格的税收，将税收反哺于岛上的保护与发展。总之，只有取得社区、居民的认同和支持，遗产地的保护与发展才会有长效和可持续的保障。

附录

附录一　厦门经济特区鼓浪屿文化遗产保护条例[1]

第一条　为了加强鼓浪屿文化遗产的保护和展示，保持文化遗产的真实性和完整性，遵循有关法律、行政法规的基本原则，结合厦门经济特区实际，制定本条例。

第二条　本条例所称的鼓浪屿文化遗产，是指体现鼓浪屿多元文化交流融合，具有历史、艺术、科学价值的有形和无形遗产，包括：

（一）历史上遗存下来的城镇型社区结构及其形态、特有的街巷空间、市政设施；

（二）闽南传统样式、西方古典式、中西合璧式等多元风格的历史建筑及其设施遗存和周边环境；

（三）日光岩、鼓浪石、祈祷岩、升旗山、古树名木、摩崖题记以及古遗址等自然和人文景观；

（四）历史建筑装饰物、艺术品、工艺美术品、使领馆文献、图书、手稿资料等可移动文化遗产；

（五）海洋文化、华侨文化、教育文化、民俗文化、宗教文化、名人文化、钢琴文化、传统手工艺制作技艺等非物质的文化遗产；

（六）其他需要保护的文化遗产。

被认定为历史风貌建筑或者文物的文化遗产，《厦门经济特区鼓浪屿历史风貌建筑保护条例》和有关文物保护方面的法律、法规对其保护另有规定的，从其规定。

第三条　鼓浪屿文化遗产的保护应当坚持保护为主、抢救第一、合理利用、加强管理的方针，确保鼓浪屿文化遗产的真实性和完整性。

第四条　市人民政府应当加强对鼓浪屿文化遗产保护工作的领导，建立统一、高效的管理机构，负责对鼓浪屿文化遗产的保护和统一管理。

市人民政府应当确定文化遗产保护机构的职责及其与其他有关部门和单位的工作关系。

第五条　市人民政府应当组织设立鼓浪屿文化遗产保护资金，其筹集渠道包括：

（一）财政拨款；

（二）利用文化遗产所获得的收入；

（三）社会捐赠；

（四）其他来源。

鼓浪屿文化遗产保护资金实行专门账户管理，专用于鼓浪屿文化遗产保护和展示所需费用以及本条例规定的相关奖励、资助。鼓浪屿文化遗产保护资金应当接受财政、审计部门的监督。

第六条　对在保护和展示鼓浪屿文化遗产中做出突出贡献的单位和个人，市人民政府给予表彰和奖励。

第七条　市人民政府应当加大对鼓浪屿文化遗产保护的投入，加强对鼓浪屿的教育、卫生和文化

---

[1]注：本条例2012年6月29日厦门市第十四届人民代表大会常务委员会第3次会议通过，2012年7月4日厦门市人民代表大会常务委员会公告第2号公布，自2013年1月1日起施行。

艺术等方面基础设施和社会公共服务的投入与建设，改善鼓浪屿居民工作、生活条件，促进鼓浪屿文化遗产保护的可持续性。

第八条　市人民政府应当组织编制鼓浪屿文化遗产保护规划，并按照国家有关规定报批后公布实施。

市人民政府应当将鼓浪屿文化遗产保护规划的要求纳入本市国民经济和社会发展规划、城乡规划。

鼓浪屿文化遗产保护规划不得擅自变更；确需变更的，应当采取论证会、听证会或其他方式征求公众意见，并依照法定程序重新报批。

第九条　鼓浪屿岛为鼓浪屿文化遗产保护核心区（以下简称“核心区”），周边一定范围内的海域为鼓浪屿文化遗产保护缓冲区（以下简称“缓冲区”）。核心区和缓冲区的具体范围由鼓浪屿文化遗产保护规划确定。

第十条　在核心区内不得新建、改建、扩建不符合鼓浪屿文化遗产保护规划的建筑物或者构筑物。核心区内确需新建、扩建、改建建筑物或者构筑物，以及建设市政公用设施的，必须符合鼓浪屿文化遗产保护规划的要求，并经文化遗产保护机构同意后依法报批。

第十一条　核心区内的园林绿化应当符合鼓浪屿文化遗产保护规划的要求，未取得文化遗产保护机构同意并经相关行政主管部门批准的，不得砍伐、移植树木和占用绿地。

第十二条　在核心区内从事影视摄制、举办大型群众性活动的，应当制定相应的文化遗产保护方案，并经文化遗产保护机构同意后依法报批。

第十三条　对核心区内的山地、海岸和沙滩等自然资源的合理利用，应当符合鼓浪屿文化遗产保护规划的要求。

第十四条　禁止在核心区和缓冲区内从事下列行为：

（一）采石、采砂、开山以及其他破坏山地、海岸、沙滩等自然环境的活动；

（二）从事易燃、易爆、剧毒、放射性等危险物品的生产和经营活动，涉及生活所用燃气的经营活动除外；

（三）使用燃煤、燃油、木材及其他高污染燃料；

（四）无证照设摊经营、兜售物品和服务、散发广告印刷品等；

（五）生产、销售假冒伪劣商品及其他欺诈消费者的行为；

（六）导游人员私自揽客、无导游证人员揽客从事导游活动；

（七）法律、法规禁止的其他行为。

第十五条　核心区内设置服务项目，应当符合鼓浪屿文化遗产保护规划的要求，实施服务项目应当遵循公开、公平、公正和公共利益优先的原则，并维护鼓浪屿居民的合法权益。

第十六条　在核心区实行游客总量控制。文化遗产保护机构应当按照鼓浪屿文化遗产保护规划的要求制定具体办法。

第十七条　在核心区内出租房屋供他人生活居住的，应当按照有关规定办理备案手续，并符合鼓浪屿暂住人口管理办法的规定。鼓浪屿暂住人口管理办法由文化遗产保护机构会同有关部门制定。

第十八条　文化遗产保护机构可以与鼓浪屿文化遗产的权利人就文化遗产的识别、确认、登记、管理、保养、修复、推广等方面订立协议，明确文化遗产保护的权利和义务。

第十九条　本条例第二条第二项规定的文化遗产的权利人出售、赠与、抵押、托管、出租文化遗产的，应当向文化遗产保护机构备案。

第二十条　文化遗产保护机构应当对鼓浪屿非物质文化遗产采取认定、记录、建档等措施予以保护。

第二十一条　文化遗产保护机构应当采取措施，展示文化遗产的价值，鼓励公众参与文化遗产的保护。

教育、新闻出版、广播影视、网络媒体等单位，应当加强鼓浪屿文化遗产知识的宣传和普及。

第二十二条　每年六月份的第二个星期为“鼓浪屿文化遗产宣传周”。

单位和个人在“鼓浪屿文化遗产宣传周”期间，举办展示鼓浪屿文化遗产历史、艺术和科学价值活动且成效显著的，给予奖励。

第二十三条　鼓励设立展示和传播鼓浪屿文化遗产的图书馆、博物馆、历史纪念馆、艺术馆、民俗文化演艺馆等文化场馆。

单位和个人设立前款规定文化场馆且符合相关条件的，给予资助。

第二十四条　鼓励志愿者组织依法开展鼓浪屿文化遗产的宣传、展示、推广和保护等活动。

第二十五条　单位和个人开展鼓浪屿文化遗产科学、技术、艺术研究及方法研究的，经评审认为有重要价值且符合相关条件的，给予资助。

第二十六条　违反本条例第十条规定，未经文化遗产保护机构同意从事相关活动的，由城市管理行政执法部门责令停止违法行为、限期改正，处以2万元以上10万元以下的罚款。

违反本条例第十一条、第十二条、第十九条规定，未经文化遗产保护机构同意从事相关活动或者未按照规定向文化遗产保护机构备案的，由城市管理行政执法部门责令停止违法行为、限期改正，处以3000元以上1万元以下的罚款。

违反本条例其他规定的，由城市管理行政执法部门或者其他相关行政管理部门按照各自职责依法处罚。

第二十七条　文化遗产保护机构及其他有关部门工作人员玩忽职守、滥用职权、徇私舞弊的，对负有责任的主管人员和其他直接责任人员依法给予处分；构成犯罪的，依法追究刑事责任。

第二十八条　本条例自2013年1月1日起施行。

附录二　厦门市鼓浪屿文化遗产核心要素保护管理办法

第一章　总　则

第一条　为了加强鼓浪屿文化遗产核心要素的保护与管理，履行对《保护世界文化与自然遗产公约》的责任和义务，根据《中华人民共和国文物保护法》、《厦门经济特区鼓浪屿文化遗产保护条例》和国家有关法律、法规，结合鼓浪屿实际，制定本办法。

第二条　本办法所称鼓浪屿文化遗产核心要素（以下简称“文化遗产核心要素”），是指列入鼓浪屿申报世界文化遗产目录的核心要素。文化遗产核心要素根据权属情况，分为以下三类：

（一）鼓浪屿文化遗产保护机构管理的文化遗产核心要素，包括直管、代管、托管的文化遗产核心要素；

（二）其他单位或私人管理的文化遗产核心要素，包括其他单位自管、私人管理的文化遗产核心要素；

（三）其他列入文化遗产核心要素的场所、遗址。

第三条　全面贯彻“保护为主、抢救第一、合理利用、加强管理”的基本方针，确保鼓浪屿文化遗产的真实性和完整性，发挥文化遗产的公益性。

第四条　本办法涉及文化遗产核心要素保护管理工作所需由政府承担的相关经费，纳入鼓浪屿文化遗产保护机构部门预算。

第二章　保护管理与监测机构

第五条　鼓浪屿文化遗产保护管理机构（以下简称“鼓浪屿文保机构”）在文化遗产核心要素的保护管理工作中主要履行下列职责：

（一）宣传、贯彻和落实有关文化遗产核心要素保护的法律、法规、规章及其他政策；

（二）加强鼓浪屿文化遗产核心要素的日常维护、修缮利用和监管工作，并定期向联合国教科文组织提交有关报告；

（三）编制文化遗产核心要素保护方案，研究制定鼓浪屿文化遗产核心要素保护利用相关政策法规；

（四）组织编制实施文化遗产核心要素保护规划，对鼓浪屿文化遗产核心要素所有人、使用人、管理人或相关单位（以下简称“业主方”）的维护、修缮、利用方案等进行初审，协助业主按文物保护等级进行报批，经批准后开展相关工作；

（五）监督业主方在批准范围内开展相关活动，加强文化遗产核心要素的竣工验收评估工作；

（六）制定文化遗产核心要素巡查制度，建立专业的巡查队伍，开展定期巡查工作；

（七）指导和监督鼓浪屿文化遗产核心要素的监测工作，协调其他涉及保护管理的部门或机构配合完成各项监测工作；

（八）承担推荐、申报鼓浪屿全岛文物保护单位工作；

（九）配合上级文物行政管理部门开展文物保护管理和利用等各项工作；

（十）鼓励公民、法人和其他组织参与文化遗产核心要素的保护工作，对在文化遗产核心要素保护中按规定要求开展工作的，可适当给予补贴；效果突出，对作出突出贡献的组织或者个人给予表彰和奖励，具体奖励程序和标准参照《厦门经济特区鼓浪屿历史风貌建筑保护条例细则》执行。

第六条　非国有文化遗产核心要素房产权属证明材料，所有人应向鼓浪屿文保机构备案。

第七条　各驻岛其他单位依照有关法律、法规及各自职责协同做好保护鼓浪屿文化遗产核心要素的工作。

鼓励居民委员会建立群众性的自治保护组织，对文化遗产核心要素进行保护。鼓浪屿文保机构应当对群众性保护组织的活动给予指导。

任何单位和个人都有依法保护文化遗产核心要素的义务，均可以向鼓浪屿文保机构及相应文物行政部门提出文化遗产核心要素保护和管理的建议，有权检举、揭发和制止违反文物保护法律、法规的行为。

第八条　鼓浪屿文化遗产核心要素监测机构（以下简称“监测机构”），负责全面开展鼓浪屿文化遗产核心要素的日常监测工作，建立遗产区核心要素的档案库和数据库，为文化遗产核心要素管理提供技术支持。监测机构在文化遗产核心要素的监测工作中主要履行下列职责：

（一）负责监测系统的运行维护，监测数据的采集、整理和分析等具体工作，定期汇总监测数据，交由档案管理部门统一保管。

（二）构建具有鼓浪屿特色的监测指标体系，明确监测指标和预警阈值，合理设定监测频度。

（三）细化监测对象、确定监测范围和监测分级，做好鼓浪屿监测预警系统与国家监测平台的衔接，实现互联互通。

（四）实行人工巡查制度，并纳入监测系统平台统一管理。与业主方建立有效的沟通机制，遵守监测工作流程，做到规范操作，文明巡查。

（五）及时向鼓浪屿文保机构及相应文物行政部门上报监测对象出现的异常或可能出现的安全隐患。

（六）依照相关规定，对阻碍文化遗产核心要素监测工作的业主方，造成监测工作无法开展的，依法追究相关人员的责任。

（七）鼓浪屿文保机构授予的其他工作。

第九条　业主方在文化遗产核心要素的监测工作中，应当履行下列义务：

（一）积极配合监测机构人员入户开展正常监测工作，为监测工作提供便利，主动反映文化遗产核心要素本体现状。

（二）发现监测对象出现异常或可能出现安全隐患时，及时告知监测机构，未经许可不得私自实施维护工作。

（三）保护监测设备，发现监测设备损坏时主动告知监测机构，未经许可不得私自拆修监测设备。

（四）法律、法规规定的其他义务。

第三章　日常维护与修缮

第十条　本办法所称的日常维护，是指在维持文化遗产核心要素外观和内部结构不变的基础上，针对轻微损害所做的巡视检查、保洁、小修保养等养护工作。

第十一条　本办法所称的修缮，是指在不改变文化遗产核心要素外观和内部结构的情形下，对建筑本体所必需的结构加固处理和维修，包括结构加固而进行的局部复原工程、对建筑的外立面进行整修以恢复原貌的活动等。

第十二条　文化遗产核心要素日常维护与修缮工作，必须遵守国家有关文物保护的法律、法规的规定，小修保养及修缮工作必须由取得文物保护工程相应资质证书的单位承担，相关技术文件应报鼓浪屿文保机构并按文物保护级别报相应文物行政部门批准。

第十三条　文化遗产核心要素维护、修缮工程在施工过程中接受鼓浪屿文保机构及相应文物行政部门和社会公众的监督。

第十四条　鼓浪屿文保机构应优化文化遗产核心要素的维护、修缮的管理审批机制，提升工程的研修深度和实施水平，培养专业队伍，形成反应快速且高效的维护、修缮机制。

第十五条　文化遗产核心要素按照《中华人民共和国文物保护法》规定开展日常维护和修缮，属国有产权文化遗产核心要素由使用人负责修缮、保养；属非国有产权的由所有人负责修缮、保养。属非国有产权的文化遗产核心要素有损毁危险，所有人不具备修缮能力的，鼓浪屿文保机构及相应文物行政部门给予帮助；所有人具备修缮能力而拒不依法履行修缮义务的，鼓浪屿文保机构及相应文物行政部门可以给予抢救修缮，所需费用由所有人负担。

所有人委托他人或单位管理和使用的，应当与使用人签订协议，明确维护、修缮的责任及相关权利让渡等条款，并向鼓浪屿文保机构备案。

第十六条　文化遗产核心要素的业主方委托政府修缮或自行修缮建筑，同时符合下列条件的，鼓浪屿文保机构给予奖励：

（一）列入年度保护整修计划并及时申请修缮；

（二）修缮设计方案委托具备相应资质的设计单位编制，并按规定程序经相应文物主管部门审批；

（三）修缮工程严格按设计方案进行施工且未发生安全事故；

（四）工程完工后及时进行竣工验收，并验收合格；

（五）修缮工程的施工费用经财政审核机构审核并作出工程造价决算意见书。

第十七条　对符合本办法第十六条规定的文化遗产核心要素修缮，业主方委托鼓浪屿文保机构统一进行修缮的，修缮经费由鼓浪屿文保机构承担。

自行修缮的业主方按财政审核机构出具的工程审核决算价向管委会提出书面申请，经审批后，由鼓浪屿文保机构根据文化遗产核心要素所属保护级别给予奖励，全国重点文物保护单位、省级文物保护单位、市级文物保护单位分别最高可给予不高于工程审核决算价80%、50%和30%的奖励。

第四章　保护与利用

第十八条　文化遗产核心要素保护、利用工作应符合《文化遗产地保护管理规划》等相关法律法规要求，国有产权的文化遗产核心要素除可建立博物馆、保管所或者辟为参观游览场所外，作其他用途的，根据文物保护单位的级别，依据《中华人民共和国文物保护法》的有关规定，由鼓浪屿文物保护机构向相应职级的文物行政部门和人民政府进行逐级报批。

第十九条　国有产权的文化遗产核心要素不得转让、抵押，用于建立博物馆、保管所或者辟为参观游览场所的，不得作为企业资产经营。

第二十条　国有产权的文化遗产核心要素，业主方与其他机构合作开展经营活动的，应当签署合作协议。合作协议签署前，应当由鼓浪屿文保机构报相应的文物行政部门批准；逐级上报文物行政部门批准。合作协议有效期不得超过5年。属于租赁设立民办博物馆的，依照《国家文物局关于民办博物馆设立的指导意见》办理。

第二十一条　非国有产权的文化遗产核心要素用作其他用途，以及涉及转让、抵押、合作、出租、出借的，由业主方向鼓浪屿文保机构报备，其中用作其他用途的，还应符合鼓浪屿文化遗产保护规划，坚持保护为主、合理利用的原则，对空置的申遗核心要素加以利用，引进符合鼓浪屿业态扶持政策的优质项目入驻。

第二十二条　经政府部门投资修缮、布展及管理的非国有产权的文化遗产核心要素，鼓浪屿文保机构与业主方通过签订协议的方式，明确权利让渡等有关事宜（合同应充分考虑政府投入的维护、修缮资金、文化遗产核心要素所处地段等因素）。业主方若出租、出借及转让文化遗产核心要素的，应履行事先签订的协议，同时遵守《中华人民共和国文物保护法》等相关规定。业主方转让文化遗产核心要素产权的，需偿还政府部门前期投入文化遗产核心要素的修缮及布展资金，并报鼓浪屿文保机构及相应文物行政部门审批，同等条件下政府部门有优先购买权。

第二十三条　文化遗产核心要素保护利用工作必须遵守不改变文化遗产核心要素原状的原则，使用人负责保护建筑物及其附属文物的安全，不得损毁、改建、添建或拆除文化遗产核心要素。

第二十四条　文化遗产核心要素中属鼓浪屿文保机构管理的，由鼓浪屿文保机构依法委托具有相应资质的单位承担保护和利用的具体工作，按《文化遗产地保护管理规划》等相关规划，发展鼓浪屿文化产业，引导鼓浪屿业态升级，管理办法另行制定。

第二十五条　鼓浪屿文保机构借用非国有产权的文化遗产核心要素作为申遗展馆的，经鼓浪屿文保机构与业主方或使用权人协商，签订租赁协议并支付相应租金，明确维护、修缮的责任、展品保存的义务及相关权利让渡等条款。对业主方自行管理的展馆，鼓浪屿文保机构按鼓浪屿申遗活动项目“以奖代补”暂行规定及鼓励扶持文化产业发展的相关文件给予相应补贴。租赁协议期满后，由鼓浪屿文保机构按约定收回政府投入的各类资产。

第二十六条　对危害文化遗产核心要素安全、破坏文化遗产核心要素的，鼓浪屿文保机构及相应文物行政部门应当及时调查处理，依据情节轻重，会同有关部门依法追究相关人员或单位的责任。

第五章　其　他

第二十七条　同一文化遗产核心要素可享受多项政府奖励、补助或补贴时，可择优享受，但最终获得的合计奖励额度最高不超过本办法第十七条规定的相应比例。

第二十八条　本办法由鼓浪屿文保机构负责解释。

第二十九条　本办法自颁布之日起开始执行，有效期为5年。

附录三　厦门经济特区鼓浪屿历史风貌建筑保护条例[1]

总　则

第一条　为加强对鼓浪屿历史风貌建筑的保护，继承历史建筑文化遗产，规范历史风貌建筑的管理与维护工作，遵循宪法的规定以及《中华人民共和国城乡规划法》和《中华人民共和国文物保护法》等法律和行政法规的基本原则，制定本条例。

第二条　本条例所称的鼓浪屿历史风貌建筑（以下简称“历史风貌建筑”）是指于1949年以前在鼓浪屿建造的，具有历史意义、传统风格、艺术特色、科学价值的，并经市人民政府批准公布的建筑。

符合前款规定的建筑灭失或损毁后，按原貌恢复重建的，可认定为历史风貌建筑。

已经被认定为文物的历史风貌建筑，《中华人民共和国文物保护法》等法律法规对其保护另有规定的，从其规定。

第三条　历史风貌建筑保护工作应当遵循保护为主、合理利用、加强管理的原则。

第四条　鼓浪屿风景区管理机构（以下简称“风景区管理机构”）负责组织实施本条例。

市城市规划行政主管部门（以下简称“市规划部门”）负责鼓浪屿历史风貌建筑的认定及规划管理工作。

市人民政府各有关部门依法在各自的职责范围内做好历史风貌建筑保护工作。

各机关、企业、事业单位和其他组织及个人，都有保护历史风貌建筑的义务。

第五条　市规划部门组织成立由历史文物、文化艺术、建筑规划、土地房产及法律等方面专家组成的历史风貌建筑评审委员会，对历史风貌建筑的认定提供鉴定意见，对历史风貌建筑保护规划进行论证。

历史风貌建筑评审委员会的组织形式与工作规程由市规划部门做出具体规定。

第六条　向市人民政府捐赠历史风貌建筑或在历史风貌建筑保护工作中做出显著成绩的单位或个人，由市人民政府给予表彰和奖励。

认定和撤销

第七条　历史风貌建筑认定的申请由风景区管理机构负责。

建筑物的所有人可以向风景区管理机构自荐其建筑为历史风貌建筑，其他组织或个人也可以向风景区管理机构推荐该建筑为历史风貌建筑。风景区管理机构应根据自荐或推荐情况向市规划部门提出申请，并提出是否符合认定条件的审查意见。

风景区管理机构认为建筑物符合历史风貌建筑认定条件的，可以向市规划部门提出认定该建筑物为历史风貌建筑的申请。

---

[1]注：本条例2000年1月13日厦门市第十一届人民代表大会常务委员会第22次会议通过，2009年3月20日厦门市第十三届人民代表大会常务委员会第15次会议修订。

风景区管理机构应将历史风貌建筑的认定申请同时送达该建筑物的所有人、管理人和占用人。

第八条　市规划部门应当组织历史风貌建筑评审委员会对申请列入保护的建筑及其保护类别进行鉴定，出具鉴定书，并将鉴定书送交风景区管理机构。风景区管理机构应将鉴定书公示，并送达建筑物的所有人、管理人和占用人。

建筑物的所有人、管理人和占用人及推荐人对鉴定意见有不同意见的，市规划部门应举行听证会，听取所有人、管理人和占用人及推荐人、该建筑相邻居民、其他市民代表以及相关专家代表的意见。

市规划部门应当对鉴定意见和听证意见进行审查。

第九条　经审查同意认定为历史风貌建筑的，市规划部门应当确认保护范围、进行测绘登记，报市人民政府批准和公布，并设置历史风貌建筑标志。

经认定的历史风貌建筑灭失或损毁以致无法复原的，由市规划部门审查核实，并报市人民政府批准后公告撤销。

保护和利用

第十条　历史风貌建筑保护规划由市规划部门会同风景区管理机构及其他有关部门组织编制，报市人民政府批准，并报送市人民代表大会常务委员会备案。

市规划部门应当根据历史风貌建筑保护规划的要求，严格控制鼓浪屿建筑总量，做好鼓浪屿相关规划，保护鼓浪屿整体格局、景观特征、环境风貌。

经批准的历史风貌建筑保护规划和相关规划，任何单位和个人不得擅自变更，确需变更的应报审批机关批准。

第十一条　历史风貌建筑根据其历史、风格、艺术、研究的价值，分为重点保护和一般保护两种保护类别。

列为重点保护的，不得变动建筑原有的外貌、基本平面布局和有特色的室内装修；建筑内部其他部分允许作适当的变动。

列为一般保护的，不得改动建筑原有的外貌，建筑内部允许作适当的变动。

市规划部门应当根据每幢历史风貌建筑的特点，制定保护方案。

第十二条　在历史风貌建筑保护范围内不得新建、改建、扩建建筑物或构筑物。保护范围内与历史风貌建筑不协调、影响和破坏其景观的建筑物、构筑物应当拆除。

第十三条　在历史风貌建筑保护范围内修建道路、地下工程及其他市政公用设施的，应根据市规划部门提出的保护要求采取有效的保护措施，不得损害历史风貌建筑，破坏整体环境风貌。

在历史风貌建筑保护范围内，禁止擅自砍伐、移植树木，因特殊情况必须砍伐、移植的，应当报市园林绿化行政主管部门审批。

第十四条　在鼓浪屿新建、改建、扩建建筑物或构筑物的，应当符合鼓浪屿相关规划要求，在层数、高度、体量、造型、色彩、艺术风格上必须与周围的历史风貌建筑相协调，与环境空间相和谐。

第十五条　历史风貌建筑的门楼、围墙外侧不得作为商店、饮食店等其他用途。

历史风貌建筑的所有人、管理人、占用人不得在历史风貌建筑的院落、阳台、走廊乱挂、乱堆杂物，在建筑物上乱涂乱画或进行其他影响历史风貌建筑景观的行为。

历史风貌建筑的所有人、管理人、占用人不得在历史风貌建筑内堆放危险品或进行其他危害历史风貌建筑安全的活动。

第十六条　设立历史风貌建筑保护专项资金，其来源是:

（一）财政拨款;

（二）风景区管理机构利用历史风貌建筑所得的收益;

（三）公民、法人和其他社会组织的捐赠;

（四）其他依法可以筹集的资金。

历史风貌建筑保护专项资金，由风景区管理机构设立专门账户管理，专款专用，并接受市财政、审计部门的监督。

第十七条　历史风貌建筑保护专项资金的使用范围:

（一）市人民政府购买历史风貌建筑并进行修缮维护所需的费用;

（二）改善历史风貌建筑保护范围内的环境和风貌所需的费用;

（三）实施本条例第六条、第三十四条、第三十五条、第三十八条第二款以及第四十条规定所需的费用。

第十八条　历史风貌建筑的利用应当符合历史风貌建筑保护规划及相关规划的要求，并有利于促进历史风貌建筑的持续保护，有利于挖掘和发挥历史风貌建筑的文化底蕴，有利于扩大历史风貌建筑在海内外的影响。

市规划部门应当会同风景区管理机构及其他有关部门编制历史风貌建筑综合利用规划，合理利用历史风貌建筑。

市人民政府应制定相应措施，鼓励历史风貌建筑的利用。

维　护

第十九条　历史风貌建筑的所有人、管理人和占用人应当保护或保持历史风貌建筑的坚固、安全、整洁、美观，并进行日常维护。

风景区管理机构应当对所有人、管理人和占用人的日常维护工作予以监督和指导。

历史风貌建筑所有人不明且无管理人、占用人的，由风景区管理机构负责日常维护工作。

第二十条　历史风貌建筑的修缮，应按"修旧如旧"的原则进行。

第二十一条　历史风貌建筑的所有人负责历史风貌建筑的修缮。

所有人不明的历史风貌建筑由管理人管理或者占用人使用的，修缮前由风景区管理机构对修缮事项予以公示。公示期间所有人出现的，由所有人负责历史风貌建筑的修缮；公示期满所有人仍不明的，由管理人或者占用人负责历史风貌建筑的修缮。

风景区管理机构对所有人、管理人和占用人修缮活动予以监督和指导。

第二十二条　历史风貌建筑的修缮，应当维护建筑原貌，保持建筑完好，不得擅自更改建筑外墙、外廊、门窗、阳台等造型。

第二十三条　所有人、管理人或占用人发现历史风貌建筑需要修缮的，应当及时向风景区管理机构提出申请。

风景区管理机构应当自收到申请之日起7日内将是否修缮的决定书面通知所有人、管理人或占用人。

第二十四条　风景区管理机构发现历史风貌建筑需要修缮而作出修缮决定的，应自作出决定之日起7

日内将修缮决定书面通知所有人、管理人或占用人。

第二十五条　所有人、管理人或占用人应当自收到修缮决定之日起90日内，将修缮的设计方案报送风景区管理机构。

第二十六条　禁止擅自拆除历史风貌建筑。历史风貌建筑确需拆除重建的，应当按“恢复原貌”的原则进行重建。

第二十七条　历史风貌建筑的所有人负责历史风貌建筑的结构更新和拆除重建。风景区管理机构对所有人结构更新和拆除重建活动予以监督和指导。

所有人发现历史风貌建筑需要结构更新或拆除重建的，应及时向风景区管理机构提出申请，并随附房屋安全鉴定部门的鉴定。

风景区管理机构应当自收到申请之日起10日内将是否结构更新或拆除重建的书面决定通知所有人。

管理人、占用人发现历史风貌建筑需要结构更新或拆除重建的，应当及时报告所有人或风景区管理机构。

第二十八条　风景区管理机构发现历史风貌建筑需要结构更新或拆除重建的，经房屋安全鉴定部门鉴定后，应作出结构更新或拆除重建的书面决定并应自作出决定之日起10日内通知所有人、管理人或占用人。

第二十九条　所有人应当自收到结构更新或拆除重建的决定之日起90日内，将结构更新或拆除重建的设计方案报送风景区管理机构。

第三十条　有下列情形之一的，风景区管理机构应及时委托编制相关设计方案并组织实施:

（一）历史风貌建筑需要修缮，所有人、管理人或占用人未能在书面决定规定的时间内修缮的;

（二）历史风貌建筑需要结构更新或拆除重建，所有人未能在书面决定规定的时间内结构更新或拆除重建的;

（三）历史风貌建筑需要修缮，其所有人、管理人和占用人不明的或所有人不明且无人管理、使用的;

（四）历史风貌建筑确需结构更新或拆除重建，其所有人不明的。

第三十一条　历史风貌建筑的修缮、结构更新和拆除重建的设计方案，应当由具有相应资质的规划、建筑设计单位编制。

本条例第二十五条、第二十九条、第三十条规定的设计方案由风景区管理机构报市规划部门批准后方可实施。

对历史风貌建筑进行修缮、结构更新和拆除重建，应当由具有相应资质的施工单位负责施工。

第三十二条　风景区管理机构组织实施历史风貌建筑修缮、结构更新或拆除重建的，所有人、管理人或占用人应当予以协助和配合，不得阻挠。

所有人对历史风貌建筑进行修缮、结构更新或拆除重建的，管理人、占用人应当予以协助和配合，不得阻挠。

第三十三条　历史风貌建筑修缮、结构更新或拆除重建的费用，由所有人承担。

所有人不明的，历史风貌建筑由管理人管理或者占用人使用，修缮费用由管理人、占用人承担。

所有人、管理人和占用人另有约定的，从其约定。

本条规定的修缮、结构更新或拆除重建的费用，包括根据本条例第三十条规定产生的修缮、结构更新或拆除重建费用。

第三十四条　所有人、管理人或占用人按规定对历史风貌建筑进行修缮、结构更新或拆除重建的，风景区管理机构根据历史风貌建筑保护类别给予奖励。

所有人、管理人或占用人承担修缮费用确有困难的，以及所有人承担结构更新或拆除重建费用确有困难的，可向风景区管理机构申请费用补助。

上述奖励和补助办法，由市人民政府另行制定。

第三十五条　历史风貌建筑有本条例第三十条规定情形的，其修缮、结构更新和拆除重建费用由风景区管理机构从历史风貌建筑保护专项资金中先行垫付，垫款可以由历史风貌建筑有偿使用取得的收益分期偿还。

第三十六条　风景区管理机构应当为每栋历史风貌建筑建立维护资料档案。该档案内容应当包括历任管理人员姓名、建筑物财产清单、建筑物使用情况、建筑物维修记录、维修施工人姓名或名称等，并附详细图表及相关照片。

第三十七条　历史风貌建筑的占用人、管理人应自本条例施行之日起一年内，向风景区管理机构提交合法有效的使用、管理该历史风貌建筑的书面证明；本条例实施后，新认定的历史风貌建筑的占用人、管理人应自认定后的一年内，提供合法有效的使用、管理该历史风貌建筑的书面证明。

逾期未提交的，因保护历史风貌建筑，可以将其迁出。

第三十八条　历史风貌建筑的所有人、占用人从历史风貌建筑中迁出的，市人民政府应按照居住条件有所改善的原则给予住房安置或货币化补偿。

对自愿迁出的，风景区管理机构应给予奖励。

上述安置、补偿和奖励的具体办法由市人民政府另行制定。

第三十九条　历史风貌建筑所有人出售、赠与、抵押、托管、出租历史风貌建筑的，应向风景区管理机构备案。

第四十条　从历史风貌建筑保护专项资金中先行垫款进行修缮、结构更新、拆除重建的历史风貌建筑出租或出售时，市人民政府有优先承租权或购买权。

第四十一条　下列历史风貌建筑由风景区管理机构进行统一保护、管理和利用:

（一）所有人不明且无管理人、占用人的;

（二）市人民政府出资收购的;

（三）所有人、占用人已安置或者货币化补偿后迁出的;

（四）风景区管理机构垫资先行修缮、结构更新或者拆除重建，所有人、管理人、占用人6个月内没有返还垫款的。

风景区管理机构可以设立相关法人机构承担上述保护、管理和利用的具体工作。

法律责任

第四十二条　违反本条例规定，有下列行为之一的，由城市管理行政执法部门予以处罚:

（一）违反第十二条的规定，擅自在历史风貌建筑保护范围内新建、改建、扩建建筑物或构筑物的，责令限期改正，恢复原貌，并可处以1万元以上3万元以下的罚款;

（二）违反第十五条第一款的规定，将历史风貌建筑门楼、围墙外侧作为商店、饮食店等其他用途的，责令限期改正，恢复原貌，并可处以3000元以上1万元以下的罚款；

（三）违反第十五条第二款的规定，在历史风貌建筑的院落、阳台、走廊乱挂、乱堆杂物，在建筑物上乱涂乱画或进行其他影响历史风貌建筑景观行为的，责令限期改正，恢复原貌，并可处以3000元以下的罚款；

（四）违反第十五条第三款的规定，在历史风貌建筑内堆放危险品或进行其他危害历史风貌建筑安全活动的，责令限期改正；用于非经营性活动的，并处以3000元以下的罚款；用于经营性活动的，并处以3000元以上1万元以下的罚款；

（五）违反第二十二条的规定，擅自更改建筑外墙、外廊、门窗、阳台等造型的，责令限期改正，恢复原貌，并处以工程造价5~10倍的罚款；

（六）违反第二十六条的规定，擅自拆除历史风貌建筑的，责令限期改正，恢复原貌，并可处以重置价1~3倍的罚款；

（七）违反第三十一条的规定，未向风景区管理机构报送设计方案或设计方案未经市规划部门批准，擅自对历史风貌建筑进行修缮、结构更新和拆除重建的，责令限期改正，恢复原貌，并可处以工程造价1~3倍的罚款；

（八）违反第三十二条的规定，阻挠历史风貌建筑修缮、结构更新和拆除重建的，责令停止违法行为，并可处以3000元以上1万元以下的罚款；

（九）违反第三十九条的规定，历史风貌建筑的所有人不向风景区管理机构备案的，责令限期改正，并可处以3000元以上1万元以下罚款。

第四十三条　当事人对行政处罚决定不服的，可以依法申请行政复议或者提起行政诉讼。当事人逾期不申请复议，也不起诉，又不履行行政处罚决定的，由作出处罚决定的部门申请人民法院强制执行。

第四十四条　风景区管理机构、市规划部门以及其他有关行政管理部门工作人员在历史风貌建筑保护工作中玩忽职守、滥用职权、徇私舞弊的，由其所在单位或上级机关依法给予行政处分；构成犯罪的，依法追究刑事责任。

附　则

第四十五条　本条例下列用语的含义:

（一）管理人，是指未经所有人指定但基于复杂历史原因或其他事由而长期、习惯性实际管理、代管历史风貌建筑的单位或个人。

（二）占用人，是指未经所有人同意但基于复杂历史原因或其他事由而长期、习惯性实际居住、使用和占有历史风貌建筑的单位或个人。

第四十六条　厦门市其他历史风貌建筑的保护可参照本条例执行。

第四十七条　本条例的具体应用问题由市人民政府负责解释。

第四十八条　本条例自2009年7月1日起施行。

附录四 厦门市鼓浪屿历史风貌建筑保护条例[1]

第一章 总 则

第一条 为加强对鼓浪屿历史风貌建筑的保护，继承和弘扬历史建筑文化遗产，遵循《中华人民共和国城市规划法》等法律、行政法规的基本原则，制定本条例。

第二条 本条例所称的鼓浪屿历史风貌建筑（以下简称“历史风貌建筑”）是指1949年以前在鼓浪屿建造的，具有历史意义、艺术特色和科学研究价值的造型别致、选材考究、装饰精巧的具有传统风格的建筑。

第三条 历史风貌建筑保护工作应遵循保护和利用相结合、利用服从保护的原则。

第四条 市城市规划行政主管部门（以下简称“市规划部门”）负责组织实施本条例。鼓浪屿区人民政府及市人民政府各有关部门依法在各自的职责范围内做好历史风貌建筑保护工作。各机关、企业、事业单位和其他组织及个人，都有保护历史风貌建筑的义务，必须遵守本条例。

第五条 市规划部门应组织历史文物、文化艺术、建筑规划、土地房产等方面的专家和市相关行政主管部门，对历史风貌建筑的认定及其保护规划进行鉴定、论证。

第六条 向人民政府捐献历史风貌建筑或在历史风貌建筑保护中做出显著成绩的单位或个人，由人民政府给予表彰和奖励。

第二章 认 定

第七条 符合本条例第二条规定的建筑物的产权所有人及其代理人（以下简称“业主”），可以向市规划部门自荐该建筑为历史风貌建筑，其他组织或个人也可以向市规划部门推荐该建筑为历史风貌建筑。

第八条 市规划部门应组织有关专家对自荐、推荐或经调查认为应列入保护的建筑进行鉴定，出具鉴定书。

经鉴定认为可列入保护的历史风貌建筑，市规划部门应举行听证会，听取业主、使用人和该建筑相邻市民的意见。

市规划部门应会同鼓浪屿区人民政府及其他有关部门对鉴定意见和听证意见进行审查。

第九条 经审查同意认定为历史风貌建筑的，市规划部门应确认保护范围、进行测绘登记，报市人民政府批准和公布，并设置历史风貌建筑标志。

第三章 保 护

第十条 历史风貌建筑保护规划由市规划部门组织鼓浪屿区人民政府及其他有关部门编制，报市人民政府批准，并报送市人大常委会备案。

---

[1]注：本条例2000年1月13日厦门市第十一届人民代表大会常务委员会第22次会议通过。

市规划部门应根据历史风貌建筑保护规划的要求，严格控制建筑总量，做好鼓浪屿控制性详细规划，保护鼓浪屿整体环境风貌。

经批准的历史风貌建筑保护规划和控制性详细规划，任何单位和个人不得擅自变更，确需变更的应报原审批机关批准。

第十一条　历史风貌建筑根据其历史、艺术、科学的价值，分为重点保护和一般保护两个保护类别。

列为重点保护的，不得变动建筑原有的外貌、结构体系、基本平面布局和有特色的室内装修；建筑内部其他部分允许作适当的变动。

列为一般保护的，不得改动建筑原有的外貌；建筑内部在保持原结构体系的前提下，允许作适当的变动。

第十二条　各历史风貌建筑的保护方案，由市规划部门或业主委托具有相应资质的规划、建筑设计研究单位编制，并经市规划部门审批后实施。

各历史风貌建筑的保护方案，应明确该历史风貌建筑的保护、修缮措施及投资概算。

第十三条　在历史风貌建筑保护范围内不得新建、改建、扩建建筑物、构筑物。保护范围内与历史风貌建筑不协调、影响和破坏其景观的建筑应当有计划拆除。

第十四条　在历史风貌建筑保护范围内修建道路、地下工程及其他市政公用设施的，应根据市规划部门提出的保护要求采取有效的保护措施，不得损害历史风貌建筑，破坏整体环境风貌。

第十五条　市规划部门应会同鼓浪屿区人民政府及其他有关部门制定措施，合理利用鼓浪屿历史风貌建筑。

第十六条　在鼓浪屿新建、改建、扩建建筑物、构筑物的，在建筑群和单体建筑的层数、体量、造型、色彩、艺术风格上必须与周围的历史风貌建筑相协调，与环境空间相和谐。

第十七条　设立历史风貌建筑保护专项资金，其来源是：

（一）市、区财政专项拨款；

（二）社会组织和个人的捐赠；

（三）其他依法可以筹集的资金。

历史风貌建筑保护专项资金，由鼓浪屿区人民政府设立专门账户管理，专款专用，并接受市财政、审计部门的监督。

第十八条　历史风貌建筑保护专项资金的使用范围：

（一）无业主或业主放弃产权的历史风貌建筑的保护修缮；

（二）补助经济困难的业主修缮历史风貌建筑；

（三）用于第二十二条第三款规定的收购经费；

（四）改善历史风貌建筑保护范围内的环境和风貌。

第四章　管　理

第十九条　历史风貌建筑业主和使用人，负责保护或保持历史风貌建筑的坚固、安全、整洁、美观。

第二十条　历史风貌建筑业主必须对历史风貌建筑按规定的标准进行修缮，维护建筑原貌，保持建筑完好，不得擅自更改建筑外墙、门窗、阳台等造型。

对历史风貌建筑的结构、建筑外貌进行修缮的，须事先报市规划部门批准，按“修旧如旧”的原则进行修缮。

第二十一条　历史风貌建筑使用人对业主修缮历史风貌建筑的活动，必须协助和配合，不得阻挠。

历史风貌建筑使用人申请对历史风貌建筑进行修缮的，还必须征得业主的同意。

第二十二条　历史风貌建筑的修缮经费，由业主负责，业主和使用人另有约定的，从其约定。对业主不按规定对历史风貌建筑进行修缮保护或共有业主之间对历史风貌建筑的修缮保护达不成一致意见的，鼓浪屿区人民政府可委托有关单位代为修缮，所发生的费用由业主承担。

业主承担修缮经费确有困难的，可向鼓浪屿区人民政府申请补助，鼓浪屿区人民政府可根据历史风貌建筑保护需要和业主经济困难的情况进行审批。具体办法由市人民政府另行制定。

历史风貌建筑也可由人民政府收购产权后加以修缮保护。

第二十三条　禁止擅自拆除历史风貌建筑。经鉴定属危险建筑物，要求拆除重建或结构更新的，应经市规划部门批准后，按风貌保护要求重建或更新。

第二十四条　历史风貌建筑业主和使用人不得在历史风貌建筑内堆放危险品或进行其他损害历史风貌建筑安全的活动。

第二十五条　历史风貌建筑业主和使用人不得在院落、阳台、走廊乱挂、乱堆杂物。

第二十六条　在历史风貌建筑保护范围内，未经市规划部门批准不得新筑和改变门楼、围墙。

历史风貌建筑门楼、围墙外侧不得作为商店、饮食店等其他用途。

经批准新筑的围墙应透空、美观，与周围环境相协调。

第二十七条　历史风貌建筑业主和使用人应搞好庭院绿化管理，养护好庭院内树木，严禁擅自砍伐、移植树木，因特殊情况必须砍伐、移植的，应报市园林绿化行政主管部门批准。

第二十八条　历史风貌建筑的使用人已有安置房的，业主有权依法要求使用人限期从历史风貌建筑中搬出。

第二十九条　历史风貌建筑业主在买卖、赠与、出租历史风貌建筑时，须向市规划部门备案。其中以人民政府为主拨款修缮的历史风貌建筑出卖时，人民政府有优先购买权。

第五章　法律责任

第三十条　违反本条例规定，有下列行为之一的，由市规划部门予以处罚：

（一）违反第二十条规定，擅自更改建筑外墙、门窗、阳台等造型的，擅自对历史风貌建筑的结构、建筑外貌进行修缮的，责令限期改正，并处以修缮总造价1~5倍的罚款。

（二）违反第二十三条规定擅自拆除历史风貌建筑的，责令限期恢复原貌，并处以1万元以上3万元以下的罚款。

（三）违反第二十四条规定，在历史风貌建筑内堆放危险品或进行其他损害历史风貌建筑安全的活动，责令限期改正，用于非经营性活动的，并处以1000元以下的罚款；用于经营性活动的，并处以3000元以上1万元以下的罚款。

（四）违反第二十六条第一款规定，擅自新筑门楼、围墙的，责令限期拆除，并处以违法土建工程造价60%的罚款；擅自改变门楼、围墙的，责令限期改正，并处以1000元以下的罚款。

（五）违反第二十六条第二款规定，将历史风貌建筑门楼、围墙外侧作为商店、饮食店等其他用途的，责令限期拆除，恢复原貌，并处以3000元以上1万元以下的罚款。

第三十一条　当事人对行政处罚决定不服的，可以依法申请行政复议，或提起行政诉讼。

当事人逾期不申请复议，也不起诉，又不履行处罚决定的，由作出处罚决定的部门申请人民法院强制执行。

第三十二条　市规划部门和其他有关行政管理部门工作人员在历史风貌建筑保护工作中玩忽职守、滥用职权、徇私舞弊的，由其所在单位或上级机关依法给予行政处分；构成犯罪的，依法追究刑事责任。

第六章　附　则

第三十三条　厦门市其他历史风貌建筑的保护可参照本条例执行。

第三十四条　本条例的具体应用问题由市人民政府负责解释。

第三十五条　本条例自2000年4月1日起施行。

附录五　厦门经济特区鼓浪屿历史风貌建筑保护条例实施细则

第一章　总　则

第一条　为加强对鼓浪屿历史风貌建筑的保护与利用，更好地保护鼓浪屿文化遗产，根据《厦门经济特区鼓浪屿历史风貌建筑保护条例》（以下简称《鼓浪屿风貌建筑条例》）等法律、法规、规章的相关规定，制定本细则。

第二条　《鼓浪屿风貌建筑条例》第三条规定的鼓浪屿历史风貌建筑保护工作包括历史风貌建筑的认定、维护、利用及管理。

历史风貌建筑的维护包括日常维护、修缮、结构更新和拆除重建。

历史风貌建筑的利用是指按照鼓浪屿历史风貌建筑保护规划和鼓浪屿文化遗产保护规划规定用途，使用历史风貌建筑的活动。

历史风貌建筑的管理是指人民政府及其相关部门按照本细则规定，对历史风貌建筑的认定、维护与利用进行监督管理的活动。

第三条　鼓浪屿风景区管理机构在历史风貌建筑保护工作中履行下列职责：

（一）编制历史风貌建筑保护规划草案；

（二）对历史风貌建筑的认定与撤销进行初审；

（三）制定并组织实施历史风貌建筑修缮、结构更新、拆除重建年度计划；

（四）编制历史风貌建筑保护方案草案；

（五）设立或指定相关法人机构具体负责历史风貌建筑的保护工作；

（六）对历史风貌建筑的所有权人、占用人、管理人或相关单位的修缮、结构更新、拆除重建方案进行初审并监督其实施活动；

（七）完善历史风貌建筑的安防、消防、防雷设施建设，并纳入相关监测体系进行监管；

（八）《鼓浪屿风貌建筑条例》及本细则、市人民政府规定的其他职责。

鼓浪屿风景区管理机构依法设立或指定的法人单位（以下简称历史风貌建筑保护法人单位），履行下列职责：

（一）具体实施鼓浪屿风景区管理机构决定的历史风貌建筑的修缮、结构更新和拆除重建等维护工作；

（二）具体实施由鼓浪屿风景区管理机构自管和统一代管的历史风貌建筑的日常维护、修缮、结构更新、拆除重建、管理利用等工作；

（三）本细则规定和鼓浪屿风景区管理机构授予的其他职责。

第四条　市规划部门在历史风貌建筑保护工作中履行下列职责：

（一）按本细则规定组建历史风貌建筑评审委员会，制定评审委员会具体工作规程，组织评审委员会开展工作；

（二）会同思明区人民政府、鼓浪屿风景区管理机构审定历史风貌建筑修缮、结构更新、拆除重建的设计方案；

（三）《鼓浪屿风貌建筑条例》及本细则、市人民政府规定的其他职责。

市财政部门根据本细则规定，保障专项资金，并对专项资金的使用进行监督。

市建设行政管理部门根据本细则规定对历史风貌建筑修缮、结构更新、拆除重建建设工程进行监督管理。

思明区人民政府及其相关部门按照本细则规定和市人民政府授权，参与历史风貌建筑修缮、结构更新、拆除重建的设计方案的审定，依法查处违反历史风貌建筑保护有关规定的行为。

第五条 市规划部门成立鼓浪屿历史风貌建筑评审委员会（以下简称“评审委员会”）。评审委员会由15人以上单数成员组成，其中，历史文物艺术专家3人以上、建筑规划专家10人以上、房管政策和法律专家各1人以上；

评审委员会成员由市规划部门和鼓浪屿风景区管理机构共同提出初选名单，报市人民政府审核同意后，由市规划部门颁发聘书。

评审委员会成员每届任期5年，可以连选连任一届。

第六条 评审委员会行使下列职责：

对鼓浪屿历史风貌建筑认定申请进行审查并提出鉴定意见；

对鼓浪屿历史风貌建筑保护规划进行论证，提出论证意见；

对鼓浪屿历史风貌建筑的保护方案进行审查、复审，提出审查、复审意见；

对鼓浪屿历史风貌建筑的修缮、结构更新、拆除重建设计方案进行审定；

市规划部门赋予的其他职责。

第二章 捐 赠

第七条 《鼓浪屿风貌建筑条例》第六条所称的捐赠历史风貌建筑，是指历史风貌建筑的所有权人将其所有的历史风貌建筑的所有权无偿赠送给鼓浪屿风景区管理机构的行为。

第八条 鼓浪屿风景区管理机构给予历史风貌建筑的所有权人捐赠奖励，应符合下列条件：

（一）历史风貌建筑的所有权人已经与鼓浪屿风景区管理机构签订了捐赠协议的；

（二）历史风貌建筑的产权已变更登记为鼓浪屿风景区管理机构的；

（三）历史风貌建筑的所有权人已经搬迁出所捐赠房屋的；

（四）历史风貌建筑为占用人占有使用的，占用人已搬迁出所捐赠房屋的。

第九条 鼓浪屿风景区管理机构应以市人民政府名义向捐赠历史风貌建筑的所有权人授予鼓浪屿文化遗产保护先进单位、个人的荣誉称号。

被捐赠房屋的所有权人为境外公民的，市人民政府可以将其提名为厦门荣誉市民候选人，经市人大常委会批准后向其颁发厦门荣誉市民称号。

第十条 鼓浪屿风景区管理机构可以根据捐赠历史风貌建筑的现状、保护等级，按下列标准给予所有权人奖励：

（一）捐赠房屋为重点保护历史风貌建筑且为所有权人实际使用的，奖金为不超过该房屋市场评估价值10%；

（二）捐赠房屋为重点保护历史风貌建筑但为占用人占有使用的，奖金为不超过该房屋市场评估价值5%；

（三）捐赠房屋为一般保护历史风貌建筑且为所有权人占有使用的，奖金为不超过该房屋市场评估价值5%；

（四）捐赠房屋为一般保护历史风貌建筑且为房屋占用人占有使用的，奖金为不超过该房屋市场评估价值3%。

第十一条　给予历史风貌建筑的所有权人捐赠奖励，应按下列程序进行：

（一）历史风貌建筑的所有权人与鼓浪屿风景区管理机构签订捐赠协议；

（二）历史风貌建筑保护法人单位和所有权人共同委托房地产估价机构对捐赠房屋的市场价值进行评估；

（三）历史风貌建筑保护法人单位与所有权人共同办理所捐赠历史风貌建筑的所有权过户登记手续；

（四）鼓浪屿风景区管理机构根据本细则规定的标准提出奖励方案，奖金在500万元以上的报市人民政府审批，奖金在500万元（含500万元）以下的报市人民政府备案；

（五）鼓浪屿风景区管理机构按照市人民政府批准或备案的奖励方案，向捐赠历史风貌建筑的所有权人发放奖金。

第三章　保护与利用

第十二条　鼓浪屿历史风貌建筑保护方案应符合历史风貌建筑保护规划的要求，对每幢历史风貌建筑都制定保护方案。

第十三条　鼓浪屿历史风貌建筑保护方案应当以保护图则形式制定并公布。

第十四条　制定鼓浪屿历史风貌建筑保护方案应符合下列标准：

（一）外观不得改动；

（二）重点保护历史风貌建筑基本平面布局、有特色室内装修不得改动；

（三）其他部分的改动应符合结构安全、用途合理、风格协调的标准。

第十五条　鼓浪屿历史风貌建筑的保护方案应当包含下列内容：

一、不得改动的内容：

（一）历史风貌建筑原有的外立面；

（二）重点保护历史风貌建筑的原有基本平面布局；

（三）重点保护历史风貌建筑在风格、艺术具有历史特色的室内原有装修的准确位置、布局、图形、色调等。

二、可以改动的内容：

（一）内部结构改动的安全、使用要求；

（二）内部装饰改动的风格、色调协调性要求。

三、修缮、结构更新、拆除重建工程的材质、工艺内容：

（一）工程材质的特征、标准要求；

（二）工程施工工艺的特点、标准要求。

四、历史风貌建筑利用功能引导：

（一）鼓励利用的功能；

（二）限制、禁止利用的功能。

第十六条　鼓浪屿历史风貌建筑保护方案草案由鼓浪屿风景区管理机构根据本细则规定的标准和内容要求编制。

第十七条　鼓浪屿风景区管理机构应将保护方案草案提交市规划部门，市规划部门应组织评审委员会进行评审。鼓浪屿风景区管理机构应当根据评审委员会评审意见进行修订，形成保护方案审定稿，并将保护方案审定稿送达所有权人。所有权人对保护方案审定稿无异议的，由鼓浪屿风景区管理机构报市规划部门批准。

第十八条　所有权人对保护方案审定稿有异议的，应在接到保护方案审定稿15日内向市规划部门提出书面异议；

市规划部门应在接到所有权人书面异议的15日内，提交评审委员会复审，评审委员会应在15日内做出复审意见。

第十九条　评审委员会复审意见改变原保护方案审定稿的，鼓浪屿风景区管理机构按评审委员会复审意见对原保护方案审定稿进行修订后，形成保护方案报市规划部门批准。

第二十条　鼓浪屿风景区管理机构应将经批准的保护方案在其网站向社会公布，送达所有权人、占用人、管理人，并在历史风貌建筑的显著位置制作公示牌公示保护方案。

第二十一条　保护方案一经公示，不得变更。

历史风貌建筑的所有权人申请变更保护方案的，应向鼓浪屿风景区管理机构提出书面申请，并说明理由；鼓浪屿风景区管理机构经审查同意变更的，应按本细则规定的内容、标准、程序重新编制、审定、公布、公示。

第二十二条　经公示的保护方案是历史风貌建筑修缮、结构更新、拆除重建、管理利用的设计方案编制与审批的依据；

设计单位应按保护方案要求进行设计，审批部门应按保护方案进行审批。

第二十三条　鼓浪屿风景区管理机构应当按照历史风貌建筑保护规划和文化遗产保护规划的要求，对历史风貌建筑的利用现状进行清理与整治；对不符合保护规划要求的，应当责令所有权人、占用人限期整改。

对历史风貌建筑保护范围内的下列建筑物、构筑物，鼓浪屿风景区管理机构应及时根据《鼓浪屿风貌建筑条例》第十二条规定作出书面拆除决定：

（一）与历史风貌建筑整体风格和景观不相协调的；

（二）妨碍历史风貌建筑的安全、利用的；

（三）其他不符合历史风貌建筑保护规划的。

第二十四条　禁止擅自改变历史风貌建筑的功能。所有权人确需改变的，应当符合历史风貌建筑保护规划和鼓浪屿文化遗产保护规划的要求，并经鼓浪屿风景区管理机构审批后依法办理相关手续；属于文物保护单位的历史风貌建筑，应当按文物保护法规定的程序报相关部门批准。

历史风貌建筑不得作为涉及危害公共安全、高污染行业、油烟扰民以及对历史风貌建筑与景观环境产生不良影响的经营场所。

第二十五条　鼓励将历史风貌建筑对社会公众开放以及利用历史风貌建筑开办展馆、博物馆，进行文化研究、发展文化创意产业；

鼓浪屿风景区管理机构对用于文化遗产展示场所与文化研究和文化创意的历史风貌建筑的所有权人，可以制定相关产业扶持政策，给予租金补贴等相关奖励。

第二十六条　鼓浪屿风景区管理机构应当建立历史风貌建筑保护档案管理制度。保护档案应当包括以下内容：建筑的技术资料；建筑的使用现状及权属变化情况；对历史风貌建筑进行整修的记录；历史沿革、历史事件等。

鼓浪屿风景区管理机构应将历史风貌建筑保护档案信息纳入统一的空间信息管理平台，实现动态监管。

第四章　日常维护与修缮

第二十七条　《鼓浪屿风貌建筑条例》所称的日常维护是指在维持历史风貌建筑外观和内部结构不变的基础上，保持历史风貌建筑及其周边环境整洁、美观的活动。

第二十八条　历史风貌建筑由所有权人、占用人、承租人负责日常维护；没有所有权人、占用人、承租人的，由管理人负责日常维护；既没有所有权人、占用人、承租人，又没有管理人的，由鼓浪屿风景管理机构负责日常维护。

第二十九条　《鼓浪屿风貌建筑条例》所称的修缮是指在不改变历史风貌建筑内部结构的情形下，对历史风貌建筑的外立面（包括门窗、外廊、屋顶、外墙、门楼、阳台等）进行整修以恢复原貌的活动。

第三十条　鼓浪屿风景区管理机构应当根据历史风貌建筑保护规划和鼓浪屿文化遗产保护规划的要求，按照先重点后一般的原则，制定鼓浪屿历史风貌建筑修缮计划并组织实施。

第三十一条　历史风貌建筑需要修缮的，由所有权人负责。

历史风貌建筑的所有权人下落不明的，鼓浪屿风景区管理机构应当将需要修缮的房屋坐落及现状图、修缮范围及事项在厦门市级新闻媒体和鼓浪屿风景区管理机构网站公示30日，并做好房产评估及相关保全工作。公示期满，所有权人出现的，由所有权人负责修缮；公示期满，所有权人仍下落不明的，风貌建筑有占用人、承租人的，由占用人、承租人负责修缮；没有占用人、承租人的，由鼓浪屿风景区管理机构负责修缮。

第三十二条　历史风貌建筑修缮设计方案由市规划部门审批或委托鼓浪屿风景区管理机构和思明区人民政府建设部门共同审批。

第三十三条　本细则第三十一条规定的负责历史风貌建筑修缮的所有权人、占用人、承租人（以下简称修缮责任主体）委托鼓浪屿风景区管理机构统一进行修缮方案设计的，设计费用由鼓浪屿风景区管理机构承担。

历史风貌建筑的修缮责任主体委托鼓浪屿风景区管理机构统一进行修缮施工的，基础放样验线、±0.00验线及竣工规划条件核实测绘等测绘费用、修缮施工费用由鼓浪屿风景区管理机构承担。

第三十四条　鼓浪屿风景区管理机构按照本细则第三十一条和第三十三条规定，对历史风貌建筑进行统一修缮的，具体修缮由历史风貌建筑保护法人单位组织实施。

历史风貌建筑保护法人单位应选择有相应资质的修缮设计单位、施工单位进行设计和施工。

第三十五条　历史风貌建筑的修缮责任主体自行修缮历史风貌建筑，符合下列条件的，鼓浪屿风景区管理机构应当给予奖励：

（一）按《鼓浪屿风貌建筑条例》规定和鼓浪屿风景区管理机构要求，对列入年度保护整修计划的历史风貌建筑，及时申请修缮的；

（二）修缮设计方案委托具备相应资质的设计单位编制并按规定程序审批的；

（三）修缮工程严格按设计方案进行施工且无发生安全事故的；

（四）工程完工后及时进行竣工验收并验收合格的；

（五）修缮工程的施工费用经市财政审核机构审核并作出工程造价决算意见书。

第三十六条　对符合本细则第三十五条规定的历史风貌建筑修缮责任主体，鼓浪屿风景区管理机构按下列标准给予奖励：

对重点历史风貌建筑进行修缮的，按市财政审核机构审核并作出的工程造价决算意见书确定金额的20%给予奖励；

对一般历史风貌建筑进行修缮的，按市财政审核机构审核并作出的工程造价决算意见书确定金额的10%给予奖励。

第三十七条　历史风貌建筑需要修缮，且已列入年度修缮计划的，修缮责任主体既不在规定时限内自行修缮，又不委托鼓浪屿风景区管理机构统一进行修缮的，鼓浪屿风景区管理机构应按照《鼓浪屿风貌建筑条例》的规定作出修缮决定，历史风貌建筑保护法人单位应当根据修缮决定，委托具备相应资质的设计单位、施工单位编制修缮设计方案进行施工。

第三十八条　历史风貌建筑保护法人单位按照本细则第三十七条规定对历史风貌建筑进行修缮的，修缮费用由修缮责任主体全额承担。

第三十九条　修缮责任主体在6个月内拒不归还修缮垫款的，鼓浪屿风景区管理机构应当按照《鼓浪屿风貌建筑条例》的有关规定，作出代管决定书。

第五章　结构更新与拆除重建

第四十条　《鼓浪屿风貌建筑条例》所称结构更新是指在不改变历史风貌建筑原有内部结构和外立面情形下，对属于危险承重构件进行更换或对已经严重损坏的结构进行加固整修的活动。

第四十一条　《鼓浪屿风貌建筑条例》所称拆除重建是指将原有历史风貌建筑全部拆除后，在原址上按原有布局、内部结构、风格样式翻修的活动。

第四十二条　历史风貌建筑应当原址保护。严格限制历史风貌建筑的结构更新与拆除重建，严禁未经审批程序，擅自进行结构更新和拆除重建。

鼓浪屿风景区管理机构应当根据历史风貌建筑保护规划和鼓浪屿文化遗产保护规划的要求，按照危险房屋优先、重点保护优先原则，制定鼓浪屿历史风貌建筑结构更新计划并组织实施。

历史风貌建筑面临严重危险等情况，经房屋安全鉴定无法修缮复原，并经专家评审委员会评审论证确有重建价值的，才能列入拆除重建的范围。

第四十三条　历史风貌建筑的结构更新、拆除重建，由其所有权人负责；

历史风貌建筑的所有权人下落不明或产权不明的，由鼓浪屿风景区管理机构负责组织实施结构更新、拆除重建。

第四十四条　历史风貌建筑在结构更新、拆除重建过程中应采取措施对原外立面进行保护，不得破坏。若因特殊原因需拆除外墙的，应对原材料、原构件进行编号保存，结构主体完工后，原材料、原构件尽量还原外立面原貌。

第四十五条　鼓浪屿风景区管理机构应当对历史风貌建筑进行经常性检查，发现历史风貌建筑需要结构更新、拆除重建的，及时书面通知所有权人申请房屋安全鉴定；房屋为所有权人以外的占用人、承租人实际使用的，还应当同时书面通知占用人、承租人。

房屋的所有权人长期居住在境外或下落不明的，鼓浪屿风景区管理机构应当依照我国法律的有关规定将书面通知送达给所有权人。

第四十六条　历史风貌建筑的所有权人应在接到本细则第四十六条规定的书面通知之日起5日内向房屋安全鉴定机构提出鉴定申请。

历史风貌建筑占用人、承租人实际使用的，所有权人未在前款规定期限内向房屋安全鉴定机构提出鉴定的，房屋的占用人、承租人应在前款规定期满之日起5日内向房屋安全鉴定机构提出鉴定申请。

第四十七条　历史风貌建筑的所有权人、占用人、承租人未按第四十六条规定向房屋安全鉴定机构提出鉴定申请的，鼓浪屿风景区管理机构、其他相应的房屋安全管理部门应及时委托房屋安全鉴定机构进行鉴定。

第四十八条　经鉴定为危房，确实需要结构更新或拆除重建的，历史风貌建筑的所有权人应在收到房屋安全鉴定报告之日起10日内，向鼓浪屿风景区管理机构提出书面申请，并同时提交下列材料：

（一）结构更新或拆除重建报批表；

（二）房屋现状图；

（三）拟更新的结构部位或承重构件；

（四）房屋安全鉴定报告。

第四十九条　鼓浪屿风景区管理机构应在收到书面申请之日起10日内提请专家评审委员会评审论证，确有更新或重建价值的，作出结构更新或拆除重建的书面决定。

下列历史风貌建筑经房屋安全鉴定机构鉴定无法修缮复原的，确有更新或重建价值的，由鼓浪屿风景区管理机构依照前款程序作出结构更新或拆除重建的书面决定：

历史风貌建筑的所有权人在收到房屋安全鉴定报告之日起10日内未向鼓浪屿风景区管理机构提出结构更新或拆除重建书面申请和提交规定的资料的；

历史风貌建筑的所有权人下落不明的。

第五十条　鼓浪屿风景区管理机构按照本细则第四十九条规定作出结构更新或拆除重建的书面决定的，应在作出该决定之日起10日内，将书面决定送达给所有权人；房屋为占用人、承租人实际使用的，还应当同时书面通知占用人、承租人。

第五十一条　历史风貌建筑的所有权人应当在收到同意结构更新、拆除重建申请的审批书面决定或结构更新、拆除重建书面决定之日起90日内，向鼓浪屿风景区管理机构报送由有资质的设计单位编制的结构更新或拆除重建设计方案。

第五十二条　历史风貌建筑的所有权人收到同意结构更新、拆除重建审批书面决定或结构更新、拆除重建书面决定之日起90日内，自愿交由鼓浪屿风景区管理机构统一委托有资质的设计单位，进行结构更新或拆除重建项目的方案设计、测绘的，鼓浪屿风景区管理机构给予所有权人相当于方案设计费用、基础放样验线及±0.00验线和竣工规划条件核实测绘等费用奖励；

历史风貌建筑的所有权人自愿交由鼓浪屿风景区管理机构统一委托有资质的施工单位实施结构更新或拆除重建项目施工的，鼓浪屿风景区管理机构应按工程审核决算价的30%给予重点保护历史风貌建筑的所有权人给予奖励，一般保护历史风貌建筑按照工程审核决算价的20%给予奖励。但奖励总额按照房屋产权面积计算最高不得超过每平方米人民币2000元。

第五十三条　历史风貌建筑的所有权人自行进行结构更新或拆除重建项目建设，应当自收到设计方案审批同意书面决定之日起10日内，按照建设项目审批程序办理各项审批手续；

历史风貌建筑的所有权人应当自办理完毕建设项目审批手续30日内，按建设项目实施计划委托有资质的施工单位进行结构更新或拆除重建项目建设。

第五十四条　历史风貌建筑的所有权人自行进行结构更新或拆除重建项目建设，符合下列条件的，鼓浪屿风景区管理机构对重点保护历史风貌建筑按市财政审核机构作出的工程造价决算意见书确定金额的20%给予奖励，对一般保护历史风貌建筑按市财政审核机构作出的工程造价决算意见书确定金额的10%给予奖励：

（一）按《鼓浪屿风貌建筑条例》规定和鼓浪屿风景区管理机构结构更新或拆除重建书面决定要求，及时申请历史风貌建筑的结构更新或拆除重建；

（二）结构更新或拆除重建的设计方案经过审批同意；

（三）结构更新或拆除重建工程严格按设计方案施工且无发生安全事故；

（四）项目完工后及时进行竣工验收并验收合格。

鼓浪屿风景区管理机构按前款规定标准给予奖励的，奖金总额按照房屋产权面积计算，重点保护历史风貌建筑最高不得超过每平方米人民币1000元，一般保护历史风貌建筑最高不得超过每平方米人民币500元。

第五十五条　历史风貌建筑的所有权人申请自行进行结构更新或拆除重建项目建设奖励的，应在项目竣工验收合格之日起30日内，向鼓浪屿风景区管理机构提出书面申请，并提交下列材料：

（一）项目竣工规划核实意见书或竣工验收合格证明文件；

（二）房屋产权证复印件；

（三）工程造价报审表；

（四）土建施工图纸（加盖设计单位和施工单位公章）；

（五）施工合同；

（六）工程量计算书；

（七）工程结算书（加盖施工单位公章）；

（八）施工前后对比照片。

鼓浪屿风景区管理机构应自收到奖励书面申请及材料之日起，提交市财政审核机构进行工程造价决算审核；

鼓浪屿风景区管理机构根据市财政审核机构作出的工程造价决算意见书确定的金额及本细则第五十四条规定，向所有权人发放奖金。

第五十六条　有下列情形之一的，鼓浪屿风景区管理机构应在送达结构更新或拆除重建的书面决定之日起30日内发出限期结构更新或拆除重建的书面通知，并可根据历史风貌建筑和文化遗产保护需要，同时作出限制使用或停止使用的书面决定：

（一）所有权人未在本细则第五十一条规定期限内提交由具备相应资质的设计单位编制结构更新或拆除重建设计方案的；

（二）历史风貌建筑的所有权人下落不明的，自结构更新或拆除重建书面决定公告期满之日起90日内未提交结构更新或拆除重建设计方案。

鼓浪屿风景区管理机构应按我国相关法律规定，将限期结构更新或拆除重建的书面通知、限制使用、停止使用的书面决定送达给所有权人，并同时送达给占用人、承租人。

第五十七条　有下列情形之一的，鼓浪屿风景区管理机构应依法作出强制结构更新或拆除重建的书面决定：

（一）历史风貌建筑的所有权人未按本细则第五十六条规定限期结构更新或拆除重建期限内提交由具备相应资质的设计单位编制结构更新或拆除重建设计方案的；

（二）历史风貌建筑的所有权人下落不明的，限期结构更新或拆除重建书面决定公告期满之日起90日内，所有权人仍未提交由具备相应资质的设计单位编制结构更新或拆除重建设计方案的；

（三）历史风貌建筑的所有权人在本细则第五十三条规定期限届满之日起60日内未实施设计方案的。

鼓浪屿风景区管理机构应按规定，除应将强制结构更新或拆除重建的书面决定送达给所有权人外，还应同时送达给占用人、承租人。

第五十八条　历史风貌建筑的承租人在收到强制结构更新或拆除重建书面决定之日起30日内自愿搬迁的，对承租人因提前搬迁所遭受的损失，可由鼓浪屿风景区管理机构按实际损失予以补偿。

第五十九条　历史风貌建筑存在租赁关系的，所有权人按照结构更新或拆除重建书面决定进行结构更新或拆除重建，解除租赁合同的，承租人应当在房屋租赁合同解除之日起10日内搬迁。

第六十条　历史风貌建筑的所有权人或鼓浪屿风景区管理机构按照结构更新或拆除重建书面决定进行结构更新或拆除重建的，占用人未在结构更新或拆除重建书面决定的搬迁期限内搬迁的，鼓浪屿风景区管理机构将向人民法院申请强制执行。

第六十一条　历史风貌建筑占用人在收到强制结构更新或拆除重建书面决定后自愿搬迁，并于60日内与历史风貌建筑保护法人单位签订了安置补偿协议的，鼓浪屿风景区管理机构应按照当年度思明区城市房屋征收直管公房安置政策给予安置或货币化补偿。

第六十二条　历史风貌建筑的所有权人未履行鼓浪屿风景区管理机构根据本细则第五十七条规定作出的强制结构更新或拆除重建的书面决定的，而鼓浪屿风景区管理机构又按照本细则第六十一条规定对自愿搬迁的占用人进行安置补偿后，进行结构更新或拆除重建的，安置补偿及结构更新或拆除重建所需费用由历史风貌建筑的所有权人承担。

第六十三条　历史风貌建筑的所有权人在结构更新或拆除重建项目竣工验收后6个月内拒不归还鼓浪屿风景区管理机构根据本细则第六十二条所垫费用的，鼓浪屿风景区管理机构应当按照《鼓浪屿风貌建筑条例》第三十五条的规定，作出强制代管决定书，由鼓浪屿风景区管理机构代管该历史风貌建筑有偿使用至偿还所垫费用时止。但有下列情形之一的除外：

（一）历史风貌建筑的所有权人与鼓浪屿风景区管理机构签订了为期30年以上的委托代管协议，自愿在占用人搬迁后将该历史风貌建筑委托鼓浪屿风景区管理机构代管的，安置补偿及结构更新或拆除重建的费用由鼓浪屿风景区管理机构承担；

（二）历史风貌建筑的所有权人与占用人另有约定的，安置补偿及结构更新或拆除重建费用按约定承担。

第六十四条　历史风貌建筑的占用人自愿搬迁的，鼓浪屿风景区管理机构按当年度思明区城市房屋直管公房征收政策提出安置补偿方案，历史风貌建筑保护法人单位根据安置补偿方案与占用人签订安置补偿协议并办理公证手续。

第六十五条　自愿搬迁的历史风貌建筑的占用人，在与历史风貌建筑保护法人单位签订安置补偿协议之日起60日内搬迁完毕的，鼓浪屿风景区管理机构按下列标准给予奖励：

（一）重点保护历史风貌建筑的占用人，给予每户（以签订安置补偿协议之日的公安部门户籍登记为准）占用人人民币50万元奖励；

（二）一般保护历史风貌建筑的占用人，给予每户（以签订安置补偿协议之日的公安部门户籍登记为准）占用人人民币40万元奖励。

鼓浪屿风景区管理机构应按照前款的规定，提出奖励方案报市人民政府备案后，向自愿搬迁的占用人发放奖金。

第六章　统一代管

第六十六条　下列历史风貌建筑由历史风貌建筑保护法人单位统一代管：

本细则第七条规定的捐赠房屋；

本细则第三十九条、第六十三条规定的强制代管房屋；

本细则第六十七条规定的自愿委托代管房屋；

所有权人不明且无占用人和管理人的房屋。

对于前款第（四）项规定的情形，鼓浪屿风景区管理机构应当将代管房屋的有关情况及代管事项在厦门市级新闻媒体和鼓浪屿风景区管理机构网站公示30日，并做好相关保全工作。公示期满后，所有权人、占用人、管理人未出现的，该历史风貌建筑由历史风貌建筑保护法人单位统一代管。

第六十七条　历史风貌建筑的所有权人自愿将其实际使用历史风貌建筑委托鼓浪屿风景区管理机构代管的，在与历史风貌建筑保护法人单位签订了为期30年以上的委托代管协议，经公证后，并按该代管协议履行了搬迁义务的，鼓浪屿风景区管理机构按照当年度思明区城市房屋直管公房征收政策给予安置，并提出安置方案。

第六十八条　历史风貌建筑的所有权人自愿委托代管的，历史风貌建筑保护法人单位应根据安置方案与所有权人签订安置协议；所有权人及占用人应按安置协议履行搬迁义务及做好其他人的搬迁工作。

第六十九条　历史风貌建筑的所有权人自愿将历史风貌建筑委托鼓浪屿风景区管理机构代管，且符合本细则第六十七条、第六十八条规定的，鼓浪屿风景区管理机构应按下列标准给予奖励：

委托代管的历史风貌建筑属于重点保护历史风貌建筑的，给予所有权人相当于该房屋市场评估价值的20%的奖励；

委托代管的历史风貌建筑属于一般保护历史风貌建筑的，给予所有权人相当于该房屋市场评估价值的15%的奖励。

第七十条　鼓浪屿风景区管理机构按照本细则第六十九条规定，给予自愿委托代管的历史风貌建筑的所有权人奖励的，应按下列程序进行：

（一）历史风貌建筑保护法人单位和历史风貌建筑的所有权人共同委托房地产估价机构对委托代管房屋的市场价值进行评估；

（二）鼓浪屿风景区管理机构根据本细则第六十八条和六十九条规定提出奖励方案；奖金在人民币500万元以上的，奖励方案报市人民政府审批；奖金在人民币500万元（含500万元）以下的，奖励方案报市人民政府备案；

（三）鼓浪屿风景区管理机构按照市人民政府报备或批准的奖励方案，向自愿委托代管历史风貌建筑的所有权人发放奖金。

第七十一条　历史风貌建筑保护法人单位应当按照《鼓浪屿风貌建筑条例》的规定和鼓浪屿文化遗产保护规划的要求，履行代管房屋的日常维护、修缮、结构更新、拆除重建、管理利用等职责。利用代管的历史风貌建筑应当符合鼓浪屿文化遗产保护规划的要求，优先用于鼓浪屿文化遗产的展示场所。

历史风貌建筑保护法人单位改变历史风貌建筑现行用途的，应当符合委托代管协议的约定并经过鼓浪屿风景区管理机构的批准。

第七十二条　历史风貌建筑代管利用收益属于历史风貌建筑保护专项资金，历史风貌建筑保护法人单位应将所代管的历史风貌建筑利用收益上缴鼓浪屿风景区管理机构，鼓浪屿风景区管理机构应按《鼓浪屿风貌建筑条例》的规定设立专门账户管理，专款专用；

历史风貌建筑保护法人单位应对所代管的历史风貌建筑利用收益按照一户一册、优先偿还垫付资金、余额分户提存的制度进行管理。

第七章　表彰与奖励

第七十三条　鼓浪屿风景区管理机构应当按照《鼓浪屿风貌建筑条例》第六条规定，对在历史风貌建筑保护的组织、管理、研究、宣传、举报等工作中做出显著成绩的单位、个人，以市人民政府的名义授予鼓浪屿文化遗产保护先进单位、个人的荣誉称号。

鼓浪屿风景区管理机构可以市人民政府名义，从上述先进个人中聘请所需人员作为历史风貌建筑保护顾问或保护监督员。

第七十四条　对符合下列条件之一的单位、个人，鼓浪屿风景区管理机构给予人民币1万～10万元的奖励：

（一）对历史风貌建筑保护的研究成果或宣传作品被国家级部门或联合国世界文化遗产保护组织认可的；

（二）在鼓浪屿历史风貌建筑保护中提出的制度设计或整治方案、措施、办法等切实可行，且被市人民政府及其相关部门或鼓浪屿风景区管理机构采纳的；

（三）对严重损毁历史风貌建筑、违反风貌建筑保护规划或文化遗产保护规划的行为进行举报并为执法部门查实的。

第七十五条　鼓浪屿风景区管理机构应按下列程序给予本细则第七十四条规定的物质奖励：

（一）鼓浪屿风景区管理机构按照第七十三条、第七十四条规定的条件与标准，每年元月提出上年度获奖候选人名单及依据、奖励金额并在全市进行为期1个月的公示；

（二）公示期结束后，鼓浪屿风景区管理机构根据公示情况提出奖励方案，报市人民政府备案；

（三）鼓浪屿风景区管理机构按报备的奖励方案组织实施奖励。

第八章　附　则

第七十六条　在本细则公布之日经合法审批正在修缮、结构更新、拆除重建的奖励措施参照本细则执行。

第七十七条　市人民政府可根据实际情况，对本细则所规定的各类奖励比例及总额进行调整。

第七十八条　本细则自公布之日起施行，有效期为5年。

附录六　厦门市鼓浪屿家庭旅馆管理办法

第一章　总　则

第一条　为适应我市旅游业发展的需要，规范鼓浪屿家庭旅馆的经营和管理，保障旅游者和经营者的合法权益，营造优良的旅游环境，满足游客度假休闲的需求，根据国家有关法律法规和规章的规定，结合鼓浪屿实际，制定本办法。

第二条　本办法所称家庭旅馆，是指在鼓浪屿岛范围内，以合法取得使用权的单幢民宅或独立式建筑的空置房为基本接待单元，结合鼓浪屿自然人文景观，经批准设立的为游客提供体验式住宿服务的经营性接待设施。

第三条　思明区旅游行政主管部门为家庭旅馆的行业指导部门；公安、消防、卫计、环保、市场监督、税务等行政管理部门根据各自职责做好家庭旅馆监督管理和服务工作。

第四条　鼓浪屿管委会负责审查鼓浪屿家庭旅馆的开办是否满足相关规划和风貌建筑保护规定，并为家庭旅馆投资人提供规划建设方面的指导。

第二章　设立申请

第五条　开办家庭旅馆首先必须符合鼓浪屿相关规划和景区有关规定，按照家庭旅馆专项规划实行总量控制，退一补一，并取得鼓浪屿管委会的规划审查合格证明。

如有下列情形之一的建筑物，禁止用于开设家庭旅馆：

1. 违章建筑或临时搭盖的设施；

2. 住宅单元楼；

3. 地下室或半地下室。

第六条　涉及历史风貌建筑的，应当符合《厦门经济特区鼓浪屿历史风貌建筑保护条例》等相关规定；涉及文物保护的建筑，应当符合《中华人民共和国文物保护法》的相关规定。

第七条　家庭旅馆投资人应当在取得鼓浪屿管委会的规划审查合格证明后向鼓浪屿街道办提出设立家庭旅馆的意愿，鼓浪屿街道办应设立受理窗口，一次性告知设立家庭旅馆的条件和所需材料以及办理程序，并提供各相关部门的一次性告知书。

第八条　经营场所应满足以下条件：

（一）服务设施条件

1. 为独立式安全建筑，或者具有独立通道门户；房屋产权明晰，使用权属合法取得。鼓励鼓浪屿岛上原住居民利用自家符合开办条件的房屋从事体验式、特色经营的家庭旅馆。

2. 营业楼层在3层以下，建筑面积不超过1000m^2。

3. 客房数不超过25间；床位数不超过50个（宽1.8m以上的大床计为2个床位）；单床位的客房内实际使用面积应在7m^2以上。

4. 通风及照明条件良好，配有必要的生活用品、生活设施、服务设施。

（二）安全防范条件

1. 符合《思明区鼓浪屿家庭旅馆消防安全基本标准》的要求，并取得消防安全检查合格文件。

2. 符合公安部门对家庭旅馆安全监控防盗设施的配备要求，依法取得旅馆业《特种行业许可证》并安装“一键式报警系统”。

3. 投保公众责任险、火灾财产险、旅客意外险。

4. 经营者需委托有资质的房屋结构安全检测（或鉴定）机构对经营用房的结构安全进行检测（或鉴定），并取得家庭旅馆经营性用房的检测（或鉴定）合格报告。

（三）卫生条件

1. 取得《卫生许可证》，从业人员持有健康合格证明。

2. 各类客用物品必须符合卫生相关法律法规及标准。

3. 兼营餐饮、食品流通等服务的应取得《福建省建设项目环境影响登记表》、《餐饮服务许可证》、《食品流通许可证》。

第九条　家庭旅馆投资人对照设立条件，准备相关材料，向鼓浪屿街道办提交《设立家庭旅馆申请表》，并递交如下材料：

（一）鼓浪屿管委会的规划审查合格证明（前置条件）；

（二）家庭旅馆经营性用房的房屋结构安全检测（或鉴定）合格报告；

（三）房屋产权证、房屋租赁合同；

（四）商事主体登记证明材料；

（五）施工图审查机构出具的对二次装修施工图纸的审查意见书或技术指导意见书；

（六）消防部门和鼓浪屿管委会关于二次装修施工图纸的审查意见书；

（七）卫计部门预防性卫生审核材料；

（八）与选址所在地居委会签订的家庭旅馆经营责任协议书。

《设立家庭旅馆申请表》由思明区旅游行政主管部门统一印制。

第十条　鼓浪屿街道办自收到齐全的申请材料起10个工作日内组织鼓浪屿管委会、区消防、公安、建设、市场监督、卫计等部门进行实地勘验并出具勘验意见，符合开办条件的，方可进行二次装修；不符合开办条件的，应明确指出需要整改之处。

第十一条　经鼓浪屿街道办实地勘验合格后，由消防、公安、卫计、建设、环保、鼓浪屿管委会、市场监督以及税务等部门实行联动审批，家庭旅馆投资人取得相关证照或通过核验后，向思明区旅游行政主管部门申请并取得鼓浪屿家庭旅馆牌照后方可经营。

建设、消防、鼓浪屿管委会及城管执法部门应根据职责加强对家庭旅馆二次装修施工的监管。

第三章　家庭旅馆经营

第十二条　家庭旅馆经营者应当合法经营，并接受公安、消防、旅游、市场监督、环保、卫计、税务等行政管理相关部门的检查指导。

第十三条　家庭旅馆经营者及其从业人员应当遵守下列规定：

（一）服务要求

1. 诚信经营，合理收费，公平竞争；

2. 遵守行业管理相关规定，建立健全内部管理制度和服务标准，提供优质服务；

3. 参加相关主管部门牵头举办的培训活动，提升服务水平。

（二）消防安全职责

1. 落实消防安全责任制，制定本家庭旅馆的消防安全制度、消防安全操作规程，制定灭火和应急疏散预案。

2. 按照国家标准、行业标准配置消防设施、器材，设置消防安全标志，并定期组织检验、维修，确保完好有效。

3. 保障疏散通道、安全出口、消防通道畅通，保证防火防烟分区、防火间距符合消防技术标准。

4. 组织防火检查，及时消除火灾隐患。

5. 对职工进行岗前消防安全培训，定期组织消防安全培训和消防演练。

6. 法律、法规规定的其他消防安全职责。

（三）治安管理职责

1. 根据场所规模，配备专（兼）职治安保卫人员或者按照有关规定配备保安人员。

2. 组织本单位的相关人员接受治安业务培训，并做好教育管理工作。

3. 制定治安安全责任制，履行治安责任，组织落实治安安全措施。

4. 发现各类违法活动时，应立即制止并报告公安机关，配合公安机关查处刑事、治安案件和处置治安灾害事故。

（四）登记报备职责

1. 每季度向鼓浪屿街道办和区旅游行政主管部门报备客房入住率、住宿人数、经营收入统计等情况，具体报表格式由区旅游行政主管部门制定。

2. 相关证照有遗失或毁损，根据各部门相关规定申请补发或换发。

3. 家庭旅馆停业或者变更名称、法定代表人、经营范围、经营地点的，经营单位或者个人应当在15日内，向原发证部门办理许可证注销或者变更手续。

（五）告知和救助义务

1. 营业执照或家庭旅馆专用标识置于门厅或者建筑物明显易见处，并将房间价格、旅客住宿须知及紧急避难逃生位置图，置于客房明显位置。

2. 发现旅客患疾病或受意外伤害情况紧急时，立即协助就医；如旅客被确认为传染性疾病，应按卫计部门要求落实预防控制措施。

3. 提醒旅客注意交通出行、下海游泳等人身安全。

第十四条　家庭旅馆经营者及其从业人员不得有下列行为：

（一）对所提供的服务范围、内容、标准等作虚假的、引人误解的宣传；

（二）未按规定明码标价；

（三）危害旅客的人身和财产安全；

（四）设置侵害旅客隐私的设备或从事任何影响旅客安宁的行为；

（五）以纠缠旅客等其他不当方式招揽住宿；

（六）强行向旅客推销物品；

（七）其他损害旅客合法权益的行为。

第四章　监督管理

第十五条　建立家庭旅馆退出管理机制，家庭旅馆经营者及其从业人员违反本办法规定，由相关行政管理部门查证核实后依法处置，并及时反馈给鼓浪屿街道办进行统一建档和公示；相关行政管理部门作出撤销或注销家庭旅馆经营行政许可的，应及时函告思明区旅游行政主管部门，并由思明区旅游行政主管部门收回鼓浪屿家庭旅馆牌照。

第十六条　旅客与家庭旅馆经营者及其从业人员发生争议或者合法权益受到侵害时，可向行业协会进行投诉，行业协会应对投诉内容进行调查并作出公平公正处理，必要时鼓浪屿街道办予以指导。对侵犯旅客合法权益责成经营者给予赔偿，同时保护合法诚信经营者的正当权益。其他行政主管部门接到相关投诉的，应根据职责及时受理处置。

第十七条　鼓浪屿街道办按照属地原则统筹承担所在辖区家庭旅馆管理的下列工作：

（一）负责家庭旅馆的日常运行状态管理和突发事件处理；

（二）指导家庭旅馆行业协会开展行业自律工作，并提供相应的便利和服务；

（三）依据本办法的规定接受家庭旅馆的设立申请和初审；

（四）组织居民委员会、协会共同拟定家庭旅馆经营责任协议的示范文本并予以公布；

（五）指导家庭旅馆行业协会做好家庭旅馆经营行为的相关投诉及纠纷处理。

第十八条　家庭旅馆行业协会是家庭旅馆行业自律组织，在思明区旅游行政主管部门、鼓浪屿街道办事处和相关职能部门的指导下开展下列工作：

（一）拟定行业自律的相关规章制度和经营服务规范，建立自律监管机制；

（二）对家庭旅馆的服务质量、竞争手段、服务定价等进行指导和监督，协调处理投诉纠纷，促进家庭旅馆规范经营；

（三）协调家庭旅馆经营者与旅客和家庭旅馆经营场所所在地居民委员会（以下简称居民委员会）、街道办事处、行政主管部门之间的关系，维护家庭旅馆经营者及其从业人员的合法权益；

（四）组织家庭旅馆星级等级评定和年度复评工作，开展家庭旅馆行业的宣传推广；

（五）建立家庭旅馆台账和诚信档案，实时公布家庭旅馆名单和诚信信息，会同居民委员会设立家庭旅馆服务点，提供家庭旅馆信息查询等服务；

（六）在思明区政府和相关行政主管部门的支持下，建立家庭旅馆业务管理系统网络平台，实现相关行政主管部门对平台数据的共享。要求家庭旅馆经营者及其从业人员自觉接受检查，做到文明经营、公平竞争；

（七）建立应急消防队伍，配备消防灭火救援器材，定期组织家庭旅馆经营者及其从业人员开展火灾检查及扑救能力训练，配合消防专业人员定期组织对家庭旅馆消防设施进行检查监督；

（八）法律、法规和协会章程规定的其他工作。

第十九条　家庭旅馆经营者及其从业人员有下列行为的，经行业协会和鼓浪屿街道办推荐，区政府相关行政主管部门审核，可适当给予表彰或奖励。

1. 经营管理上特色鲜明，在文化保护、生态保护等方面起到示范引领作用的家庭旅馆。

2. 原住民经营的家庭旅馆，在特色文化体验、传承推广上做出突出贡献者。

3. 维护公共安全或社会治安有特殊贡献的。

4. 提高服务品质有卓越成效的。
5. 接待旅客服务周全获得显著好评的。

第五章　附　则

第二十条　按照《厦门市鼓浪屿家庭旅馆管理办法（试行）》（厦委办发［2008］52号）规定申办并已取得相关证照或审批的家庭旅馆，应当对照本办法的要求，自本办法施行之日起一年内自行整改完毕。证照齐全的，核验证照后继续经营；证照不齐的，向相关部门申请补办缺省项，通过验收并取得相关证照后方可继续经营；未通过验收或经检查不符合规定的家庭旅馆，由相关部门依法进行查处。

第二十一条　本办法所称的“以上”或“以下”均包括本数。

第二十二条　本办法由厦门市政府授权思明区政府负责解释。

第二十三条　本办法自颁布之日起施行。

附录七　厦门市鼓浪屿建设活动管理办法

第一条　为规范鼓浪屿文化遗产核心区（以下简称“鼓浪屿”）建设活动的管理，加强鼓浪屿文化遗产的保护，根据《厦门经济特区鼓浪屿文化遗产保护条例》和相关法律、法规规定，制定本办法。

第二条　在鼓浪屿从事下列建设活动应遵守本办法的规定：

（一）新建、改建、扩建建筑物或构筑物（包括建筑物内外修缮和配套水电设施安装及庭院、外部环境改造和店面装修）；

（二）市政基础设施建设；

（三）其他涉及鼓浪屿文化遗产保护规划的建设活动。

第三条　鼓浪屿的建设活动实行统一受理、统一前置审批、统一监督检查、对违法行为统一处罚的管理制度。

第四条　鼓浪屿文化遗产保护机构（鼓浪屿管委会）对鼓浪屿的建设活动管理工作履行下列职责：

（一）统一受理与核准建设项目申请人的申请；

（二）统一回复建设项目的前置审批结果；

（三）统一组织开展对建设活动的监督检查。

思明区人民政府对鼓浪屿的建设活动管理工作履行下列职责：

（一）与鼓浪屿文化遗产保护机构（鼓浪屿管委会）联合监督检查；

（二）依法查处违法建设行为。

市规划、建设、文化（物）、市政、公安、市场监督等部门按照各自职责，负责建设活动的相关管理工作。

第五条　鼓励社会公众、新闻媒体对鼓浪屿的建设违法行为进行举报、监督。

第六条　在鼓浪屿从事本办法第二条规定的建设活动应当经鼓浪屿文化遗产保护机构（鼓浪屿管委会）前置审批同意。

建设项目业主或责任人从事本办法第二条规定建设活动，应向鼓浪屿文化遗产保护机构（鼓浪屿管委会）提交下列材料：

（一）建设项目前置审批申请书；

（二）建设项目业主权属证明文件或责任人的有效证明文件；

（三）建设项目的区位（红线）图；

（四）建设项目主要经济技术指标；

（五）建设项目计划工期以及拟开工、竣工时间。

前款规定的材料目录由鼓浪屿文化遗产保护机构（鼓浪屿管委会）制定并按规定予以公布。

第七条　鼓浪屿文化遗产保护机构（鼓浪屿管委会）应当在鼓浪屿行政服务中心设立建设服务窗口（以下简称“统一受理窗口”），统一受理建设项目申报主体的申报。

鼓浪屿文化遗产保护机构（鼓浪屿管委会）受理建设项目的申报材料后，应当对建设项目进行逐个登记建立申报台账，并应进行统一前置审批。

第八条　鼓浪屿文化遗产保护机构（鼓浪屿管委会）应当根据鼓浪屿文化遗产保护规划的要求，

按照《中华人民共和国行政许可法》规定的期限作出前置审批意见。

鼓浪屿文化遗产保护机构（鼓浪屿管委会）可根据实际需要，组织专家对重大、复杂的建设项目进行评审并根据专家评审意见作出前置审批意见。

第九条　鼓浪屿文化遗产保护机构（鼓浪屿管委会）应当建立建设项目评审专家库。评审专家库应由15名以上成员组成，其中包括10名以上规划建筑、3名以上历史文物、2名以上法律等方面的专家；

评审专家库名单由鼓浪屿文化遗产保护机构（鼓浪屿管委会）征求市规划、建设、文化（文物）、法制等部门意见后提出，报市人民政府批准。

第十条　鼓浪屿文化遗产保护机构（鼓浪屿管委会）组织建设项目专家评审，应当采用随机方式，从专家库中选择3名规划建筑专家、1名历史文物专家、1名法律专家组成5人评审专家组；评审专家组成员应对申报建设项目是否符合文化遗产保护规划进行评审并提出评审意见。

评审意见由评审专家组采用表决方式作出，评审意见经参评的三分之二专家同意方为有效；评审意见应对持异议的专家意见作出记录。

第十一条　鼓浪屿文化遗产保护机构（鼓浪屿管委会）应根据文化遗产保护规划的要求及专家组的评审意见，作出如下前置审批决定：

（一）建设项目符合文化遗产保护规划，作出予以同意的书面决定；

（二）建设项目不符合文化遗产保护规划，作出不予同意的书面决定。

对前置审批同意的建设项目，鼓浪屿文化遗产保护机构（鼓浪屿管委会）应根据市区有关部门公布的建设项目备案、审批目录，在前置审批同意意见书中载明该项目的报备或报批的部门。

第十二条　鼓浪屿文化遗产保护机构（鼓浪屿管委会）应建立建设项目前置审批分类台账。

前置审批分类台账应记载如下内容：

（一）项目名称、前置审批申请书编号；

（二）建设项目业主权属证明文件或责任人的有效证明文件；

（三）建设项目的区位（红线）图；

（四）建设项目主要经济技术指标；

（五）建设项目计划工期，以及拟开工、竣工时间；

（六）前置审批意见及其编号；

（七）待审批、备案建设项目的审批、备案部门。

第十三条　鼓浪屿文化遗产保护机构（鼓浪屿管委会）应在作出前置审批意见的3日内，通过统一受理窗口统一送达建设项目的申报人；

统一受理窗口还应将前置审批同意书面意见书同时抄送或通过电子政务平台推送给有关审批部门。

第十四条　依法应当报批的建设项目，经鼓浪屿文化遗产保护机构（鼓浪屿管委会）前置审批同意后，建设项目业主或责任人按国家法律、法规规定报批；未经批准同意，不得进行项目建设。

第十五条　市直有关审批部门应采取措施，对鼓浪屿文化遗产保护机构（鼓浪屿管委会）前置审批同意的建设项目实行联动审批或者根据实际需要委托鼓浪屿文化遗产保护机构（鼓浪屿管委会）审批。

第十六条　市区各有关部门应将本部门涉及鼓浪屿的建设项目审批、备案目录及工作流程抄送或通过电子政务平台发送给鼓浪屿文化遗产保护机构（鼓浪屿管委会）；采用委托审批的，还应将委托审批事项、委托部门及审批流程抄送或通过电子政务平台发送给鼓浪屿文化遗产保护机构（鼓浪屿管委会）。

第十七条　市区各有关部门应将审批结果抄送或通过电子政务平台发送给鼓浪屿文化遗产保护机构（鼓浪屿管委会）。

第十八条　鼓浪屿文化遗产保护机构（鼓浪屿管委会）应将第十五条审批或备案结果进行登记，建立完整的建设项目审批、备案台账。

第十九条　建设项目业主或责任人应依法制作和安装建设项目公示牌；

建设项目公示牌应当记载如下内容：

（一）建设项目名称、权属关系、前置审批书或审批决定编号；

（二）建设项目的区位（红线）图；

（三）建设项目主要经济技术指标；

（四）建设项目设计方案、施工方案或施工图；

（五）建设项目计划工期，以及拟开工、竣工时间。

第二十条　鼓浪屿文化遗产保护机构（鼓浪屿管委会）应当与思明区建立联合监督检查制度；

思明区人民政府应当按联合监督检查制度要求，指派相关部门与鼓浪屿文化遗产保护机构（鼓浪屿管委会）共同建立统一监督检查队伍，开展监督检查工作。

第二十一条　建设项目统一监督检查队伍应当建立监督检查人员责任制，将检查责任落实到人。

第二十二条　监督检查采用网格化模式，开展每日巡查，根据前置审批、审批资料进行复核；

对建设项目的关键施工节点应当进行重点抽查。

第二十三条　建立日常检查台账制度。日常检查台账应全面记载如下内容：

（一）巡查和重点抽查的参加人员、时间；

（二）建设项目名称；

（三）建设项目进展情况；

（四）建设项目存在问题；

（五）其他应当记载的情况。

第二十四条　检查人员应当将检查中发现的违法建设行为，报告给鼓浪屿文化遗产保护机构（鼓浪屿管委会）；鼓浪屿文化遗产保护机构（鼓浪屿管委会）应当将违法建设行为通过电子政务平台或其他方式通报市区级相关管理部门。

第二十五条　建设项目完工后，鼓浪屿文化遗产保护机构（鼓浪屿管委会）应派员参加竣工监督检查。

第二十六条　社会公众、新闻媒体等举报违法建设行为的，由鼓浪屿文化遗产保护机构（鼓浪屿管委会）负责统一受理，并详细记载举报的内容，及时进行调查，并将调查结果通过电子政务平台通报市、区级相关管理部门。

第二十七条　市规划、建设、市文化（物）、市政、公安、市场监督、思明区城市管理行政执法部门等行政管理部门应按相关规定对建设项目的违法行为给予处罚。

第二十八条　监督检查人员应当严格按照有关法律、法规、规章和本办法规定的责任制要求，认真履行建设项目各项监督检查职责；

监督检查人员怠于履行或不认真履行职责的，市区监察、效能部门应按规定追究责任。

第二十九条　本办法自颁布之日起施行，有效期为5年。

附录八　批转厦门市《关于保护鼓浪屿风景区有关问题的报告》的通知

各地区行政公署，福州、厦门市人民政府（革委会），省直各部、委、办、局，各新闻单位，各大学：

省人民政府同意厦门市革命委员会《关于保护鼓浪屿风景区有关问题的报告》，现转发给你们，请研究执行。

福建省人民政府

1980年3月31日

关于保护鼓浪屿风景区有关问题的报告

省人民政府：

我市鼓浪屿是著名的风景游览区，1959年根据周总理的指示，中央有关部门曾帮助我市做过鼓浪屿规划。省委对鼓浪屿的规划建设管理也作过明确规定："鼓浪屿要严格控制人口规模，户口只准出不准进，岛上不要办工厂，不准开采石头，也不要搬进与鼓浪屿风景游览无关的单位。""文化大革命"以前，鼓浪屿的建设管理都严格按省委的上述规定执行，基本上保护了鼓浪屿优美的自然风景和文明卫生环境。但自"文化大革命"以来，由于林彪、"四人帮""极左路线"和无政府主义思潮的干扰，鼓浪屿风景区遭受严重破坏，岛上原有的工厂（如玻璃厂、灯泡厂、造船厂）不断扩大，又建设了一批新的工厂，其中有些工厂和单位（如分析仪器厂、绝缘材料厂、725研究所）是有污染的。除工厂外，有些单位（包括地方和部队的单位）任意自行围占马路或围海填地，扩建房屋。许多单位规模越来越大，占地越来越多，房屋越盖越高，建筑密度越来越密，绿化树木越来越少。有的专家到鼓浪屿感叹地说："海上明珠已暗淡无光"。现在，鼓浪屿已失去原来秀丽的面目，"海上花园"已经名不符实了。厦门市的干部、群众和国内外人士、海外侨胞对鼓浪屿自然风景遭受的破坏和环境污染的问题十分关切，强烈呼吁"拯救鼓浪屿"。为保护和建设鼓浪屿风景区，特提出如下建议：

一、请省人民政府重申：鼓浪屿风景游览区，凡与景区旅游建设无关的机关、团体、工厂企事业及部队等单位均不得在鼓浪屿进行扩建、新建（包括以扩建、新建为目的的改建）。今后，任何单位非经省、市人民政府正式公文批准不得在鼓浪屿安排新建、扩建项目。厦门市各单位安排与旅游和鼓浪屿居民生活有关的扩建、新建项目，必须经市人民政府批准，经批准新建扩建的项目，其设计一律经市城建局和规划设计部门批准，方能施工。

二、现在鼓浪屿的绝缘材料厂、分析仪器厂、第三塑料厂、灯泡厂、玻璃厂、电容器厂、造船厂鼓浪屿车间等，根据条件有计划地逐步迁出。属省管企事业单位，请省有关部门支持，给予搬迁费用和材料，在未搬迁前，不再予以投资扩建。725研究所有三废污染，应择地搬迁，在未搬迁前不再生产。省水产研究所也应迁出鼓浪屿，现在也不能再扩大，人员也不宜再增加。对现有区街办的工厂，我们将根据发展风景旅游事业的需要进行产品转向，主要搞工艺旅游纪念品，使有污工业变为无污工业。

注：本通知引自福建省人民政府文件闽政［1980］综351号

现在有些单位围路、圈地，把游览区变成单位的地盘，应一律拆除，允许游客通过（除军事海防禁区）。

三、鼓浪屿的人口要严格控制，重申鼓浪屿的户口只准出不准进的原则。

以上报告，如无不当，请批转各有关单位执行。

厦门市革命委员会　1980年3月15日

附录九 鼓浪屿文化遗产保护相关部门

鼓浪屿历史文化陈列馆

位于原英国领事馆旧址，鹿礁路16号。鼓浪屿历史文化陈列馆对鼓浪屿的历史文化、遗产价值和保护管理情况进行展示。向游客和社区居民宣传鼓浪屿的遗产价值，提升人们对鼓浪屿遗产价值的认识和保护意识。展厅面积1750m²，共3层。第一层分3个时期讲述鼓浪屿历史发展进程；第二层分6个专题讲述鼓浪屿在建筑园林、文学艺术、体育娱乐、宗教、教育、医疗等方面的成就和影响；第三层讲述鼓浪屿申报世界遗产的过程。

鼓浪屿历史文化陈列馆突出了对鼓浪屿的导览功能。通过对时间、空间和多种文化主题线索的梳理，使观众可以通过在鼓浪屿历史文化陈列馆的浏览，对遍布全岛的遗产要素形成全面和系统的认识，了解其他专题展示场所的位置和内容概要，从而根据兴趣设置游览计划，提升遗产地价值展示的针对性和有效性。

鼓浪屿历史建筑保护修缮工艺研习基地

设立的目标

1. 系统研究和传承鼓浪屿各类历史建筑的材料和工艺做法；
2. 探索适合鼓浪屿历史建筑保护维修的材料、工艺和技术；
3. 汇总鼓浪屿历史建筑保护维修工程资料，发挥其价值；
4. 为持续提升鼓浪屿的历史建筑保护维修水平提供技术支持。

研习基地的职能架构

1. 技术研习部（下设小型实验室）

（1）制定系统的材料工艺技术研究框架和实施计划；

（2）组织相关机构和专业人员开展研究工作；

（3）组织对相关人员的培训，包括工程技术人员，同时对社区民众开展日常保养的知识技能；

（4）组织与外部机构的交流合作。

2. 档案信息部

（1）历史建筑自身的档案记录，从现状测绘记录逐渐到勘察研究成果记录；

（2）对保护工程项目的档案信息收集、整理和挖掘；

（3）收集整理国内外同类保护技术的相关信息；

（4）基地工作成果的信息发布和对外宣传。

3. 工程咨询部

（1）科学制定鼓浪屿历史建筑保护维修的材料、工艺与技术的质量标准，并为相应的成本定价提供评估依据；

（2）建立和相关材料供应机构的稳定联系，提供符合质量标准的常用和特殊建筑材料，确保材料的供应；

（3）参与对保护维修工程的技术监督工作，保证工程实施的工艺质量。

游客服务中心

三丘田游客中心，是鼓浪屿遗产地管理部门依据遗产地旅游管理要求设立的多功能旅游服务管理机构，兼具游客服务、信息管理、文化展示三大功能。

鼓浪屿遗产地监测中心

成立于2014年6月，负责遗产监测工作，为文化遗产保护管理专门机构。监测对象涵盖鼓浪屿的文化遗产地的各类遗产要素，监测体系共有16大项56小项的监测指标，重点监测建筑单体保存状态、重点病害发展趋势、游客数量、建设活动、自然环境、社会环境等方面。监测预警系统具有数据采集、统计分析、管理调度和自动预警等功能。经过近一年时间的建设和试运行，已基本实现了单体特征、本体病害、游客数量、建设控制、业态比重、自然环境等重点内容的监测。

日常监测中出现预警情况，通过鼓浪屿综合管理平台实时反馈给相关部门进行及时处置。日常监测数据由监测中心进行汇总分析，并按年度形成定期报告。重大台风等灾害之后监测中心汇总灾情监测报告。

鼓浪屿遗产地档案中心

设在中山图书馆三层，现有档案管理人员4人。其职能包括收集与鼓浪屿文化遗产相关的档案、资料，建立健全档案管理制度，对这些资料进行分类整理，实现对档案科学化的有效管理，并向公众提供可公开档案资料的查询服务。档案资料分为实体档案和数字档案两部分。实体档案已建档1020卷，计3434份资料，包括有遗产地档案、工程档案、管理档案、监测档案以及文史档案5大类。档案中心还开发了数字档案信息查询系统，便于日常档案资料的查阅。

鼓浪屿国际研究中心

成立于2014年7月，是厦门市社会科学界联合会、厦门市社会科学院与厦门大学人文学院联合举办的鼓浪屿学术研究机构。基于鼓浪屿在近代史上的特殊地位，鼓浪屿国际研究中心集海内外研究力量，本着国际性、学术性、包容性原则，致力于创建具有国际学术视野的鼓浪屿学，全面系统开展深度鼓浪屿学术研究，可持续性发展多学科的鼓浪屿学术研究成果，挖掘和宣传鼓浪屿的历史文化价值。该中心主要职责是编辑出版《鼓浪屿研究》，组织翻译与编辑出版鼓浪屿及厦门地方文献资料，参与鼓浪屿历史文化相关课题研究工作并组织学术交流活动等。现有本地学者和来自英国、美国、奥地利、匈牙利、日本等海内外学者、撰稿人近50人，已结集出版多期《鼓浪屿研究》，共60余篇学术研究成果。鼓浪屿国际研究中心还致力于鼓浪屿研究的国际化，与美国康奈尔大学、日本关西大学等开展了国际学术交流活动。近年来，鼓浪屿国际研究中心还编辑出版了《闽台历史人物画传》、《厦门历史人物画传》、《鼓浪屿历史人物画传》、《鼓浪屿故人与往事》等著作，广泛地向社会读者推广了学术成果。

参考文献

[1] 鼓浪屿申报世界文化遗产系列丛书编委会．鼓浪屿之路[M]．福州：海峡书局，2013.10.

[2] 吴瑞炳等．鼓浪屿建筑艺术[M]．天津：天津大学出版社，1997.5.

[3] 靳维柏．鼓浪屿地下历史遗迹考察[M]．厦门：厦门大学出版社，2014.9.

[4] 戴一峰等．海外移民与跨文化视野下的近代鼓浪屿社会变迁[M]．厦门：厦门大学出版社，2018.3.

[5] 林丹娅．鼓浪屿建筑[M]．厦门：厦门大学出版社，2010.12.

[6] 刘海桑．鼓浪屿古树名木[M]．北京：中国林业出版社，2013.2.

[7] 鼓浪屿申报世界文化遗产系列丛书编委会．西洋文化与鼓浪屿：古蛋白照片精选1850-1900[M]．桂林：广西师范大学出版社，2016.6.

[8] 周旻．鼓浪屿百年影像[M]．厦门：厦门大学出版社，2017.12.

[9] 联合国教育、科学与文化组织．世界遗产地申报筹备（第2版）[M]．2011.

[10] 联合国教育、科学与文化组织．世界文化遗产的管理[M]．2013.

[11] 王唯山．鼓浪屿文化遗产活化传承的实践与思考．活化利用，创新驱动——第三届社会力量参与文物保护利用论坛文集[M]．北京：文物出版社，2018.12.

[12] 王唯山．世界文化遗产鼓浪屿的社区生活保护与建筑活化利用[J]．上海城市规划，2017．总第137期.

[13] 吕宁等．鼓浪屿价值体系研究[J]．中国文化遗产，2017．总第80期：4-15.

[14] 钱毅．19世纪末20世纪初鼓浪屿早期的华侨洋楼建筑．鼓浪屿研究．第七辑[M]．厦门：厦门大学出版社，2017.10.

[15] 钱毅．19世纪下半叶鼓浪屿的殖民地外廊式建筑．鼓浪屿研究，第六辑[M]．厦门：厦门大学出版社，2017.5.

[16] 中华人民共和国国家文物局．鼓浪屿申报世界文化遗产文本[R]．2016.

[17] 鼓浪屿申报世界文化遗产系列丛书编委会．鼓浪屿文史资料（第二版）[G]．2010.3.

[18] 鼓浪屿申报世界文化遗产办公室．鼓浪屿文化遗产53个核心要素介绍[G]．2014.

[19] 厦门市城市规划管理局．厦门市城市建设规划专辑-专家学者谈厦门市城市规划[G]．1986.

[20] 厦门市城市建设局．厦门市城市初步规划说明[G]．1956.

[21] 北京清华城市规划设计研究院文化遗产保护研究所．鼓浪屿文化遗产地保护管理规划[R]．2014.

[22] 厦门市城市规划设计研究院．鼓浪屿发展与建设研究[R]．2009.

[23] 厦门市城市规划设计研究院．厦门市鼓浪屿历史风貌建筑保护规划[R]．2001.

[24] 厦门市城市规划设计研究院．厦门市鼓浪屿发展概念规划[R]．2002.

[25] 厦门市城市规划管理局．厦门市历史风貌建筑保护法规研究[R]．1999.

[26] 厦门市城市规划设计研究院．鼓浪屿-万石山风景名胜区总体规划（修编）[R]．2015.

[27] 厦门市城市规划设计研究院．鼓浪屿危房改造规划与设计导则[R]．2007.

[28] 厦门市城市规划设计研究院. 鼓浪屿重要街区景观整治规划[R]. 2008.
[29] 厦门市城市规划设计研究院. 鼓浪屿商业网点布局规划[R]. 2011.
[30] 厦门市城市规划设计研究院. 鼓浪屿家庭旅馆专项规划[R]. 2012.
[31] 厦门市城市规划设计研究院. 鼓浪屿控制性详细规划[R]. 1994.
[32] 鼓浪屿整治提升工作组. 鼓浪屿整体提升总体方案[R]. 2014.
[33] 厦门市城市规划设计研究院. 鼓浪屿旅游交通组织优化规划[R]. 2015.
[34] 厦门市城市规划管理局. 厦门市鼓浪屿历史风貌建筑测绘图集[R].2000.

后记

我生于厦门，长于厦门，自然从小就知道鼓浪屿，并与鼓浪屿有半个世纪的渊源。1994年本人毕业分配到厦门市城市规划设计研究院工作，承担的第一个规划项目就是鼓浪屿控制性详细规划。当时我在岛上住了大半年，对鼓浪屿开始有了专业角度的认识。后来因为工作的需要，与鼓浪屿结下了不解之缘，并有幸参与了与鼓浪屿有关的规划与建设工作，且作为责任规划师对鼓浪屿展开了长达20多年的持续跟踪、观察与记录。这包括20世纪90年代开展的鼓浪屿夜景与广告整治工作，鼓浪屿作为风景名胜区的相关规划与建设工作，20世纪末通过立法开展的历史风貌建筑保护规划与实施等一系列工作，特别是对鼓浪屿岛上所有历史建筑逐一做的现场调查和评估，还有鼓浪屿发展概念规划，以及社科联的鼓浪屿发展与建设课题研究等。

2008年厦门市政府启动鼓浪屿申报世界文化遗产项目，本人有幸成为申遗专家顾问，并一直参与鼓浪屿申遗的规划与设计工作。2015年底，鼓浪屿申遗到了关键阶段，组织上安排本人到鼓浪屿风景名胜区管理委员会工作，直接负责鼓浪屿申遗与鼓浪屿规划管理工作，成为真正的“鼓浪屿人”。

在鼓浪屿风景名胜区管理委员会工作近3年时间里，与同事们共同努力工作，并见证了鼓浪屿2017年7月顺利成为世界文化遗产的特大喜讯。2018年8月，组织上又安排本人到厦门市规划委员会工作。本书的撰写始于离开鼓浪屿之际，历时6个月写成。本书其实是笔者借助鼓浪屿成为世界文化遗产之机，结合自己过去所做的与鼓浪屿有关的工作，并不断地深入思考而写成的，算是献给鼓浪屿的一份纪念与祝愿。

书中部分文字选自笔者直接参与鼓浪屿相关专业保护与规划的工作成果，书中有关鼓浪屿历史文化与价值的描述则来自于相关文献与资料。在此，要特别感谢鼓浪屿风景名胜区管理委员会，如果没有鼓浪屿管委会各位同事的愉快合作与共同努力，或许就没有写成本书的机会。此外，感谢我的女儿，她帮助做了许多文字校对和图表制作工作，使书稿得以如期交付。还要感谢中国建筑工业出版社吴宇江先生对本书的精心编辑，以及帮助过本书的同事、朋友们！需要说明的是，虽然笔者从事的城市规划专业包含了城市历史文化保护等内容，但受专业所限，本人对文化、文物古迹和文化遗产保护的理解仍十分欠缺，因此欢迎读者朋友对本书的不足之处给予批评和指正。

王唯山

2019年春节于长泰，林墩